DER INDUSTRIEOFEN
IN EINZELDARSTELLUNGEN

HERAUSGEBER:

OB.-ING. L. LITINSKY
LEIPZIG

BAND VII:

GLASSCHMELZÖFEN

VON

DR.-ING. JULIUS LAMORT
PRIVATDOZENT AN DER TECHN. HOCHSCHULE
IN KARLSRUHE

Springer-Verlag Berlin Heidelberg GmbH
1932

GLASSCHMELZÖFEN

VON

DR.-ING. JULIUS LAMORT
PRIVATDOZENT AN DER TECHN. HOCHSCHULE
IN KARLSRUHE

MIT 104 FIGUREN

(Von der Technischen Hochschule in Karlsruhe
als Habilitationsarbeit genehmigt.)

Springer-Verlag Berlin Heidelberg GmbH
1932

Originally published by Otto Spamer in Leipzig in 1932

ISBN 978-3-662-33574-1 ISBN 978-3-662-33972-5 (eBook)
DOI 10.1007/ 978-3-662-33972-5

Vorwort des Herausgebers.

Über Zweck und Ziel der Bücherreihe „Der Industrieofen in Einzeldarstellungen“ unterrichtet ausführlich mein Vorwort, welches in den bis jetzt erschienenen Bänden dieser Sammlung wiederholt aufgenommen wurde. Danach ist geplant, über einzelne industrielle Öfen, je nach ihren Verwendungsgebieten, sowie über die mit industriellen Ofenanlagen verbundenen Teilgebiete einzelne Monographien zu veröffentlichen. Trotz der Schwere der Zeit ist es dem Verlag gelungen, bis jetzt die folgenden Einzelbände der begonnenen Sammlung herauszubringen:

1. *H. von Jüptner.* Wärmetechnische Grundlagen der Industrieöfen.
2. *E. Cotel.* Der Siemens-Martin-Ofen.
3. *M. Pavloff.* Abmessungen von Hoch- und Martin-Öfen.
4. *B. Larsen* und Mitarbeiter. Feuerfeste Baustoffe in Siemens-Martin-Öfen.
5. *W. Heiligenstaedt.* Regeneratoren, Rekuperatoren, Winderhitzer.
6. *E. Diepschlag.* Der Hochofen.

Als 7. Band, dem weitere Bände folgen werden, erscheint das vorliegende groß angelegte Werk von Dr.-Ing. *Julius Lamort* über „Glasschmelzöfen“.

Ich hoffe durch die Herausgabe der Sammlung „Der Industrieofen in Einzeldarstellungen“ einem wirklichen Bedürfnis entsprochen zu haben, und bitte die Herren Fachgenossen, mich durch Verbesserungswünsche und weitere Anregungen zu unterstützen.

L. Litinsky.

Vorwort.

Der vorliegende 7. Band der Bücherreihe „Der Industrieofen“ ist in dem Bestreben entstanden, eine eingehende Darstellung der Glasschmelzöfen auch in näherer konstruktiver Hinsicht zu liefern, und gleichzeitig dem Studenten, dem Betriebsingenieur der Praxis und dem Ofenbauer ein Buch in die Hand zu geben für die rechnerische Erfassung aller beim Bau der Glasschmelzöfen wichtigen Konstruktionselemente.

Es erschien deshalb zweckmäßig, mit einer eingehenden Behandlung der für die Glasschmelzöfen so sehr wichtigen Auftriebs- und Zugverhältnisse, Kanalwiderstände, Gewölbekonstruktionen usw. zu beginnen und vor der

Besprechung der Wärmespeicher und Rekuperatoren auch der Verbrennung und dem Wärmeübergang in den Glasschmelzöfen besondere Abschnitte zu widmen.

Bei der Behandlung der verschiedenen Glasschmelzofenbauarten wurde darauf geachtet, die in den verschiedenen Ländern herrschenden besonderen Verhältnisse zu berücksichtigen und auch die Entwicklung der neuen Ofenbauarten aus den älteren darzustellen.

Nicht fehlen durfte eine Erwähnung der Materialfrage im Zusammenhang mit der Konstruktion der Glasschmelzöfen.

Der Verfasser.

Inhaltsverzeichnis.

I. Einteilung und allgemeine Entwicklung der Glasschmelzöfen.

Die Hafenöfen stellen die erste Bauart der Glasschmelzöfen dar, und ihre Entstehung geht auf die Uranfänge der Glasindustrie zurück. Ähnlich wie bei den Tiegelstahlöfen der Stahl in den Tiegeln, wird bei den Hafenöfen das Glas in den Häfen erschmolzen.

Die bekannten, im 11. Jahrhundert von *Hrabanus Maurus* und von *Theophilus*, jedoch auch noch die im 16. Jahrhundert von *Agricola* und im 17. Jahrhundert von *Kunkel* beschriebenen Öfen waren noch recht einfach, besonders die Feuerungen, welche noch keine Roste besaßen[1].

Ursprünglich wurden alle Glasöfen mit Holz geheizt, erst in der Mitte des 18. Jahrhunderts gelangten in England Steinkohlen zur Einführung, und zwar in Verbindung mit gedeckten Häfen, um das Glas vor der Verunreinigung durch Ruß und Flugstaub zu schützen. Die schwierige Verheizung der Steinkohlen verlangte eine Verbesserung der Öfen. Es wurden nun die Feuerungen mit Rosten versehen und als Schornstein wirkende Aufbauten angebracht. Zuerst stellte das Hüttengebäude selbst einen unten sehr weiten und sich nach oben verengernden Schornstein dar, später wurde ein solcher Aufbau auf den Ofen selbst gesetzt. Fig. 1 stellt[2] einen alten englischen Ofen dieser Bauart dar, von der eine gewisse Abart heute noch gelegentlich verwendet wird.

Fig. 1. Alter englischer Hafenofen mit direkter Feuerung nach *Cobb*.

Die erwähnten englischen Öfen verbrauchten für 1 kg Glas 4 kg Steinkohlen, im Vergleich hierzu verlangten die mit Holz befeuerten und mit offenen Häfen arbeitenden Öfen weniger Brennstoff, allerdings wurde dieses; das vorher überreichlich vorhanden war, allmählich seltener und teurer. Die Schwierigkeiten, die sich der

[1] Siehe *H. Schulz*, Die Geschichte der Glaserzeugung, Leipzig 1928, Akad. Verlagsges. Bd. 1 der Sammlung: Das Glas in Einzeldarstellungen, herausgeg. von *G. Gehlhoff* und *K. Quasebart*.

[2] *J. W. Cobb*, J. Soc. Glass Technol. 1917 (1), S. 223. Siehe auch: *F. W. Hodkin* and *A. Cousen*, A Textbook of Glass Technology, S. 330, London 1925 (Constable Co.).

Verbrennung der Steinkohlen entgegenstellen, waren auch bei ihrer Einführung hindernd, so wurden in der Spiegelglashütte von St. Gobain erst 1850 Versuche zur Einführung der Steinkohlenfeuerung vorgenommen[1].

Den **Halbgasfeuerungen** mit Sekundärluftzusatz folgten die **Boetiusöfen**, und nach dem Bekanntwerden des Siemens-Gaserzeugers und der **Siemens-Regenerativfeuerung** war die Frage der Verwendung der Steinkohlen mit einem Schlage gelöst. Auch war es nunmehr möglich, mit verhältnismäßig geringwertigen Braunkohlen die für die Glasschmelze nötigen Temperaturen zu erreichen.

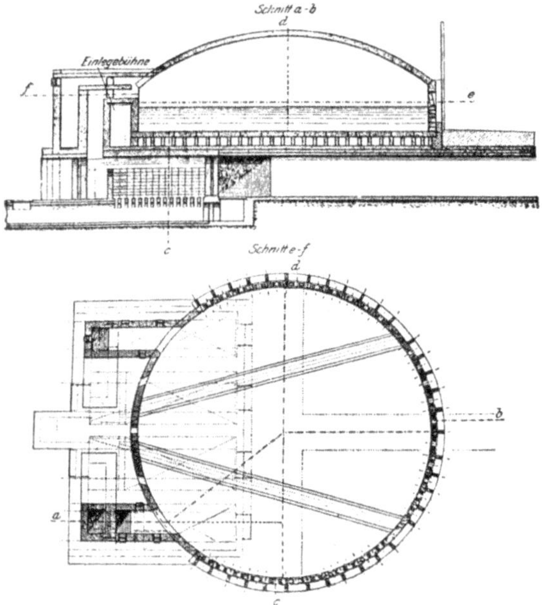

Fig. 2. Erste Rundwanne von *Friedrich Siemens*.

Die Hafenöfen sowohl als auch die Häfen waren ursprünglich sehr klein und deren Leistung gering. Noch 1780 gab *Bosc d'Antic*[2] als Spitzenleistung der Öfen von St. Gobain 6400 kg in 80 Stunden an. Heute liefern die großen Hafenöfen bei einer Herdfläche von 70 qm 20 t fertigen Glases pro Tag und verbrauchen weniger als 1 kg Steinkohlen für 1 kg fertiges Glas; trotzdem wird diese Ofenbauart immer mehr durch die noch wirtschaftlicher arbeitenden Glasschmelzwannen verdrängt.

Bald nach der Einführung der Regenerativgasbeheizung der Hafenöfen baute *Friedrich Siemens* die ersten **Wannenöfen** für die Glasschmelze (Fig. 2), bei welchen das Glas in einem einheitlichen Schmelzbad, ähnlich wie das Eisen in den Puddelöfen, Gießereiflammöfen und Martinöfen, erschmolzen wird. Diese Öfen zeigten sich wirtschaftlicher als die Hafenöfen, nicht allein wegen der Ersparnis an Häfen und der besseren Wärmeausnützung, sondern auch wegen des kontinuierlichen Betriebes der größeren Wannen. Heute hat die Entwicklung dieser Bauart bereits bis zu Wannen von 400 qm Badoberfläche und über 100 t Tagesleistung geführt.

Wenn auch die Beheizung der Glasschmelzöfen mit Generatorgas heute noch weitaus vorherrscht, so hat doch in den letzten Jahren eine fortschreitende Einführung von **hochwertigen Brennstoffen** stattgefunden. Die Verwendung solcher im großen muß jedoch an eine besondere frachtliche

[1] „History of St. Gobain Plate Glass Company“, Glass Ind. 1928 (2), S. 77.

[2] *M. Bosc d'Antic*, Oeuvres (Mémoires sur l'art de la verrerie), Paris 1780; siehe *H. Schulz*, Die Geschichte der Glaserzeugung, S. 74.

bzw. geographische Lage gebunden bleiben, wie die Benutzung von Masut (Ölfeuerung) in den Petroleumbezirken und an der holländischen Küste, die von Koksofengas im Ruhrrevier, in Schlesien und in der Anlage von *Ford* in River Rouge und die von Erdgas in Siebenbürgen und in Amerika (Pennsylvanien und Ohio). Bei Verwendung solcher Brennstoffe sind hohe Temperaturen leichter zu erreichen, und die Ofenanlagen können vereinfacht werden.

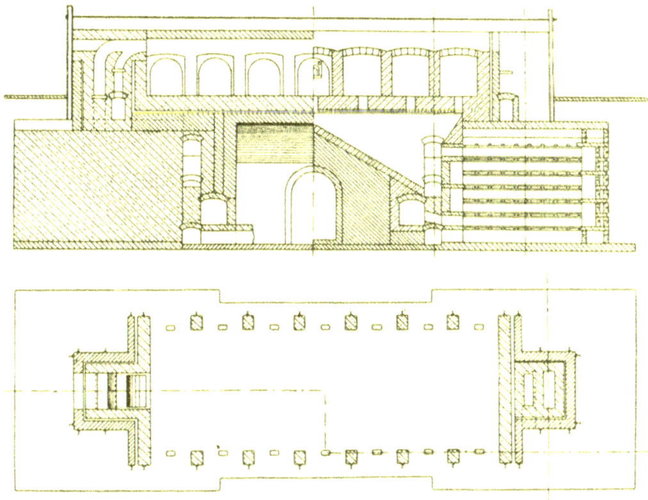

Fig. 3. Amerikanische Rekuperativ-Oberflamm-Hafenofen, Bauart *Dralle*, mit von außen nach innen niederschlagender Flamme (nach *Koering*).

Während beim *Siemens*schen Regenerativsystem die Abgas-, Luft- und Gaswege in kurzen Zwischenräumen umgeschaltet werden, bleiben beim Rekuperativsystem die Wege unverändert, so daß die Abgase und die vorzuwärmende Verbrennungsluft nur durch dünne Wände getrennt ein System von Rohren bestreichen (Fig. 3). Infolge der schwierigeren Konstruktion ist diese Feuerungsart für große Öfen später als das Regenerativsystem zur Entwicklung gelangt. Das Rekuperativsystem ist in der Anlage billiger, und die Befeuerung ist gleichmäßiger. Als Nachteil ist neben den Undichtigkeiten des Rohrsystems zu erwähnen, daß auf sichere Weise nur die Luft vorgewärmt werden kann und in geringerem Maße, als es mit dem Regenerativsystem möglich ist. Infolgedessen wird die Rekuperativheizung bevorzugt angewandt bei der Verwendung hochwertiger Brennstoffe, bei denen eine Gasvorwärmung unnötig ist und eine geringere Luftvorwärmung genügt.

II. Auftrieb der heißen Gase in den Ofenanlagen, Kamin und Kaminzug.

1. Auftrieb der heißen Gase.

Eine Luftsäule von der Höhe H in m und vom spez. Gewicht s_L in kg/cbm übt auf eine waagerechte Fläche einen Druck von Hs_L kg/qm aus, der auch Hs_L mm W.-S. entspricht. Desgleichen ist der Druck einer Rauchgassäule von der Höhe H, jedoch vom spez. Gewicht s_R, gleich Hs_R mm W.-S. Es ergibt sich hiernach als Druckunterschied beider Säulen ein Betrag von

$$h = H(s_L - s_R) \text{ mm W.-S.},$$

der auch der Auftriebskraft entspricht, den die heiße Rauchgassäule, in der Luft schwimmend, erleiden würde. Dieser Druckunterschied tritt je nach der örtlichen Lage der ihn verzehrenden Widerstände als Unterdruck des unteren Teiles oder als Überdruck des oberen Teiles einer heißen Gassäule gegenüber Außenluft gleicher Höhenlage, oder auch geteilt in Erscheinung. Am Kaminfuß mißt man z. B. den gesamten Auftrieb abzüglich des Kaminwiderstandes (der bei normal belasteten Kaminen verhältnismäßig gering ist) und abzüglich eines ähnlichen Betrages für Beschleunigung der Gase in dem sich nach oben verengenden Schacht. An der Kaminmündung ist kein Überdruck nötig für den Austritt der Gase, sofern nicht stärkere Luftströmungen direkt auf die Kaminmündung einfallen.

Man mißt andererseits im Kopfe eines Herdofenbrenners einen dem Widerstand der Züge entsprechenden Überdruck, der durch den Auftrieb der heißen Luft im Luftwärmespeicher geliefert wird. Der Unterdruck am Kammerfuß ist dann um den betreffenden Betrag geringer als der volle Auftrieb unter Berücksichtigung des Kammerwiderstandes.

2. Arbeitsweise der Schornsteine. Statische Zugstärke.

Die Ansicht, daß der größte oder doch ein wesentlicher Teil des von dem Kamin gelieferten Unterdruckes zur Beschleunigung der Rauchgase im Kamin aufgebraucht wird, trifft für normal beanspruchte Kamine mittlerer und größerer Querschnitte nicht zu. Liefert z. B. der Kamin eines großen Glasschmelzofens bei gegebenen Temperaturen und für eine gegebene Höhe eine höchste „statische" Zugstärke von 23 mm W.-S., so geht hiervon nur ein geringer Teil von etwa 2 mm für Beschleunigung der Rauchgase und Reibung im Kamin ab (vgl. Zahlentafel 1 und 2). Am Kaminfuß herrscht demnach während des Betriebes ein Unterdruck von etwa 21 mm. Von diesem Betrag benötigt das Ofensystem nur etwa 12 bis 15 mm, ein wesentlicher Betrag geht in den Kanälen verloren, der Rest, welcher die Zugreserve bildet, wird durch den Schornsteinschieber abgedrosselt.

Zahlentafel 1. Kinetische Energie $\frac{s v^2}{2g} = \frac{1{,}30 v^2}{2g(1+\alpha t)}$ in kgm für 1 cbm Rauchgas für verschiedene Temperaturen und Geschwindigkeiten.

Die betreffenden Werte stellen in mm W.-S. den Zugbetrag dar, der durch die Beschleunigung der Rauchgase vom Ruhezustand bis zu der Geschwindigkeit v m/sec verzehrt wird.

Geschwindigkeit	100°	200°	300°	400°	500°	600°	700°	800°	900°	1000°	1400°
2 m/sec.	0,19	0,15	0,13	0,11	0.09	0,08	0,07	0,07	0,06	0,06	0,04
3 „	0,44	0,35	0,29	0,24	0,21	0,19	0,17	0,15	0,14	0,13	0,10
4 „	0,78	0,61	0,51	0,43	0,38	0,33	0,30	0,27	0,25	0,23	0,17
6 „	1,75	1,38	1,14	0,97	0,84	0,75	0,67	0,61	0,56	0,51	0,39
8 „	3,10	2,45	2,03	1,72	1,50	1,33	1,19	1,08	0,99	0,91	0,69
10 „	4,85	3,83	3,17	2,69	2,34	2,07	1,86	1,69	1,54	1,42	1,08

Zahlentafel 2. Reibungsverlust in mm W.-S. in Kaminen von 50 m Höhe.

v	Mittlerer lichter Kamindurchmesser = 1,00 m			d_m = 1,50 m			d_m = 2,00 m		
	200°	300°	400°	200°	300°	400°	200°	300°	400°
2 m/sec	0,2	0,2	0,15	0,15	0,1	0,1	0,1	0,1	0,1
3 „	0,5	0,4	0,35	0,35	0,3	0,2	0,25	0,2	0,2
4 „	0,85	0,7	0,60	0,6	0,5	0,40	0,4	0,35	0,30
6 „	1,9	1,6	1,4	1,3	1,0	0,90	1,0	0,8	0,7
8 „	3,4	2,8	2,4	2,3	1,9	1,6	1,7	1,4	0,8
10 „	5,4	4,4	3,8	3,6	3,0	2,5	2,7	2,2	1,9

Die höchste, sog. „statische Zugstärke" wird dann am Kaminfuß gemessen, wenn man eben den Kaminschieber vollständig geschlossen hat, so daß für einen Augenblick die Rauchgaszufuhr aufhört. Bedingung ist, daß der Kaminschieber gut schließt und auch die Kanalstrecke vom Schieber bis zum Kamin dicht ist.

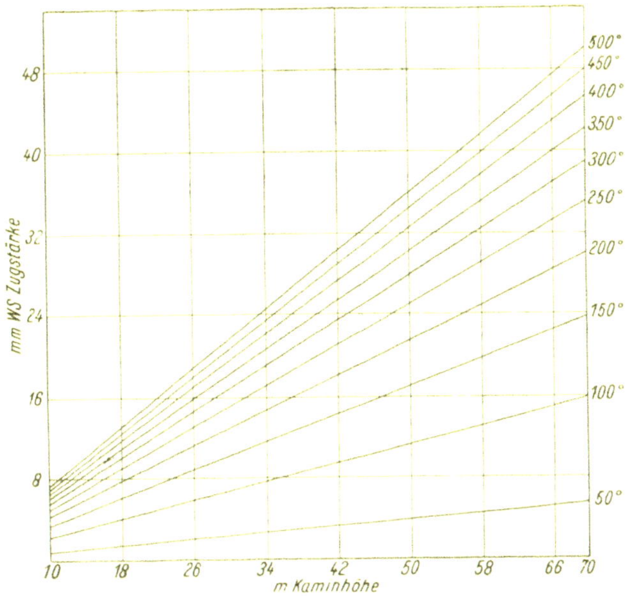

Fig. 4. Statische Zugstärke für 27° Außenlufttemperatur und für Rauchgastemperatur von 50—500°.

Für die praktische Anwendung kann man in der gewöhnlichen Kaminformel die spezifischen Gewichte von Rauchgas und Luft für 0° gleich 1,3 setzen. Stellen dann t_L und t_R die gewöhnlichen Temperaturen in Grad Cels. und T_L und T_R die absoluten Temperaturen dar, so gilt für einen Barometerstand von 760 mm:

$$h = 355 H\left(\frac{1}{T_L} - \frac{1}{T_R}\right) = 355 H\left(\frac{t_R - t_L}{T_R T_L}\right) = H\left(1{,}18 - \frac{355}{T_R}\right)$$

für 27° Außenlufttemperatur.

Fig. 4 gibt für 27° Außentemperatur[1] und für wachsende Rauchgastemperaturen die statische Zugstärke von Kaminen bis 70 m Höhe. *O. Maetz*[2] gibt Diagramme dieser Art für verschiedene Lufttemperaturen.

[1] *G. Lang* (Der Schornsteinbau, Hannover 1896—1920, Helwingsche Verlagsbuchhandlung) schlägt 27° als Normaltemperatur der Außenluft für Kaminberechnungen vor.

[2] *O. Maetz*, Sprechsaal 1924, S. 243—250.

3. Bemessung von Kaminhöhe und Kaminquerschnitt.

Kaminhöhe und Kaminquerschnitt sind zunächst nach den Vorschriften der Zugtechnik unabhängig voneinander zu berechnen. Es sind dann beide im Hinblick auf die Kaminstandfestigkeit zu vergleichen und nötigenfalls zu verändern.

a) Kaminhöhe. Der Kamin muß so hoch sein, daß er unter Berücksichtigung eines eigenen Verbrauches von etwa 10 Proz. den vorgeschriebenen Unterdruck liefert. Aus Zahlentafel 2 sind die Reibungsverluste im Kamin zu ersehen.

Für größere Glasschmelzöfen ist ein Zug von etwa 20 mm zugrunde zu legen, für kleinere Glasschmelzöfen etwas weniger und für Temper- oder Brennöfen 8 bis 10 mm. Die Kaminhöhe beträgt bei größeren Glasschmelzöfen nicht unter 45 m Höhe, bei Zwischenschaltung von Abhitzekesseln 55 m, bei kleineren Glasschmelzöfen 25 bis 35 m. Zum Vergleich sei erwähnt, daß für Siemens-Martin-Öfen, die mit einem Gemisch von Koksofen- und Hochofengas betrieben werden, und wo die Abgase kälter sind als beim Generatorgasbetrieb, 70 m als geringste Kaminhöhe vorgeschrieben werden[1].

b) Kaminquerschnitt. Die *Péclet*sche Formel kann zur Berechnung des Kaminquerschnittes nicht empfohlen werden:

$$v_a = \varphi \sqrt{\frac{2\,g\,H\,(t_R - t_L)}{273 + t_L}}\,.$$

Denn der zur Anpassung an die Bedingung der Praxis eingesetzte Reduktionsfaktor φ schwankt in ziemlich weiten Grenzen. *Osann*[2] hat für Dampfkessel und gewöhnliche Flammöfen $\varphi = 0{,}33$, für Regenerativöfen $\varphi = 0{,}17$ und für Hochofen-Winderhitzer $\varphi = 0{,}10$ berechnet.

Der Kaminquerschnitt wird zweckmäßig so berechnet, daß man von einer Austrittsgeschwindigkeit an der Mündung von etwa 4 m/sec[3] ausgeht. Wie man aus Zahlentafel 1 und 2 ersehen kann, kommt dann ein größerer Eigenverbrauch des Kamines als 2 mm nicht in Frage. Als höchstzulässiger Wert ist 8 m/sec anzusehen. Nach oben ist der Querschnittsbemessung dadurch eine Grenze gesetzt, daß die Austrittsgeschwindigkeit genügen muß, um auch Windströmungen, die auf die austretenden Gase stoßen, überwinden zu können. 2 m/sec Austrittsgeschwindigkeit sind als unterste Grenze anzunehmen[4]. Soll ein Kamin in seinem Querschnitt eine Reserve für spätere Belastung bieten, so kann man sich mit dem Auflegen eines Deckringes helfen, um den Austrittsquerschnitt zu verringern (Ausführliche Unterlagen hierüber gibt *G. Lang*[5]).

---

[1] *E. Herzog*, Der heutige Stand unserer Kenntnisse vom Siemens-Martin-Ofen. Ber. Stahlwerksaussch. V. d. Eisenh. Nr. 120 (1926).

[2] *B. Osann*, Lehrbuch der Eisenhüttenkunde, Leipzig 1921 (Engelmann).

[3] Nach *G. Lang* (Der Schornsteinbau, S. 23) werden seit *Grashof* die Kamine für 3 bis 5 m/sec Austrittsgeschwindigkeit berechnet.

[4] Ber. Stahlwerksaussch. V. d. Eisenh. Nr. 117 (1926).

[5] *G. Lang*, Der Schornsteinbau, S. 70 u. 82.

Werden zwei Hafenöfen an einen Schornstein angeschlossen, so ergibt sich der Vorteil, daß dieser warm bleibt, auch wenn einer der Öfen absteht. Manchmal beeinflussen sich die Öfen gegenseitig, es muß dann am Kaminfuß eine Trennungszunge eingebaut werden.

4. Standfestigkeit der Kamine.

Hat man nach zugtechnischen Grundsätzen die Höhe und die obere lichte Weite eines Kamines bestimmt, so bleibt es noch den Ergebnissen einer durch den Kaminbauer vorzunehmenden statischen Berechnung vorbehalten, die wirtschaftliche Ausführbarkeit der gefundenen Größenverhältnisse zu bestätigen. Bei hohen und schmalen Kaminen können die von der Standfestigkeit verlangten Wandstärken allzuteuer werden, und es kann dann der Fall eintreten, daß man sich in bezug auf die Höhe Beschränkungen auferlegen oder aber die Kaminweite vergrößern muß.

Nach *Rich. Grassmann*[1] sind die Vorschriften für die Austrittsgeschwindigkeit der Rauchgase ursprünglich das Ergebnis von Grundsätzen der Schornsteinbauer, die der Standfestigkeit Rechnung tragen, und man hat später dafür, daß die Durchmesser der kleinen Kamine reichlicher genommen werden, eine Begründung aus der Zugtheorie herleiten wollen. Bei kleinem Querschnitt ist für den laufenden Meter die Reibung größer als bei großen Kaminen (s. Zahlentafel 2). Dies macht jedoch auf die Dimensionierung nicht viel aus. Immerhin kommt man auch bei kleinen Kaminen mit einer Mündungsgeschwindigkeit von 4 m/sec zum Ziele, wenn man sie stark konisch ausführt.

Es ist als allgemeine Richtschnur danach zu streben, zwischen Höhe und Durchmesser eines Kamines ein gewisses Verhältnis beizubehalten. Es werden jedoch gelegentlich in dieser Richtung in Handbüchern unzweckmäßige Vorschriften gegeben; z. B. solche, die für eine gewisse Kaminhöhe den oberen lichten Durchmesser beschränken wollen[2]. So heißt es, daß die Höhe nicht geringer sein soll als das 25fache[3] des oberen lichten Durchmessers. Diese Vorschrift ist eher umzudrehen.

Betreffs der Einzelheiten der statischen Berechnung sei auf das Handbuch von *Lang* verwiesen.

5. Beispiel einer Kaminberechnung.

Aufgabe. Für einen großen Wannenofen, der täglich 35 t Steinkohlen verbraucht, seien Höhe und Durchmesser des Kamins zu berechnen unter folgenden Voraussetzungen:

Temperatur der Außenluft: 15°.
Rauchgastemperatur: 250° am Kaminfuß.
Verlangter Zug: 20 mm im Kanal am Kaminfuß.
Volumen Rauchgas von 0° und 760 mm für 1 kg Steinkohle = 9,60 cbm/sec bei einer Verbrennung mit 20 Proz. Luftüberschuß.

Kaminhöhe: Die nötige statische Zugstärke ergibt sich zu 22 mm, wenn man den Eigenverlust des Kamins zunächst zu 2 mm annimmt. (Dieser Betrag ist dann zum

[1] *Scholls* Führer d. Maschinisten, 12. Aufl. neu bearb. von *Rich. Grassmann*, S. 169, Braunschweig 1911 (Vieweg u. Sohn).

[2] Taschenbuch (Hütte) für Eisenhüttenleute, 1. Aufl. (1910), S. 508.

[3] *Dralle-Keppeler*, Die Glasfabrikation. 2. Aufl. Bd. I, S. 537 u. 539.

Schluß nachzurechnen; zu diesem Beispiel geschieht die Nachrechnung im nächsten Abschnitt über die Zugwiderstände des Ofensystems.)

Die Temperatur der Rauchgase erniedrigt sich ungefähr um 1° C auf 1 m Kaminhöhe und kann daher (die Höhe rund zu 50 m geschätzt) für die Kaminspitze zu 200° und für den Kamin als Durchschnitt zu 225° angenommen werden.

Das Einsetzen dieser Temperaturen in die Kaminformel ergibt dann:

$$22 = H\left(1{,}18 - \frac{1{,}30}{1 + \frac{225}{273}}\right) = 0{,}47\,H$$

und hieraus:

$$H = \frac{22}{0{,}47} = 47 \text{ m}.$$

Kamindurchmesser: 35 t Steinkohlen/24 St. = 1450 kg/St. entspricht einer Abgasmenge von 1450 × 9,60 = 13920 cbm/St. = 3,87 cbm/sec und bei 200° Kaminaustrittstemperatur:

$$\text{Vol. } 200° = 3{,}82\left(1 + \frac{200}{273}\right) = 6{,}75 \text{ cbm/sec}.$$

Für Falschluft sind 50 Proz. zuzuschlagen; 6,75 + 50 Proz. = 10,12 cbm/sec. Für eine Kaminaustrittsgeschwindigkeit von $v_{ob} = 4$ m/sec ergibt sich für die Kaminmündung:

$$F_{ob} = \frac{10{,}12}{4} = 2{,}53 \text{ qm} \quad \text{und} \quad d_{ob} = 1{,}80 \text{ m}.$$

Der untere lichte Durchmesser errechnet sich aus dem oberen bei einem Anzuge von 0,8 bis 1 Proz.:

$$d_u = d_{ob} + (0{,}016 \text{ bis } 0{,}02)\,H = \text{im Mittel } d_{ob} + 0{,}018\,H = 2{,}65 \text{ m},$$

was einem Querschnitt am Kaminfuß $F_u = 5{,}51$ qm und einer Geschwindigkeit $v_u = 2{,}03$ m/sec entspricht.

Erste Kontrolle der Dimensionen. Das Verhältnis der Höhe zum oberen lichten Durchmesser beträgt:

$$\frac{H}{d_{ob}} = \frac{47}{1{,}80} = 26.$$

Bei diesem Verhältnis zwischen Höhe und oberem lichten Durchmesser werden sich bei der statischen Berechnung für den Bau keine Schwierigkeiten ergeben.

6. Frage einer günstigsten Kamintemperatur. Anwendung auf die Wärmespeicher der Regenerativöfen.

Der von den Kaminen gelieferte Unterdruck nimmt mit steigender Temperatur der Rauchgassäule zu, gleichzeitig nimmt jedoch das spezifische Gewicht der Rauchgase ab, so daß sich für die in kg ausgedrückte Förderleistung eine günstigste Temperatur berechnen läßt. Bekannt ist eine bei etwa 300° C liegende günstigste Temperatur

$$t_R = 273 + 2t_L, \quad \text{die} \quad T_R = 2\,T_L \quad \text{entspricht}^1.$$

In den meisten neueren Lehrbüchern wird mit einer allgemeinen Gültigkeit obigen Wertes gerechnet, dessen Ableitung nach *Le Chatelier*[2] auf *Péclet*

[1] Der genaue Ausdruck, der unabhängig davon ist, daß die spezifischen Gewichte von Rauchgas und Luft bei 0° gleich gesetzt werden, lautet: $s_L = 2s_R$.

[2] *H. Le Chatelier*, Le Chauffage Industriel. Deutsche Übersetzung von *Finkelstein*, Die industrielle Heizung, S. 385, Leipzig 1922 (Akad. Verlagsgesellschaft).

zurückgehen soll. *Le Chatelier* hat aber bereits darauf aufmerksam gemacht, daß dieses bei 300° liegende Maximum gar nicht zur Geltung kommt. Er beweist, daß kein Maximum bestehen kann, wenn die Rauchgase in den Widerständen eine konstante, von der Kamintemperatur unabhängige Temperatur besitzen und man den Widerstand des Kamines selbst vernachlässigt. Bei seiner Berechnung ersetzt er die Reihe von Widerständen, wie sie jedes Ofensystem darstellt, durch eine „äquivalente Öffnung".

Daß das Maximum $T_R = 2\,T_L$ dann gilt, wenn die den Zug verbrauchenden Widerstände die Kamintemperatur T_R besitzen, findet sich leicht auf analytischem Wege. Die Widerstände verbrauchen unter der gemachten Voraussetzung einen Betrag von $\frac{a\,v^2\,s_R}{2\,g} = \frac{355\,a\,v^2}{2\,g\,T_R}$ mm W.-S.[1], wobei a eine Konstante bedeutet, und andererseits entspricht der Kaminauftrieb $355\,H\left(\frac{1}{T_L} - \frac{1}{T_R}\right)$ mm W.-S. (die spezifischen Gewichte von Rauchgas und Luft bei 0° zu 1,3 angenommen). Beides gleich gesetzt ergibt:

$$\frac{a\,v^2}{2\,g\,T_R} = H\left(\frac{1}{T_L} - \frac{1}{T_R}\right).$$

Führt man dann die sekundlich auf 1 qm Kaminquerschnitt geförderte Rauchgasgewichtsmenge ein mit $q = v s_R = \frac{355\,v}{T_R}$, so findet man aus der Bedingung $\frac{d q}{d T_R} = 0$ für die Gewichtsmenge q einen Maximalwert bei $T_R = 2\,T_L$.

Wenn der Kaminzug vollständig bei einer Temperatur verbraucht wird, die unabhängig von der des Kamins ist, rückt das Maximum ins Unendliche, zählt also nicht (in Übereinstimmung mit *Le Chatelier*). Berücksichtigt man jedoch den Kaminwiderstand, den *Le Chatelier* vernachlässigt hat, und der doch für Kamintemperatur gilt, so ergibt sich wohl eine günstigste Kamintemperatur, wenn sie auch im allgemeinen so hoch liegt, daß sie wertlos ist.

Für den allgemeinen Fall ergibt sich bei Anwendung des beschriebenen Rechnungsganges als günstigste Kamintemperatur:

$$\frac{T_R}{T_L} = 1 + \sqrt{1 + \frac{W_C}{W_R}}\,[2].$$

In diesem Ausdruck bedeutet $\frac{W_C}{W_R}$ das Verhältnis des Widerstandes des Ofensystems, in mm W.-S. ausgedrückt, zu dem des Kamins (bzw. der Summe aller Widerstände mit Kamintemperatur), beides für die gleiche Rauchgasmenge. Der Kaminwiderstand ist hier auf die Temperatur der Außenluft zurückzurechnen. Die Temperaturen des Ofensystems sind an sich gleich-

[1] Die Reibung im Kamin wächst streng genommen nicht mit $v^2 s$, sondern mit $v^{1,924}\,s^{0,852}$. Der Unterschied ist jedoch belanglos.

[2] Eine Veröffentlichung der Einzelheiten der Ableitung dieser Formel erfolgt in der Zeitschrift „Feuerungstechnik".

gültig, nur müssen sie konstant und unabhängig von der Kamintemperatur sein. Setzt man nun z. B. $\frac{W_C}{W_R} = \frac{20\text{ mm}}{1\text{ mm}}$ ein, so ergibt sich $T_R = 5{,}6\, T_L$, d. h. eine absolute Temperatur von etwa 1500° für die größte Zugleistung.

Für die Regenerativkammern der Schmelzöfen hat *Th. Sunnen*[1] die Frage der günstigsten Auftriebstemperatur untersucht. Er ging jedoch bei seiner Berechnung davon aus, daß sich alle Widerstände, die den vorhandenen Auftrieb verbrauchen, bei durchschnittlicher Kammertemperatur befinden, und konnte infolgedessen nur den bekannten Wert von etwa 300° finden.

In Wirklichkeit liegt, nach der beschriebenen allgemeinen Formel berechnet, je nach den Widerstandsverhältnissen der Kammer selbst, der Kanäle am Kammerfuß und der Brenner, die günstigste Auftriebstemperatur teils unter 400°, teils höher, und steigt bis über 800°. Die höheren Werte gelten für Büttenöfen mit langen Kanälen bis zur Luftklappe, die niederen für die großen Wannen und Oberflammöfen mit kurzen Kanälen.

7. Hydraulische Theorie von *Groum-Grjmailo* und Formel von *Esman*.

Groum-Grjmailo[2] hat versucht, aus der Beobachtung hydraulischer Vorgänge neue Erkenntnisse über die Bewegung der Gase in den Ofensystemen zu gewinnen. Er ließ z. B. unter Wasser Petroleum durch das Modell eines kleinen Ofens fließen, um ein Analogon zum Durchfluß der heißen Gase durch die Öfen zu erhalten. Wenn sich auch wesentlich Neues nicht ergeben hat, so ist es doch interessant, wie sich folgende Reihe von praktischen Ofenbaugrundsätzen entwickeln ließ:

a) In allen Öfen sollte der Abzug der Verbrennungsgase möglichst nach unten erfolgen (dies weiß man seit der Einführung der überschlagenden Flamme bei den keramischen Öfen).

b) Die heißen Gase müssen gleichmäßig unterteilt werden.

c) Die heißen Gase haben das Bestreben, durch die kältesten Kanäle abzuziehen.

d) Um gleichmäßige Temperaturen in hohen Öfen zu erhalten, sollten die heißen Gase an der Peripherie hochziehen und in der Mitte abziehen (wieder ein Grundsatz der Keramik).

e) Der Raum unter dem Gewölbe ist der beste Verbrennungsraum.

f) Tote Ecken sollen nach Möglichkeit im Herde vermieden werden.

g) Der Druck im Herde ist auf ± 0 zu halten. Die Flamme soll in den Ofen gedrückt werden. Der Schornsteinzug soll gerade eben reichen, um die Verbrennungsgase abzuführen.

h) Arbeitstüren und andere Öffnungen sollen in den Ofenherden so tief wie möglich und in gleicher Höhe angebracht werden.

Den Prinzipien von *Groum-Grjmailo* folgend, hat *Esman* aus den bei Stauwehren angewandten hydraulischen Formeln einen Ausdruck entwickelt, der diejenige Höhe des Gewölbes über der Herdfläche angibt, die von den Feuergasen eben noch ausgefüllt wird. *Esman* gibt:

$$H = A \sqrt[3]{\frac{Q^2}{B^2 t}}.$$

---

[1] *Th. Sunnen*, Consommation d'air et de gaz des chambres de récupération affectées aux fours à flamme. Chaleur et Ind., Febr. 1925, S. 55; s. auch Glastechn. Ber. 3. Jg., S. 426.

[2] *W. E. Groum-Grjmailo*, The hydraulic theory of the flow of gases in furnaces. Glass 4. Jg. (1927), Nr. 1, S. 8; s. auch Glastechn. Ber. 5. Jg., S. 436. Über ältere Veröffentlichungen s. Stahl u. Eisen 1911, S. 2000 u. 2047.

Zahlentafel 3. Werte der Konstante A der Formel von *Esman*.

H	0,30			0,50			0,75			1,0		
B in m	1	2	5	1	2	5	1	2	5	1	2	5
A	3,42	3,54	3,62	3,29	3,46	3,57	3,03	3,27	3,54	2,97	3,28	3,53

Es bedeuten: H = Gastiefe unter dem Gewölbe,
B = Herdbreite,
Q = Rauchgasmenge in cbm/sec,
A = Konstante, aus Zahlentafel 3 zu entnehmen,
t = Gastemperatur in °C.

Diese Formel, wenn auch bei einigen veröffentlichten Ofenbauberechnungen[1] benutzt, ebenfalls für Glasöfen[2], scheint doch im allgemeinen wegen ihrer eigentümlichen Form auf Ablehnung zu stoßen. Sie enthält aber einen wahren Kern. Man kann sie auf folgende Weise auf einen Ausdruck der üblichen Art bringen: Zunächst sei an Stelle von t die absolute Temperatur T eingeführt durch Einsetzen von $t = 0{,}826\,T$. Diese Beziehung, die für 1300° C aufgestellt ist, gilt für den Bereich von 1000 bis 1700° mit nur geringem Fehler. Ersetzt man dann $355/T$ durch das spezifische Gewicht s, so ergibt sich:

$$H = 0{,}15\,A\,\sqrt[3]{\frac{s\,Q^2}{B^2}}\,.$$

Daß H im Verhältnis steht zur kinetischen Energie der Gase, findet man durch Einführen der Geschwindigkeit v zur Beseitigung von Q. Es ergibt sich dann:

$$H = 0{,}067\,A^3\left(\frac{v^2\,s}{2\,g}\right).$$

8. Künstlicher Zug.

Nur bei der Verwendung eines Abhitzekessels[3] bei ausgedehntem Kanalsystem hat die Benutzung von künstlichem Zug Berechtigung. Bei richtiger Einrichtung ist die verbrauchte Kraft gering; bei kleinen Anlagen wird sie aber durch den schlechten Wirkungsgrad der kleinen Ventilatoren — meist unter 40 Proz. — erhöht. Ohne Berücksichtigung der eindringenden Falschluft und des Kraftverlustes von Ventilator und Motor sind zum Absaugen der Abgase von 1000 kg in 24 Stunden gleichmäßig durchgesetzten Steinkohlen nur 0,12 PS nötig, wenn man von einer Abgastemperatur von 200° und von 50 mm Zugbedarf ausgeht. Bei einem vorhandenen nicht zu engen, wenn auch niedrigen Kamin geht man am besten so vor, daß man die Abgase in diesen hineinbläst.

9. Sekundärluftgebläse.

Wenn die Luftkammern nicht zu niedrig oder ihre Widerstände nicht zu groß sind, ist die Menge der angesaugten Sekundärluft ausreichend, ein Gebläse ist nicht erforderlich. Bei großen Wannen haben sich aber auf der Luftklappe angebrachte Schraubengebläse, die nur wenig Kraft verbrauchen, zum genauen Festhalten der Sekundärluftmenge als nützlich erwiesen.

[1] *R. F. Olenew*, Therm. Ber. eines Chamottebrennofens. Feuerfest 3. Jg. (1927), S. 2.
[2] *Pederson*, Glass Ind. 1928, S. 5.
[3] WBG. Frankfurt: Abhitzekessel in Glashütten, 2. Aufl. 1931.

10. Zugregler.

Die Zugregler nach *Hera*[1], *Krupp*, *Schnurpfeil* u. a. beruhen alle auf dem gleichen Grundsatz, wonach bei Verstärkung des Zuges Falschluft in den Kamin eingelassen wird. Während kleinere Betriebe über eine günstige Wirkung auf den Brennstoffverbrauch berichten, konnte bei methodischen Versuchen in einem großen Glashüttenwerk keine Brennstoffersparnis nachgewiesen werden. Die Sachlage scheint so zu sein, daß bei einem sehr sorgfältig gewarteten Ofen die Druckstöße nur wenig Schaden anrichten können.

III. Zugwiderstände des Ofensystems und Bemessung der Querschnitte.

1. Die Zugwiderstände eines Ofensystems bestehen in der Hauptsache aus den Einzelwiderständen der Kanalknie- und der Querschnittsveränderungen. Eine geringere Rolle spielen die Reibungsverluste, die sich nur bei sehr langen Kanalstrecken, z. B. in den Kaminen und in engen Brennerkanälen, bemerkbar machen. Die von beiden Arten von Widerständen gelieferten Zugverluste stehen annähernd im Verhältnis zur kinetischen Energie $\frac{mv^2}{2g}$ des Gasstromes, wachsen also annähernd mit dem Quadrat der Geschwindigkeit[2], so daß für diese nur niedrige Werte vorgesehen werden dürfen. Hier müssen die Brenner ausgenommen werden, für die bestimmte Geschwindigkeiten nicht unterschritten werden dürfen. Auch ist bei allen Wärmeaustauschvorgängen zu berücksichtigen, daß der Wärmeübergang durch Konvektion mit steigender Geschwindigkeit wächst (s. Abschnitt VIII 2 unter h).

Es haben sich nun in bezug auf die einzuhaltenden Geschwindigkeiten in der Glasindustrie gewisse Normalsätze ausgebildet, von denen nachstehend eine Zusammenstellung gegeben wird. Kanalgeschwindigkeiten von 2 bis 3 m/sec sind auch in *Dralle-Keppeler*, Die Glasfabrikation, empfohlen und entsprechen ebenfalls den allgemeinen Vorschriften von *Toldt*[3] für Regenerativöfen. Es sind zu empfehlen:

Für Generatorgas im Entstaubungskanal . . .	$v = \frac{1}{2}$ m/sec
Als höchste Geschwindigkeit, bei der sich noch feiner Staub absetzt	$v = 1$,,
Für Sekundärluft, die durch natürlichen Auftrieb angesaugt wird, in Umsteuerventilen und Kanälen	$v = 2$ bis $2\frac{1}{2}$ m/sec
Desgl. in Regeneratoren und Rekuperatoren .	$v =$ bis 3 m/sec

[1] *W. Friedmann* (WBG. Frankfurt), Mechanis. d. Feuerführung. Glas. Ber. VII. 217.

[2] Die WBG. Frankfurt berechnet, daß für gegebene Kanäle eine Erhöhung des Brennstoffdurchsatzes von 33 Proz. die benötigte Zugstärke um 85 Proz. erhöht. Glastechn. Ber. 7. Jg. (Dez. 1929). Tafel I zum Geschäftsbericht 1927/29.

[3] *Fr. Toldt*, Regenerativöfen, 3. Aufl.

Für rohes Generatorgas in leicht zu reinigenden geraden Kanälen und gereinigtes Gas . . .	$v = 4$ m/sec
Generatorgas in Umsteuerorganen, Ventilen und kurzen, winkligen Kanälen, z. B. zwischen Umsteuerorganen und Regenerativkammern	$v = 2$ bis $2^1/_2$ m/sec
Abgas in steinernen Rekuperatoren . . . . bis	$v = 3$ m/sec
Abgas in Kanälen und Umsteuerorganen . . .	$v = 3$,,
Luft und Gas in den Brennern der Glasschmelzöfen, und zwar bei geringer Vermischung die niederen und bei stärkerer Vermischung die höheren Werte	$v = 5$ bis 10 m/sec
In den Feuerschlitzen von Brennöfen	$v = 3$ m/sec
Luft zwischen den Roststäben von Brennöfen	$v = 0{,}50$ m/sec

Bei den Martinöfen sind in den Kanälen für die Abgase (und Gas) 5 m/sec[1] zugelassen, weil sie infolge der durchgesetzten großen Kohlenmengen ohnehin reichlich groß ausfallen, auch für die Regeneratoren geht man etwas höher, als obigen Werten entspricht. Besonders jedoch für die Brenner sind die angewandten Geschwindigkeiten viel höher als bei den Glasöfen, und für Gas und Luft werden oft Ziffern von 20 bis 30 m/sec und mehr angewandt.

2. Berechnung der Reibungswiderstände in den Kanälen.

Nach der älteren Berechnungsweise bringt man den Druck- bzw. Zugabfall, den die Reibung von fließenden Gasen an den Kanalwänden zur Folge hat, mit der kinetischen Energie der Gase und dem Kanaldurchmesser in Beziehung entsprechend

$$h_R = \frac{\varrho s v^2 l}{2 g d},$$

(bei rechteckigem oder irgendwie profiliertem Querschnitt ergibt sich der „hydraulische Durchmesser“ d aus $d = \frac{4U}{F}$, wobei U den Umfang und F die Fläche des Querschnitts darstellt). Es bedeuten:

h_R = Druck- bzw. Zugabfall in mm W.-S.,
ϱ = Reibungszahl,
v = Geschwindigkeit in m/sec,
s = spez. Gewicht in kg/cbm,
d = Durchmesser in m,
l = Kanallänge in m,
g = Erdbeschleunigung = 9,81 m/sec².

Die Reibungszahl ϱ ist nun nicht konstant, sondern ist von dem Betrag einer Kenngröße, die den vorliegenden Zustand des fließenden Gases charakterisiert, der *Reynold*schen Zahl[2], abhängig, die lautet:

[1] Siehe die Tabellen von *H. Bansen*, Ber. Stahlwerksaussch. V. d. Eisenh. Nr. 111 (1926).

[2] Vgl. *H. Gröber*, Einführung in die Lehre von der Wärmeübertragung, S. 71, Berlin 1926 (Springer).

$$R_e = \frac{v d m}{\mu},$$

wobei m = Massendichte in kg · sec²/m⁴ $= \frac{s}{g}$

und μ = Zähigkeit in kg · sec/qm.

H. Rietschel[1] gab vor einer Reihe von Jahren für ϱ ein Netz von Werten, welches dem Einfluß des Durchmessers auf die Reibungszahl Rechnung trägt und folgendem Ausdruck entspricht:

$$\varrho = 0{,}026 + \frac{0{,}26}{U - 48} \quad (U \text{ in cm ausgedrückt}).$$

Für Kanäle von mehr als 1,70 m Umfang gilt hiernach:

$$h = 0{,}028 \frac{s v^2 l}{2 g d} \quad \text{(alles in m und sec ausgedrückt).}$$

In der neueren Zeit ist, unter Verwendung von metallischen Leitungen, bei denen sehr genaue Messungen möglich sind, der Einfluß der *Reynold*schen Zahl auf die Reibungszahl eingehend untersucht worden. Von den schließlich für den praktischen Gebrauch in Anwendung gekommenen Formeln sind am bekanntesten die von *Fritsche*[2] und von *Brabbée*[3], die sich nur wenig voneinander unterscheiden. Nach *Fritsche* ergeben sich um rund 10 Proz. höhere Beträge, in der Hauptsache wegen des größeren Beiwertes.

Brabbée gibt für gemauerte Kanäle:

$$h_R = 13{,}2 \frac{\left(\frac{s}{1{,}20}\right)^{0{,}852} v^{1{,}924}}{d^{1{,}281}} l;$$

d ist hier in mm ausgedrückt, unterschiedlich von dem Ausdruck nach *Rietschel*. Für metallische Leitungen ist der Wert der Reibungszahl nur 6,6.

Bansen[4] hat an 75 und 80 mm weiten gemauerten Kanälen Messungen bis zu 3,5 m/sec vorgenommen und in der Tat Reibungszahlen von 10 bis 13 festgestellt. Er macht jedoch darauf aufmerksam, daß sich diese je nach der Beschaffenheit der Kanalwandungen in sehr weiten Grenzen verändern können. Er schätzt als äußere Grenzen 6,6 für metallglatte und 19,8 für sehr rauhe Wände mit Flugstaubsinterungen usw.

Noch bestehender Anwendungsbereich der Formel von *Rietschel*. Für kleinere Kanäle als die von *Bansen* nachgemessenen ist die Formel von *Rietschel* nicht mehr zeitgemäß, und es kommt nur mehr die von

[1] *H. Rietschel*, Leitfaden zum Berechnen und Entwerfen von Lüftungs- und Heizungsanlagen, 3. Aufl. Bd. I, S. 74 u. Bd. II, S. 20, Berlin 1902 (Springer).

[2] *Fritsche*, Forsch.-Arb. Heft 60, herausgeg. vom VDI, Berlin. Siehe auch *Wesemann*, Die Ermittlung des Druckabfalles durch Reibung in Leitungen. Mitt. Wärmestelle V. d. Eisenh. Nr. 95, S. 687 (1926).

[3] *H. Rietschel*, Leitfaden der Heiz- und Lüftungstechnik, 7. Aufl. von *K. Brabbée*, Bd. II, S. 96, Berlin 1926 (Springer).

[4] *H. Bansen*, Beiträge zur Untersuchung der Vorgänge in Siemens-Martin-Öfen. Ber. Stahlwerksaussch. V. d. Eisenh. Nr. 111, S. 6—11.

Brabbée in Frage. Jedoch für große Kanäle, wie die Brenner und Rauchkanäle, auch die Kamine der großen Industrieöfen, kann der Ausdruck nach *Rietschel* $h_R = 0{,}028 \frac{s v^2 l}{d}$ als ein Annäherungswert mit 15 Proz. Fehlermöglichkeit deshalb zugelassen werden, weil bei den betreffenden Durchmessern der Reibungsverlust gegenüber den Einzelwiderständen, wie Knien usw., zurücktritt. Außer der größeren Einfachheit hat gegenüber der Formel von *Brabbée* die Berechnung nach *Rietschel* den Vorteil, daß der Zugabfall unter Benutzung des Ausdrucks der kinetischen Energie $\frac{s v^2}{2g}$ angegeben ist, den man für die Bewertung des Zugverlustes durch die Einzelwiderstände doch berechnen muß. (Den als Multiplikator von $\frac{s v^2}{2g}$ auftretenden Ausdruck $\frac{0{,}028\, l}{d}$ bezeichnete *Rietschel* als „Reibungshöhe".)

Reibungsverlust im Regeneratorgitterwerk. *Kistner*[1] hat an einem Versuchswärmespeicher in Duisburg-Meiderich die Reibungsverluste festgestellt. Es gilt nach seinen Messungsergebnissen für ein Rostgitterwerk mit Steinen von 8 cm Dicke und 15 cm Höhe, und zwar bei nicht versetzter Ausgitterung von 6 cm Kanalweite:

$$h_R = 0{,}162 \cdot s_0 \cdot \frac{v_0^2}{\sqrt[4]{d}} \cdot \frac{T}{B + h} \cdot l \,.$$

Hierin bedeuten:

d = Kanalweite, in m ausgedrückt, wie bei *Rietschel*,
T = absolute Temperatur der Gase,
s_0 = spezifisches Gewicht bei 0° und 760 mm in kg/cbm,
v_0 = Geschwindigkeit bei 0° und 760 mm in m/sec,
B = Barometerstand in mm Hg,
l = Gitterhöhe in m.

Führt man zur Beseitigung von T die wahren spezifischen Gewichte und Geschwindigkeiten ein und ersetzt $B + h$ durch 760 mm, so ergibt sich:

$$h_R = 0{,}058 \frac{s v^2 l}{\sqrt[4]{d}} = 1{,}14 \frac{s v^2 l}{2g \sqrt[4]{d}} \,.$$

Diese Formel gibt für Gitterkanäle von 6 bis 12 cm Weite den 2- bis $3^1/_2$fachen Zugverlust gegenüber einer Berechnung als glatte, durchgehende Kanäle mittels der *Brabbée*schen Formel.

Bei dem Widerstand der Gitterkanäle scheint die Kanalweite eine geringere Rolle zu spielen als bei glatten Kanälen. Die sich ergebenden Zugverluste sind übrigens geringer, als man nach den Erfahrungen in der Praxis hätte erwarten sollen. *Kistner* stellt als höchste Ziffer einen Zugverlust von 0,4 mm W.-S. für 1 m Gitterhöhe fest. Er nimmt an, daß in vielen Fällen ein großer Widerstand in den zu eng bemessenen Zuführungskanälen liegt.

---

[1] *H. Kistner*, Großversuche an einer zu Studienzwecken gebauten Regeneratorkammer. Mitt. Wärmestelle V. d. Eisenh. Nr. 139 (1930) [Arch. Eisenhüttenwes. 3. Jg. (1929/30), S. 751].

Was man an den Formeln von *Rietschel, Brabbée* und *Kistner* auf den ersten Blick vermißt, ist eine Berücksichtigung der Zunahme der Zähigkeit der Luft (und der Rauchgase) mit steigender Temperatur. Die Zähigkeit verändert sich jedoch dann immer gleichzeitig mit dem spezifischen Gewicht, wenn auch in umgekehrter Richtung, und so kann man durch eine entsprechende Bemessung des Exponenten des spezifischen Gewichtes gleichzeitig auch annähernd den Einfluß der Zähigkeit berücksichtigen.

Eine Formel, die der Zähigkeit durch ein besonderes Temperaturglied Rechnung trägt, hat *W. Trinks*[1] gegeben. Diese ist jedoch kaum brauchbar, sie gibt für niedere Geschwindigkeiten viel zu hohe Werte.

Lamellare und turbulente Strömung. Der Reibungsverlust in den Kanälen würde viel geringer ausfallen, wenn eine „lamellare" Strömung vorliegen, d. h. wenn die Gase in parallelen, geordneten Schichten fließen würden. Damit die Möglichkeit der lamellaren Strömung vorliegt, muß die *Reynold*sche Zahl $R_e = \frac{v\,d\,m}{\mu}$ geringer sein als 2350. Für höhere Werte von R_e wird die Strömung „turbulent", und die entstehenden kleinen Randwirbel erhöhen dann die Reibung. Der Bereich, in dem die Strömung lamellar sein müßte, wird in den Gitterkanälen der Wärmespeicher erreicht. Der lamellare Zustand stellt sich jedoch nach Messungen von *Kistner*[2] nicht ein, weil die Gase keine geraden, ungestörten Strecken durchlaufen.

3. Die Einzelwiderstände des Kanalsystems.

Man versteht hierunter die Widerstände der Kanalbiegungen, der Querschnittsveränderungen und der Abzweigungen bzw. Teilungen. Für jeden Einzelwiderstand kann man nach den nachstehend zusammengestellten Vorschriften eine Widerstandszahl ζ ermitteln, die mit dem Ausdruck der kinetischen Energie zu multiplizieren ist, um den sich ergebenden Zugverlust $h_r = \zeta \frac{s\,v^2}{2\,g}$ in mm W.-S. zu finden, wenn s, v und g in m, kg und sec ausgedrückt sind.

A. Kanalbiegungen[3] (s. Fig. 5):

a) Knie 90° scharf, einseitig abgeflanscht . . . . $\zeta = 2$ bis 2,5

b) Knie 90° scharf, von gewöhnlicher Art

 α) bei rechteckigem Querschnitt . . . . $\zeta = 2{,}00$

 β) bei rundem oder quadratischem Querschnitt $\zeta = 1{,}50$

c) Knie 90° abgerundet

 α) mit der bei Mauerwerk üblichen schwachen Abrundung . . . . $\zeta = 1{,}00$

 β) bei starker Abrundung . . . . $\zeta = 0{,}30$

 γ) desgl. mit $R = 5\,d$ . . . . $\zeta = 0$

d) Knie 45° bzw. 135° scharf . . . . $\zeta = 0{,}50$

 Knie 45° abgerundet . . . . $\zeta = 0{,}20$

e) Für Knie zwischen 0 und 45° und 45 und 90° sind die ζ Werte zwischen den angegebenen Grenzen zu interpolieren.

---

[1] *W. Trinks* (Industrieöfen Bd. I, S. 149, deutsche Ausgabe, Berlin 1928, VDI-Verlag).

[2] Vgl. *H. Kistner*, Großversuche an einer zu Studienzwecken gebauten Regenerativkammer. Mitt. Wärmestelle V. d. Eisenh. Nr. 139 (1930). [Arch. Eisenhüttenwes. 3. Jg. (1929/30), S. 751.]

[3] Siehe *Fr. Wesemann*, Mitt. Wärmestelle V. d. Eisenh. Nr. 95, S. 692/93, und *K. Brabbée, H. Rietschels* Leitfaden der Heiz- und Lüftungstechnik, Hilfstafel VIII, 7. Aufl. 1926.

Der Grund des starken Zugverlustes durch scharfe Kanalbiegungen liegt in der starken Einschnürung des Gasstromes (s. Fig. 6). Daß diese Einschnürung fortfällt, wenn sich der Gasstrom aus einer engen Leitung in eine wesentlich (z. B. um 50 Proz.) weitere ergießt (s. Fig. 7), darauf hat *Bansen*[1] aufmerksam gemacht. Es geht dann die Widerstandszahl in diejenige der starken Abrundung über, die *Bansen* mit 0,2 bis 0,3 zugrunde legt. Auch dann, wenn hinter einem Knie durch Abschmelzung der Querschnitt zur günstigen Seite hin stark erweitert ist (s. Fig. 7), kann die Einschnürung fortfallen. Diese Überlegungen sind besonders für den Übergang der waagerechten in die senkrechten Züge in den Brennern wichtig.

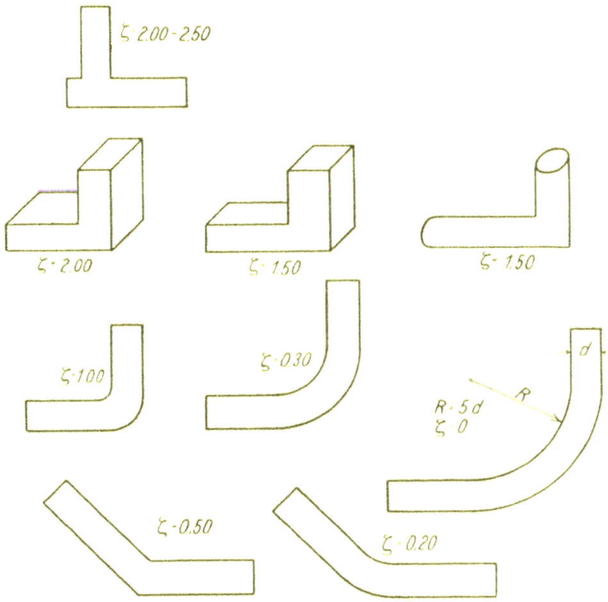

Fig. 5. Widerstandszahlen der Kanalknie.

Für die Glasschmelzöfen, in Deutschland auf Vorschlag der WBG. Frankfurt, machte sich in der letzten Zeit das Bestreben geltend, den scharfen Winkel in den Brennern zu unterdrücken (s. Fig. 90, eine Ausführung nach *Simon Carves*, Manchester).

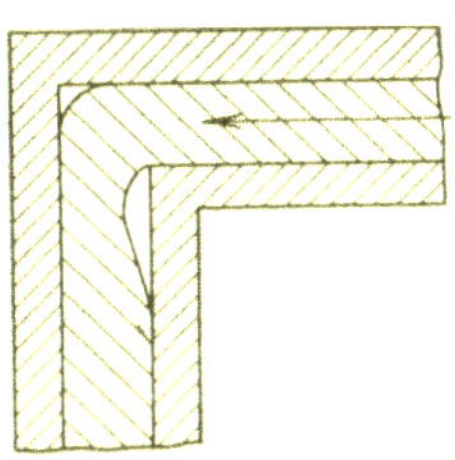
Fig. 6. Entstehung des Zeitverlustes an scharfen Kanalknien durch die Einschnürung des Gasstromes.

Fig. 7. Verminderung der Einschnürung des Gasstromes an einem scharfen Kanalknie beim Übergang aus einem kleineren in einen größeren Querschnitt und bei ausgebrannten Kanalwänden.

[1] *H. Bansen*, Beiträge zur Untersuchung der Vorgänge in Siemens-Martin-Öfen. Ber. Stahlwerksaussch. V. d. Eisenh. Nr. 111, S. 3 (1926).

B. Querschnittsveränderungen (s. Fig. 8). a) Für eine plötzlich erfolgende Querschnittsveränderung gilt, abgesehen von einem außerordentlich großen Unterschiede in den Querschnitten (worauf weiter unten zurückgekommen wird), die *Carnot*sche Formel[1]:

$$h_R = \frac{s}{2g}(v_1 - v_2)^2,$$

die auch unter Verwendung des Begriffs der Widerstandszahl ausgedrückt werden kann durch den Ausdruck

$$h_R = \left(1 - \frac{f_1}{f_2}\right)^2 \frac{s v_1^2}{2\gamma}$$

oder

$$h_R = \left(\frac{f_2}{f_1} - 1\right)^2 \frac{s v_2^2}{2g}.$$

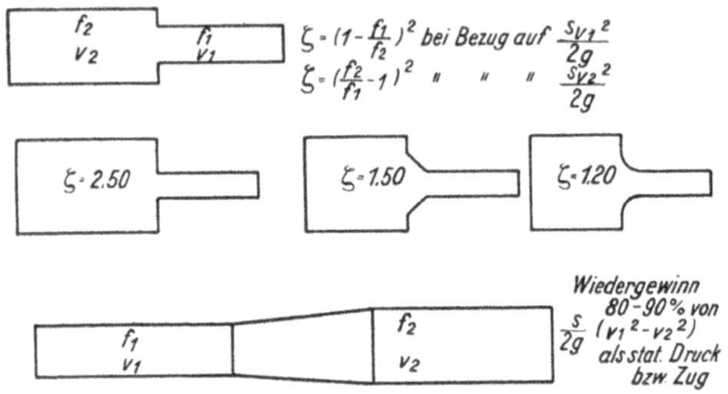

Fig. 8. Widerstandszahlen der Querschnittsveränderungen.

Beim Übergang von einer geringeren zu einer grösseren Geschwindigkeit kommt als Zugverlust noch das Äquivalent des Unterschiedes in der kinetischen Energie $\frac{s}{2g}(v_1^2 - v_2^2)$ hinzu. Beim Übergang der Gase von einer größeren zu einer geringeren Geschwindigkeit nun setzt sich die überschüssige kinetische Energie, die nach Abzug des Verlustes, den die *Carnot*sche Formel gibt, übrigbleibt, in Zug (bzw. Druckgefälle) um. Es wird von $\frac{s}{2g}(v_1^2 - v_2^2)$ kinetischer Energie noch $\frac{s}{2g}[(v_1^2 - v_2^2) - (v_1 - v_2)^2]$ als Druckgefälle zurückgewonnen, was einen Wirkungsgrad von $\frac{2 v_2}{v_1 + v_2}$ für die Umsetzung der kinetischen Energie in Druckunterschied bedeutet.

Für den Fall, daß aus einem sehr weiten Raum, z. B. einem Ofenherd, die Gase in einen im Verhältnis dazu sehr engen Kanal, z. B. einen Brenner, eintreten, ist nach *Bansen* für die Berechnung des Zugverlustes die normale Stoßformel $h = \zeta \frac{s v^2}{2g}$ zu benutzen, und zwar gilt (s. Fig. 8)

für gut abgerundete Einführung	. . . . .	$\zeta = 1{,}1$
,, etwas abgerundete ,,	. . . . .	$\zeta = 1{,}2$
,, grob konische ,,	. . . . .	$\zeta = 1{,}5$
,, scharfkantige ,,	. . . . .	$\zeta = 2{,}5$

Es ist dabei für v die größere Geschwindigkeit, also die des engeren Kanals, einzusetzen. Der Zugverlust für die Beschleunigung der Abgase ist einbegriffen.

[1] Die *Carnot*sche Formel ist der Hydraulik entnommen. Nach *Nusselt* ist in Wirklichkeit bei Gasen der Stoßverlust etwas kleiner als bei Flüssigkeiten, weil die Ausdehnung durch die Reibungswärme ausgleichend wirkt. (*W. Nusselt*, Der Stoßverlust an plötzlichen Erweiterungen in Rohren beim Durchfluß von Gasen und Dämpfen. Z. VDI 1928, S. 763.)

b) Querschnittsveränderungen mit allmählichem Übergang. Ein eigentlicher Verlust ist nicht vorhanden, wenn bei ganz allmählich verlaufender Querschnittsverengung die Gase von einer geringeren zu einer höheren Geschwindigkeit übergehen. Es ist wohl derjenige Zugabfall unvermeidlich, welcher der Erhöhung der kinetischen Energie, also $\frac{s}{2g}(v_1^2 - v_2^2)$, entspricht.

Umgekehrt gewinnt man auch beim allmählichen Übergang von einer größeren zu einer geringeren Geschwindigkeit den größten Teil des Unterschiedes in der kinetischen Energie wieder zurück. Durch einen schlanken konischen Übergang, ähnlich wie beim Venturirohr (s. Fig. 8), setzt man von dem Unterschied in der kinetischen Energie bis zu 90 Proz. in statische Druckhöhe bzw. in Zug um.

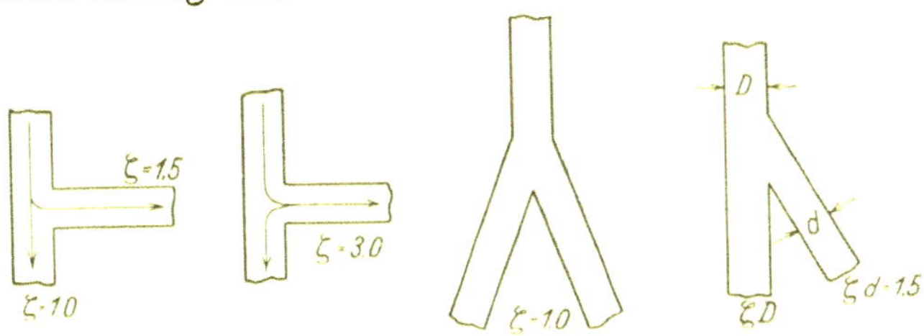

Fig. 9. Widerstandszahlen von Kanalabzweigungen.

c) Abzweigung von Kanälen. Hier sind folgende Werte von den metallischen Leitungen her[1] bekannt (s. Fig. 9) und von *Brabbée* auch für gemauerte Kanäle empfohlen:

Für ein T-Stück mit im Hauptstrang durchgehender Gasbewegung in der Durchgangsrichtung . . . . $\zeta = 1{,}0$
Für ein T-Stück mit im Hauptstrang durchgehender Gasbewegung in der Abzweigrichtung . . . . $\zeta = 1{,}5$
Für ein T-Stück mit gegenläufiger Gasbewegung . . . . $\zeta = 3{,}0$
Für ein Hosenrohr . . . . $\zeta = 1{,}0$

Für Abzweigungen, bei denen von einer durchgehenden geraden Leitung eine zweite schräg abzweigt:

In der abgezweigten Leitung . . . . $\zeta = 1{,}5$
In der durchgehenden Leitung:
Für $D = d$ . . . . $\zeta = 1{,}0$
$D = 1{,}5\,d$ . . . . $\zeta = 0{,}7$
$D = 2{,}0\,d$ . . . . $\zeta = 0{,}4$
$D = 3{,}0\,d$ . . . . $\zeta = 0{,}2$
$D = 4{,}0\,d$ . . . . $\zeta = 0{,}0$

Teilung des Querschnittes in eine größere Anzahl kleinerer Kanäle. Hierher gehört der wichtige Fall des Eintritts der Gase in das Gitterwerk eines Regenerators oder Rekuperators.

Messungen von *Bansen*[2] haben ergeben:

Bei quadratischen Öffnungen . . . . $\zeta = 2{,}0$—$2{,}5$
„ runden Öffnungen . . . . $\zeta = 2{,}5$—$3{,}0$
„ langen, rechteckigen Spalten (Rostgitter) . . . $\zeta = 1{,}5$—$2{,}0$

[1] Siehe *H. Wesemann*, Mitt. Wärmestelle V. d. Eisenh. Nr. 95.
[2] *Bansen*, Ber. Stahlwerksaussch. V. d. Eisenh. Nr. 138.

4. Beispiel. Nachrechnung der Gesamtwiderstände eines Kamins.

(Siehe Fig. 10.)

Die Kaminberechnung im II. Abschnitt hatte ergeben:

Kaminhöhe $H = 47$ m.
Oberer lichter Kamindurchmesser $d_o = 1{,}80$ m.
Unterer lichter Kamindurchmesser $d_u = 2{,}54$ m.
Rauchgasgeschwindigkeit an der Kaminspitze $v_o = 4$ m/sec.
Rauchgasgeschwindigkeit am Kaminfuß $v_u = 2{,}03$ m/sec.

(Bei einer mittleren Rauchgastemperatur im Kamin von 225° und einer Temperatur von 250° am Kaminfuß.)

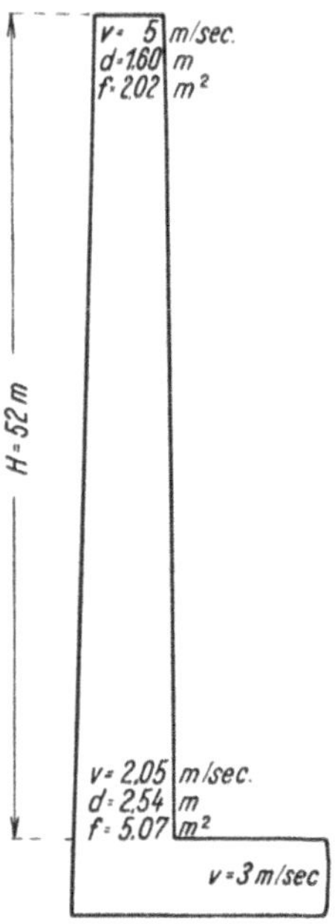

Fig. 10.

Die Rauchgasgeschwindigkeit im Rauchgaskanal am Kaminfuß sei $v = 3$ m/sec. Es ergibt sich zunächst:

Mittlerer Kamindurchmesser $d_m = 2{,}23$ m
Mittlere Kamingeschwindigkeit $v_m = 3{,}03$ m/sec

a) Zugverbrauch für die Beschleunigung im Kamin:

$$h_R = \frac{s(v_0^2 - v_u^2)}{2g} = \frac{1{,}30\,(16 - 4{,}20)}{\left(1 + \frac{225}{273}\right)20} = 0{,}45 \text{ mm}$$

b) Reibung im Kamin, nach *Rietschel* berechnet:

$$h_R = \frac{0{,}028\,H \cdot s \cdot v_m^2}{dm \cdot 2g} = \frac{0{,}028 \cdot 47 \cdot 1{,}30 \cdot (3{,}03)^2}{2{,}23\left(1 + \frac{225}{273}\right)20} = 0{,}20 \text{ mm}\,.$$

Nach *Brabbée* berechnet ergeben sich 0,015 mm weniger.

c) Widerstand des Kanalknies am Kaminfuß: Beim Eintritt der Gase in den Kamin findet eine Verringerung der Geschwindigkeit von 3 m/sec auf 2,03 m/sec statt. Entsprechend den gemachten Ausführungen wird der Widerstand des Knies hierdurch verringert, da die Einschnürung des Gasstromes hinter dem Knie günstiger wird. Folgende Berechnung als scharfes Knie rechteckigen Querschnittes mit der höheren Geschwindigkeit $v = 3$ m/sec läßt also noch eine kleine Zugreserve:

$$h_R = \frac{2\,s\,v^2}{2g} = \frac{2 \cdot 1{,}30 \cdot 9}{\left(1 + \frac{250}{273}\right)20} = 0{,}65 \text{ mm}\,.$$

Den Unterschied an kinetischer Energie vor und nach dem Knie kann man vernachlässigen. Insgesamt ergeben sich Zugwiderstände von $0{,}45 + 0{,}20 = 0{,}65$ mm ohne das Kanalknie am Kaminfuß und von $0{,}45 + 0{,}20 + 0{,}65 = 1{,}30$ mm zusammen mit dem Kanalknie.

IV. Die Verbrennungsvorgänge in den Glasschmelzöfen.

Abgesehen von der bisher seltenen Anwendung der flammenlosen Verbrennung, muß die Verbrennung in den Glasschmelzöfen, wie in allen Herdöfen, so eingestellt werden, daß das zu beheizende Gut mit langen Flammen, welche bis vor die Abzüge reichen, möglichst gleichmäßig überstrichen wird. Wie man die Beschaffenheit der Flamme so einrichtet, daß sie für eine günstige Übertragung der Wärme geeignet ist, wird in Abschnitt V: „Der Übergang der Wärme in den Herden der Glasschmelzöfen“, besprochen. Von der stattfindenden Flammenentwicklung ist außerdem zu verlangen, daß sich ein niedriger Abgasverlust ergibt. Das Einhalten dieser Bedingungen ist an die richtige Einstellung der Menge der Verbrennungsluft und an eine geeignete Konstruktion des Brenners geknüpft, die manchmal mit dessen Lebensdauer etwas im Widerspruch steht.

1. Der Luftüberschuß in den Glasschmelzöfen.

Die Hauptrolle bei der Bemessung der Flammenlänge spielt die Menge der zugeführten Verbrennungsluft. Bei einem großen Luftüberschuß entwickelt sich eine kurze, heiße Stichflamme, die für Glasschmelzöfen nicht geeignet ist, weil sie bei den Hafenöfen die dem Brenner am nächsten stehenden Häfen bedroht und bei den Wannenöfen das Glasbad ganz ungleichmäßig beheizt. Im Interesse einer genügend großen Flammenlänge arbeitet man mit einem geringen Luftüberschuß einerseits und einem geringen Abgasverlust andererseits.

Zahlentafel 4. Gas-, Sekundärluft- und Rauchgasmengen bei Verbrennung mit 20 Proz. Luftüberschuß.

	Gas cbm	Luft cbm	Abgas cbm
Für 1 kg Steinkohlen von 7000 WE	4,20	6,00	9,60
Für 1 kg Braunkohlenbriketts mit 15 Proz. Wasser und etwa 4800 WE	3,20	4,60	7,30
Für 1 kg Rohbraunkohlen mit 35 Proz. Wasser und etwa 4000 WE	2,70	3,30	5,40
Für 1 kg Rohbraunkohlen mit 50 Proz. Wasser und etwa 2350 WE	2,40	2,10	4,25
Für 1 cbm Koksofengas von 4000 WE	1,00	4,80	5,50
Für 1 cbm Erdgas von 8200 WE	1,00	11,00	12,00
Für 1 kg Teeröl von 9000 WE	—	13,60	14,40

Die Gasfeuerungen haben gegenüber den direkten Feuerungen den Vorteil, daß der Luftüberschuß genau und gleichmäßig eingestellt werden kann. Bei gasgefeuerten Öfen, deren Luftbedarf ziemlich genau eingestellt werden kann, rechnet man gewöhnlich mit einem 20proz. Luftüberschuß (Zahlentafel 4), doch sollte man besonders bei Wannenöfen darnach trachten, mit einem 10proz. Luftüberschuß auszukommen, schon um die Abgasverluste nicht unnütz zu erhöhen[1]. Geringe Mengen unverbrannter Gase, die man bei 10 Proz. Luftüberschuß in den Brennern findet, spielen keine große Rolle, weil sie in den Wärmespeichern nachverbrennen. Natürlich muß die Verbrennung so vollkommen wie möglich sein. Denn 1 Proz. Kohlenoxyd in den Abgasen, das nicht oder zu spät nachverbrennt, bedeutet einen Verlust von etwa 60 WE auf 1 cbm Generatorgas oder 4 Proz. des Brennstoffheizwertes, ohne die Wasserstoff- und Rußmengen, die das Kohlenoxyd gegebenenfalls begleiten.

[1] *G. Bulle*, Wärmespeicher und Brennerkonstruktionen von Regenerativöfen der Eisenindustrie und die Anwendbarkeit dortiger Erfahrungen auf die Glasindustrie. Glastechn. Ber. **3** (1925), 358.

H. Maurach[1] fand an einer gut geführten, mit Steinkohlengeneratorgas gefeuerten großen Tafelglaswanne in den Abgasen:

$$\begin{aligned} CO_2 &= 17{,}5 \text{ Proz.} \\ O_2 &= 1{,}6 \;\;,, \\ CO &= 1{,}7 \;\;,, \\ \text{Luftüberschuß } l &= 5{,}5 \;\;,, \end{aligned}$$

Durch die Nachverbrennung in der Kammer ging der CO-Gehalt auf 0,7 Proz. zurück.

W. Müllensiefen[2] gibt für eine mit Koksofengas befeuerte Tafelglaswanne:

$$\begin{aligned} CO_2 &= 10{,}2 \text{ Proz.} \\ O_2 &= 2{,}4 \;\;,, \\ CO &= 0{,}3 \;\;,, \\ \text{Luftüberschuß } l &= 10{,}6 \;\;,, \end{aligned}$$

Der Luftüberschuß in Proz. kann aus der Rauchgasanalyse nach folgender Formel berechnet werden:

$$l = 100 \frac{\text{Proz.}\, O_2 - \tfrac{1}{2} CO - \tfrac{1}{2} H_2 \text{ des Rauchgases}}{\text{Proz.}\, CO_2 + \text{Proz.}\, CO \text{ des Rauchgases}} x F .$$

F hat für jeden Brennstoff einen bestimmten festen Wert, z. B. 1,33 für das von *Maurach* benutzte Steinkohlengeneratorgas und 0,44 für das von *Müllensiefen* untersuchte Koksofengas. F wird aus der Gasanalyse durch folgenden Ausdruck erhalten:

$$F = \frac{\text{Proz.}\, CO_2 + CO + CH_4 + 2\, C_2H_4 \text{ des Gases}}{\tfrac{1}{2} CO + \tfrac{1}{2} H_2 + 2\, CH_4 + 3\, C_2H_4 - O_2 \text{ des Gases}} .$$

In Mitt. Nr. 28 der Wärmestelle des V. d. Eisenh. wird anstatt F der Ausdruck $\frac{1}{K}$ benutzt und K für verschiedene Brennstoffe ermittelt.

Der Teergehalt des Gases wird bei dieser Berechnungsart vernachlässigt.

Für Glasschmelzöfen ist von dem im Orsatapparat festgestellten CO_2-Betrag die aus der Zersetzung des Gemenges stammende Kohlensäure und schweflige Säure in Abzug zu bringen. *H. Maurach* berechnete z. B. für eine Glasmischung mit 534 kg Sand, 157 kg Kalk, 126 kg Sulfat, 70 kg Soda und 7,5 kg Koks, daß in den Abgasen 1,2 Proz. CO_2 und 0,4 Proz. SO_2 vorhanden sind, die aus dem Gemenge stammen.

2. Beeinflussung der Verbrennungsvorgänge durch die Vormischung von Gas und Luft.

Ist der Weg, welcher der Flamme zur Verfügung steht, kurz im Verhältnis zu ihrem Querschnitt, so verlangt eine gute Verbrennung einen über-

[1] *H. Maurach,* Der Wärmefluß in einer Tafelglasanlage, S. 62, München 1923 (Oldenbourg).

[2] *W. Müllensiefen,* Wärmeflußuntersuchungen an einem mit Koksofengas beheizten Wannenofen. Glastechn. Ber. Jg. 7, S. 190.

reichlichen Luftüberschuß, falls man nicht Vormischung gibt, d. h. Gas und Luft bereits im Brenner zusammenführt. Die Verwendung solcher Brenneranordnungen ist im Ofenbau auch bei den Schmelzöfen der Glasindustrie weit verbreitet, jedoch hat man bei den Glasschmelzwannen ihre Wichtigkeit erst in den letzten Jahren erkannt (s. Abschnitt XI 13: „Die Brenner der Glasschmelzwannen"). Auch bei den neuen Martinofenbrennern nach *Moll* wendet man heute eine gewisse Vormischung an, während früher Gas und Luft bis in den Herd streng getrennt geführt wurden.

Was in den Brennern der großen Industrieöfen als Vormischung betrachtet wird, stellt eigentlich mehr das Aneinanderlegen einer Gas- und einer Luftschicht dar, die sich allmählich durch Diffusion und Turbulenz durchdringen. In dem Maße, wie die Mischung stattfindet, setzt auch die Verbrennung ein, weil die „Fortpflanzungsgeschwindigkeit der Zündung"[1] in großen Brennern bei den Vorwärmetemperaturen der Glasschmelzöfen sehr groß ist.

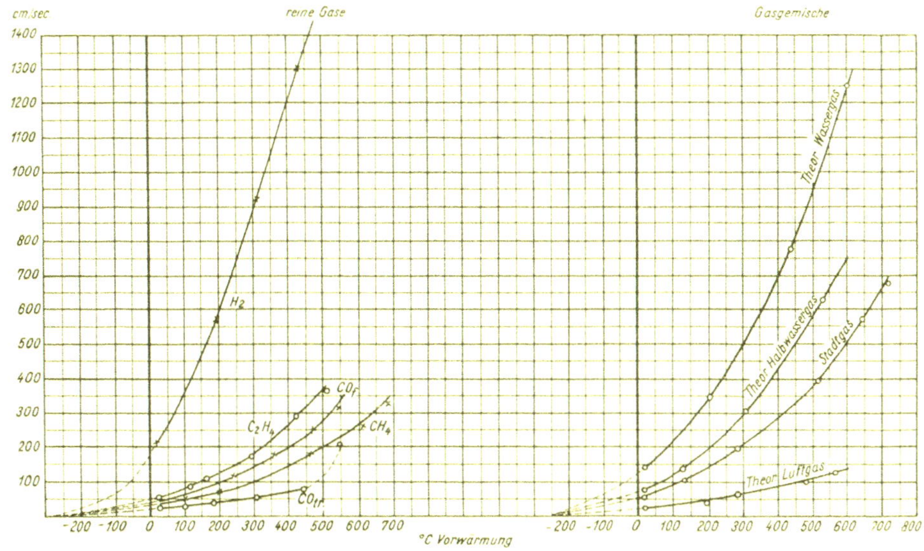

Fig. 11. Einfluß der Vorwärmung auf die Entzündungsgeschwindigkeit bei offener Flamme (nach *Passauer*).

Neuere Messungen haben über diese Geschwindigkeiten, die man meistens nicht ganz zutreffend als „Verbrennungsgeschwindigkeiten" bezeichnet, weitgehend Klarheit geschaffen. Fig. 11 zeigt nach *Passauer*[2] den Einfluß der Vorwärmungstemperatur auf die im Bunsenbrenner bei laminarer Strömung festgestellte Zündgeschwindigkeit. Diese wächst hiernach ungefähr im Verhältnis zum Quadrat der absoluten Temperatur. In den Brennern der Industrieöfen ist nun infolge von Konvektionserscheinungen die tatsächliche

[1] Bezeichnung nach *K. Bunte*, Gas als Brennstoff. Gas- u. Wasserfach 1931, S. 943.

[2] *H. Passauer*, Verbrennungsgeschwindigkeit und Verbrennungstemperatur bei Vorwärmung von Gas und Luft. Gas- u. Wasserfach 1930, S. 396.

Fortpflanzungsgeschwindigkeit der Zündung viel größer und nimmt mit steigendem Durchmesser zu. Aus dem gleichen Grunde schlagen weite Bunsenbrenner leichter zurück, als enge. Fig. 12 zeigt nach *Bunte*[1], wie bei Methan die Fortpflanzungsgeschwindigkeit der Zündung mit steigendem Rohrdurchmesser zunimmt. Bei 30 cm Rohrdurchmesser ist sie 5mal größer als in der freien Flamme.

Man kann nun trotzdem bei einem frühen Zusammenführen von Gas und Luft die Vorverbrennung dadurch verringern, daß man den heißen Gasen eine größere Geschwindigkeit erteilt, weil Diffusion und Verbrennung immer an die Zeit gebunden bleiben.

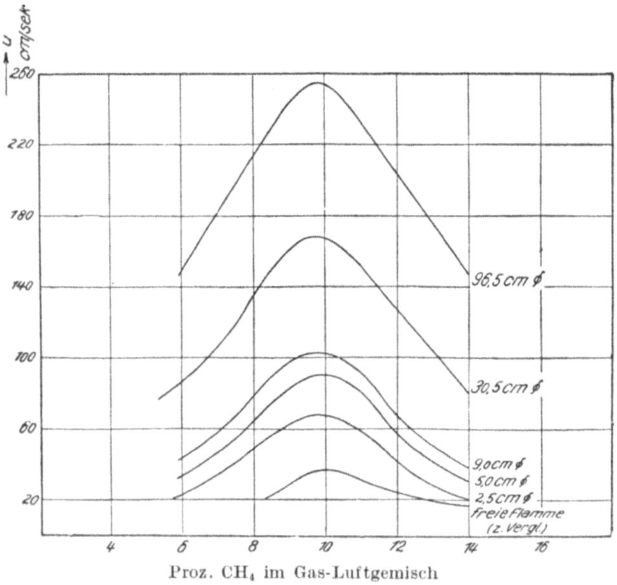

Fig. 12. Einfluß des Rohrdurchmessers auf die Fortpflanzungsgeschwindigkeit der Entzündung (nach *Bunte*).

Um bei großen Brennern das feuerfeste Material nicht zu gefährden, darf bei der Vermischung von Gas und Luft eine gewisse Grenze nicht überschritten werden (s. die Abschnitte X 3 und XI 13, welche die Brenner der Büttenöfen und der Wannenöfen betreffen). Nach der WBG.[2] soll man in den Brennern nicht die Mischung selbst begünstigen, sondern nur deren richtige Vorbereitung, d. h. die Anlagerung der Gas- und Luftströme so vornehmen, daß die Beschaffenheit der aus dem Brenner austretenden Flamme für den zu beheizenden Ofenraum die geeignete ist.

Die bereits in den Brennern entwickelte Wärmemenge geht nicht für den Ofen verloren, im Gegenteil, das mit hoher Temperatur austretende Gasgemisch beginnt früher seine Wärme auf das Schmelzgut abzugeben, als wenn die Mischung erst im Herd selbst einsetzt. Einer solchen Vorverbrennung wird wohl durch die Verkürzung der Flamme sowie durch die Gefährdung des feuerfesten Materials eine Grenze gesetzt.

Eine besondere Stelle nimmt die sog. „flammlose" Verbrennung ein, bei deren bisher üblichster Anwendung man das Brenngemisch mit großer Geschwindigkeit, um eine Rückzündung zu verhüten, durch die engen Düsen eines sog. Strahlsteines in den Ofenraum drückt. Durch die auf diese Weise erzielte kurzflammige Verbrennung ist man in der Lage, praktisch ohne Luft-

[1] Gas- u. Wasserfach 1931, S. 944.
[2] WBG. Frankfurt: Hafenöfen mit Regenerativfeuerung, S. 105.

überschuß auszukommen, und auf diese Weise bei der Benutzung von Koksofengas ohne jede Luftvorwärmung Glasschmelztemperatur zu erzielen. Die Reichweite der seitlich angebrachten Brennerplatten ist jedoch so kurz, daß nur schmale Ofenräume auf diese Weise gleichmäßig beheizt werden können, z. B. die Zieharme von Fourcaultanlagen, Arbeitswannen usw. Ein weiterer Nachteil der Strahlplatten liegt darin, daß eine Luftvorwärmung nicht angewandt werden kann. Eine neue Rostplattenkonstruktion des Westdeutschen Industrieofenbaues in Bonn erlaubt es nun, höhere Luftvorwärmung anzuwenden, und es wird von deren Anordnung als Hängedeckenbrenner erwartet, daß dann auch große Glasöfen auf diese Weise nach Wunsch beheizt werden können.

3. Die Temperaturverhältnisse in den Glasschmelzöfen.

Die theoretische Verbrennungstemperatur könnte nur dann erreicht werden, wenn die Verbrennung frei von jeder Abstrahlung und jedem sonstigen Wärmeverlust, sei es an das zu beheizende Arbeitsgut, sei es an die Umgebung, vor sich ginge. Die theoretische Verbrennungstemperatur ohne Berücksichtigung der Dissoziation von CO_2 und H_2O bezeichnet man als calorimetrische Verbrennungstemperatur. Die Kenntnis dieser Temperatur ist von Wert für die Einschätzung des zu erwartenden Nutzeffektes, weil man aus der calorimetrischen Verbrennungstemperatur und der zu erwartenden Abgastemperatur die im Herdraum zur Verfügung stehende Wärme errechnen kann. Das Verhältnis der theoretischen zur tatsächlichen Arbeitstemperatur bezeichnet man als den „pyrometrischen Wirkungsgrad“. Bei den Temperaturen der Glasschmelzöfen spielt die Dissoziation von CO_2 und H_2O noch keine Rolle.

Zahlentafel 5. Calorimetrische Verbrennungstemperaturen für 10 Proz. Luftüberschuß (nach *Bansen*).

		Vorwärmungstemperatur von Generatorgas und Luft								
		0	80-110	250	300	500	700-800	850-900	1000	1070
Rohbraunkohlengas und schlechtes Steinkohlengas	1080 WE	1550			1800					2300
Mittleres Generatorgas	1160—1250 WE	1600		1800					2400	
Gutes Generatorgas	1400—1500 WE	1680—1730	1800					2400		
Koksofengas (kalt)	3500—4300 WE	1900—2000					2400			
Teeröl	9000 WE	2020				2400				

Zahlentafel 5 gibt ein Netz von calorimetrischen Verbrennungstemperaturen für die Verbrennung von Generatorgas und Koksofengas mit Luft, und zwar für 10 Proz. Luftüberschuß und für verschiedene Vorwärmungstemperaturen. Weil die spezifische Wärme der Gase mit der Temperatur steigt, bestimmt man meistens die calorimetrischen Temperaturen durch Tasten. Sehr elegant ist die Ermittlung der Verbrennungstemperaturen mittelst der Diagramme von *Rosin* u. *Fehling*[1], fast ganz ohne jede Rechnung. Es ist

[1] *P. Rosin* u. *R. Fehling*, Das IT-Diagramm der Verbrennung. Berlin 1029, VDI-Verlag.

Zahlentafel 6. Gerade Linien $Cpm(o-t) = a + bt$ der mittleren spezifischen Wärme der Gase für steigende Temperatur (nach *Wundt*, Mitt. Wärmestelle V. d. Eisenh. Nr. 60, jedoch korrigiert nach den letzten Werten von *W. Schüle*).

Für CO, H_2, O_2 und N_2:	0—2400°:	$Cpm(o-t) = 0{,}312 + 0{,}020\left(\frac{t}{1000}\right)$
Für CO_2:	0—1000°:	$Cpm(o-t) = 0{,}410 + 0{,}110\left(\frac{t}{1000}\right)$
	1000—2000°:	$Cpm(o-t) = 0{,}460 + 0{,}060\left(\frac{t}{1000}\right)$
	2000—2400°:	$Cpm(o-t) = 0{,}480 + 0{,}050\left(\frac{t}{1000}\right)$
Für H_2O:	0—1000°:	$Cpm(o-t) = 0{,}375 + 0{,}025\left(\frac{t}{1000}\right)$
	1000—2000°:	$Cpm(o-t) = 0{,}325 + 0{,}075\left(\frac{t}{1000}\right)$
	2000—2400°:	$Cpm(o-t) = 0{,}275 + 0{,}100\left(\frac{t}{1000}\right)$
Für ein Gemisch von: α Proz. CO, H_2, O_2, N_2; β Proz. CO_2; γ Proz. H_2O		$Cpm(o-t) = \frac{\alpha}{100} a_{O_2} + \frac{\beta}{100} a_{CO_2} + \frac{\gamma}{100} a_{H_2O} + \left(\frac{\alpha}{100} b_{O_2} + \frac{\beta}{100} b_{CO_2} + \frac{\gamma}{100} b_{H_2O}\right) t.$

jedoch auch mit genügender Genauigkeit eine vereinfachte direkte Berechnung möglich. Die spezifischen Wärmen der Gase für Berechnungen dieser Art findet man auf bequeme Weise nach Gleichungen von *Wundt*, die in Zahlentafel 7, auf Grund der letzten Werte von *W. Schüle* korrigiert, wiedergegeben sind. Für jedes Rauchgas kann man die mittlere spezifische Wärme zwischen 0° und der Temperatur t als einen linearen Ausdruck $c_{pm(o-t)} = a + bt$ ermitteln. In Zahlentafel 21 sind die Gleichungen für die verschiedenen Gase sowie die zu benutzende Mischungsregel zusammengestellt. Folgende Näherungsformel[1] liefert mit geringem Fehler die calorimetrische Verbrennungstemperatur:

$$t = \frac{Q}{a}\left[\frac{1 + \frac{bQ}{a}}{1 + \frac{2bQ}{a}}\right].$$

Q stellt hierin die insgesamt in 1 cbm Rauchgas zur Verfügung stehende Wärmemenge dar.

Tatsächliche Flammen- und Glastemperaturen.

Wannenöfen. — *Maurach*[2] fand bei einer großen Fensterglaswanne 10 cm über dem Glasspiegel eine Flammentemperatur von 1500 bis 1530° und 50 cm über diesem, in der Kernzone der Flamme, einen Durchschnittswert

---

[1] Die Ableitung dieses Ausdruckes wird in der Zeitschrift „Feuerungstechnik" veröffentlicht.

[2] *H. Maurach*, Der Wärmefluß in einer Schmelzofenanlage für Tafelglas, S. 77 u. 79.

von 1600°. Die beschriebene Temperaturhöhe dürfte wohl die beim Wannenbetrieb gewöhnlich auftretende Höchsttemperatur darstellen. Höhere Werte sind ziemlich selten.

Was die Höchsttemperatur des Glases selbst anbetrifft, so werden mit Rücksicht auf die Haltbarkeit des feuerfesten Materials in der Schmelzwanne 1430° heute selten überschritten. In der Arbeitswanne herrschen viel niedere Temperaturen. *W. Müllensiefen*[1] fand an einer mit Koksofengas beheizten Fourcault-Wanne: Im Schmelzraum 1350°, im Läuterraum 1260°, im Abstellraum 1140° und im Arbeitsraum 1050°.

In den Hafenöfen herrschen ziemlich hohe Spitzentemperaturen. So wurde bereits an den Pfeilern eines Rekuperativ-Rundofens 1500° gemessen. In den großen Spiegelglashafenöfen werden die höchsten Flammentemperaturen der Wannen erreicht. Auf den Hafenrändern werden bei der Gußspiegelglasfabrikation 1500° etwas überschritten[2], was sehr gute Häfen verlangt, im übrigen werden in der Glasindustrie mehr als 1450° Hafenrandtemperatur selten angewandt.

Über die Feuerführung in den Glasschmelzöfen siehe: *W. Friedmann*, Mechanisierung der Feuerführung, Glastechn. Ber. **7**, 217.

V. Der Wärmeübergang in den Glasschmelzöfen.

1. Allgemeines.

Friedrich Siemens[3] erkannte zuerst, daß die Wärme in den Herdöfen nach Art der Glasschmelzöfen in der Hauptsache durch Strahlung übertragen wird, und stellte seinen bekannten Grundsatz der freien Flammenentfaltung auf, den er durch die Einführung der Hufeisenflammen für die Beheizung der Flaschenwannen in die Praxis umsetzte.

Er hob dabei die Flamme ziemlich hoch vom Glasspiegel ab, weil er befürchtete, daß die Berührung mit dem kälteren Glase die Verbrennung beeinträchtigen könnte.

Es wurde jedoch später festgestellt, daß eine Lage der Flamme dicht über dem Schmelzspiegel für einen guten Wärmeübergang stets günstig ist, und in der Folge gab man während einer Reihe von Jahren dem Wärmeübergang durch Berührung bzw. Konvektion wieder eine größere Bedeutung.

Die neueren Untersuchungen von *Schack*[4] bestätigten die Ansicht von *Siemens* betreffs des überragenden Anteils der Strahlung am Übergang der Wärme in den Herdöfen. *Schack* stellte fest, daß in den Industrieöfen nicht allein die Strahlung des Flammenrußes eine Rolle spielt, sondern auch die von Kohlensäure und Wasserdampf. Daß beide Gase eine gewisse Strahlungs-

[1] *W. Müllensiefen*, Glastechn. Ber. Jhrg. 7, S. 190.

[2] Vgl. *J. Lamort*, Die Anforderungen an das feuerfeste Material bei der Gußspiegelglas- und Drahtglasfabrikation. Feuerfest 1927.

[3] *R. Dietz*, Friedrich Siemens und das Glas, S. 63. Beitr. Gesch. Techn. Ind., Jahrbuch des VDI Bd. 10, herausgeg. von *C. Matschoß*, Berlin 1920 (VDI-Verlag).

[4] *A. Schack*, Z. techn. Physik **5** (1924), 273; Mitt. Wärmestelle V. d. Eisenh. Nr. 51 u. 55 (1923) und „Der industrielle Wärmeübergang“, Düsseldorf 1929 (Verlag Stahleisen).

kraft besitzen, wußte man bereits vorher, jedoch kannte man nicht deren große Rolle in den Ofenherden.

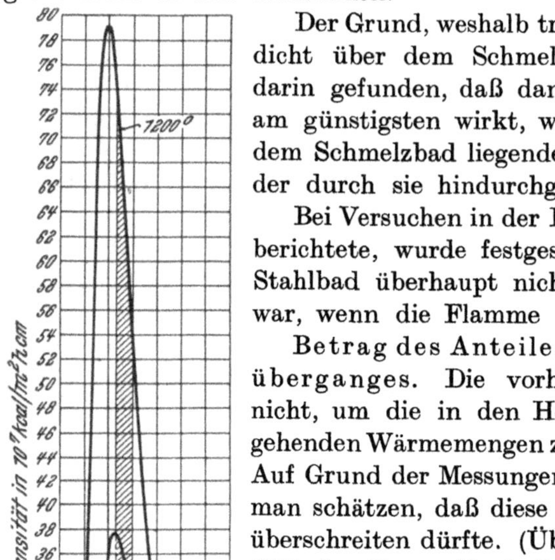

Fig. 13. Darstellung des Planck'schen Gesetzes für die Strahlung des vollkommen schwarzen Körpers, mit Einzeichnung der Absorptionsstreifen der Kohlensäure (nach *Schack*).

Der Grund, weshalb trotz allem eine Lage der Flamme dicht über dem Schmelzspiegel so günstig ist, wurde darin gefunden, daß dann auch die Flammenstrahlung am günstigsten wirkt, weil zwischen der Flamme und dem Schmelzbad liegende Rauchgasschichten einen Teil der durch sie hindurchgehenden Strahlen absorbieren.

Bei Versuchen in der Eisenindustrie, über die *Herzog*[1] berichtete, wurde festgestellt, daß im Martinofen das Stahlbad überhaupt nicht zum Loskochen zu bringen war, wenn die Flamme von diesem abgehoben wurde.

Betrag des Anteiles des konvektiven Wärmeüberganges. Die vorhandenen Unterlagen genügen nicht, um die in den Herden durch Konvektion übergehenden Wärmemengen zahlenmäßig erfassen zu können. Auf Grund der Messungen in Rohren und Kanälen kann man schätzen, daß diese Ziffer 10 WE/St·qm·° C kaum überschreiten dürfte. (Über den Wärmeübergang in den Gitterkanälen s. Abschnitt VIII.) Die heutige Auffassung geht dahin, daß in den Herdöfen, wie Glasschmelzwannen und Siemens-Martin-Öfen, der Anteil an durch Konvektion auf das Schmelzbad übertragener Wärme 25 Proz. erreichen kann. Bei Hafenöfen hat man zu unterscheiden zwischen den Oberflammöfen, bei denen die Konvektion gänzlich zurücktritt, weil die Flamme die Häfen gar nicht berühren darf, und den Herdbrenneröfen (Büttenöfen und Schlitzöfen), bei denen wieder ein bestimmter Teil der Wärme durch Konvektion übertragen wird, wenn auch nicht direkt an das Glas, so doch an die Hafenwand.

Die drei Arten des Wärmeüberganges durch Strahlung. Die allgemeinen Gesetze. Man hat in den Schmelzherden zu unterscheiden zwischen der direkten Strahlung der Flamme, die aus der Ruß- und der Gasstrahlung besteht, und der indirekten Strahlung des Gewölbes und der Seitenwände.

Die Strahlung der Gase unterscheidet sich grundsätzlich von derjenigen

[1] *E. Herzog*, Ber. Stahlwerksaussch. V. d. Eisenh. Nr. 120.

der festen Körper, auch des Flammenrußes. Die beste Übersicht über den Unterschied beider gibt die graphische Darstellung des *Planck*schen Strahlungsgesetzes.

Dies gibt für die Intensität der Strahlung mit der Wellenlänge λ eines absolut schwarzen Körpers:

$$J_\lambda = 3{,}17 \cdot 10^{-8} \cdot \frac{\lambda^{-5}}{e^{\frac{1{,}43}{\lambda T}} - 1} \text{ WE/qm} \cdot \text{St.cm}\,.$$

Fig. 13 gibt die graphische Darstellung dieses Gesetzes für zunehmende Wellenlängen, und zwar für Temperaturen von 1000 und 1200°. Man erkennt, daß im Bereiche der infraroten Wärmestrahlen ein scharf ausgeprägtes Maximum vorhanden ist. Die übergestrahlte Energiemenge ist hier am größten. Mit steigender Temperatur verschiebt sich entsprechend dem *Wien*schen Gesetze dieses Maximum nach links, um bei der Temperatur der Sonne den Bereich der sichtbaren Strahlung zu erreichen.

Die Ausdehnung des *Planck*schen Gesetzes über das gesamte Wellenlängengebiet liefert dann das Strahlungsgesetz von *Stefan-Boltzmann.*

Für die Darstellung der zwischen zwei absolut schwarzen Körpern von absoluten Temperaturen T_1 und T_2 übergestrahlten Wärmemenge lautet dann dieses Gesetz, wenn entweder der eine Körper von der Oberfläche F gänzlich von dem anderen umschlossen ist oder beide parallele Flächen darstellen, die im Verhältnis zu ihrem Abstand sehr ausgedehnt sind:

$$Q = 4{,}95\left[\left(\frac{T_1}{100}\right)^4 - \left(\frac{T_2}{100}\right)^4\right] F\,.$$

Die Strahlungskörper der Technik sind nun nicht vollständig schwarz (auch Ruß ist nur zu etwa 90 Proz. schwarz), und ideal schwarz ist nur die Strahlung, die aus einer kleinen Öffnung in der Wand eines Hohlkörpers überall gleicher Temperatur heraustritt. (Weil jeder durch diese Öffnung einfallende Strahl durch die dauernde Brechung im Innern des Hohlraumes schließlich vollständig absorbiert wird, ist die Absorption durch die Öffnung eine vollständige und nach dem *Kirchhoff*schen Gesetz auch die aus derselben austretende Strahlung eine schwarze.) Die Strahler der Technik geben nun gegenüber dem *Planck*schen Gesetz Ausfälle ganz verschiedener Art an übergestrahlter Energie. Ist der Prozentsatz des Anfalles in jeder Wellenlänge der gleiche, so ergibt sich ein „grauer“ Strahler, und es ist nur nötig, an der Formel von *Stefan-Boltzmann* den Wert 4,95 der Strahlungskonstante zu verringern. Meistens verteilt sich jedoch der Strahlungsausfall in ungleichmäßiger Weise auf die verschiedenen Wellenlängenbereiche, so daß diese Formel nur mehr beschränkte Gültigkeit besitzt.

Gase strahlen nur in sehr beschränkten Wellenlängenbezirken, in sog. Banden. Auf Fig. 14 erkennt man, schraffiert dargestellt, die Strahlungsbanden der Kohlensäure (die nach dem *Kirchhoff*schen Gesetz auch den Absorptionsstreifen entsprechen). Hieraus folgt, daß ein Gas, auch in unendlich starker Schicht, nur einen gewissen Bruchteil der Strahlungskraft eines guten festen Strahlers erreichen kann.

2. Berechnung der Gasstrahlung. Rolle derselben in den Ofenherden.

Nach den letzten Angaben von *Schack* beträgt bei 1600° die Ausstrahlung einer sehr starken, praktisch als unendlich stark zu geltenden Schicht für

Kohlenoxyd $2^1/_2$ Proz.,
Kohlensäure $7^1/_2$,,

und für Wasserdampf 31 Proz. derjenigen des ,,vollkommen schwarzen Körpers".

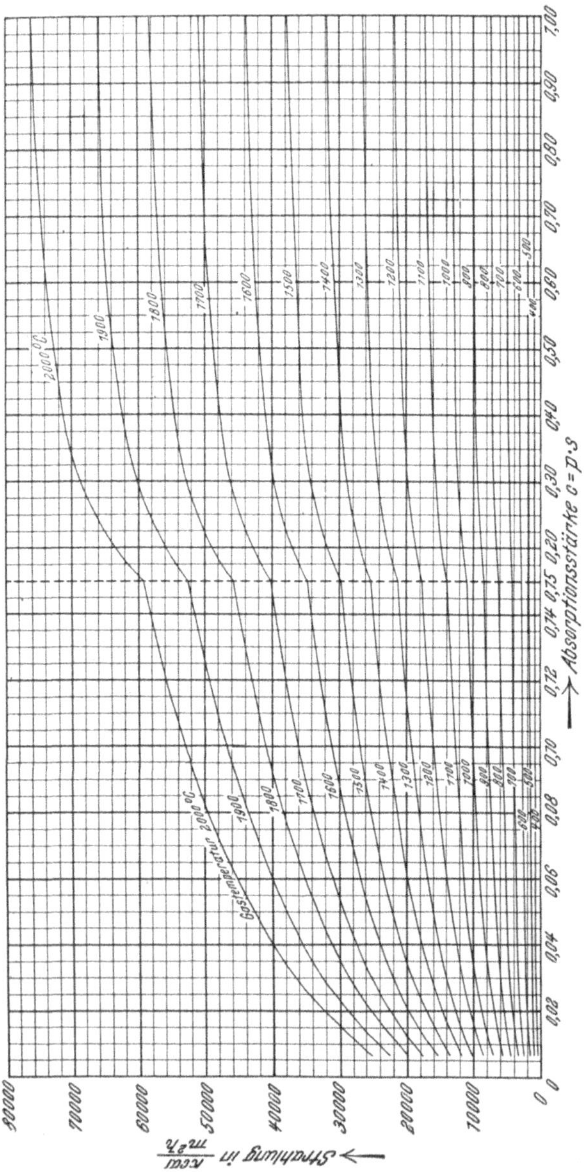

Fig. 14. Strahlung der Kohlensäure bei größerer Schichtstärke (nach *Schack*).

Die Gasstrahlung einer Flamme wird auf die Oberflächeneinheit bezogen und hängt dann von der Dicke und dem Gehalt der Flamme an Kohlensäure und Wasserdampf ab, wobei auch die geometrische Form der Flamme von Einfluß ist. Die Strahlung des etwa in der Flamme vorhandenen Kohlenoxyds kann man vernachlässigen.

Bei reiner Kohlensäure oder reinem Wasserdampf kann eine Schicht von 30 bis 40 cm in ihrer Wirkung bereits als praktisch unendlich dick gelten. Bei den üblichen Flammengasen sind für die gleiche Wirkung umso stärkere Schichten nötig, als der Prozentgehaalt an CO_2 und H_2O geringer ist. Für die Berechnung ist maßgeblich das Produkt von Schichtstärke und Partialdruck der Kohlensäure bzw. des Wasserdampfes. *Schack* bezeichnet dies als ,,Absorptionsstärke".

Der Anstieg der Gasstrahlung mit der Absorptionsstärke verläuft für die Kohlensäure zuerst sehr rasch, so daß auch verhältnismäßig sehr dünne

Flammen bereits stark strahlen. Allmählich geht der Anstieg jedoch immer langsamer vor sich. Was den Wasserdampf anbetrifft, so strahlt dieser in sehr dünnen Schichten schwächer und in dickeren Schichten stärker als Kohlensäure.

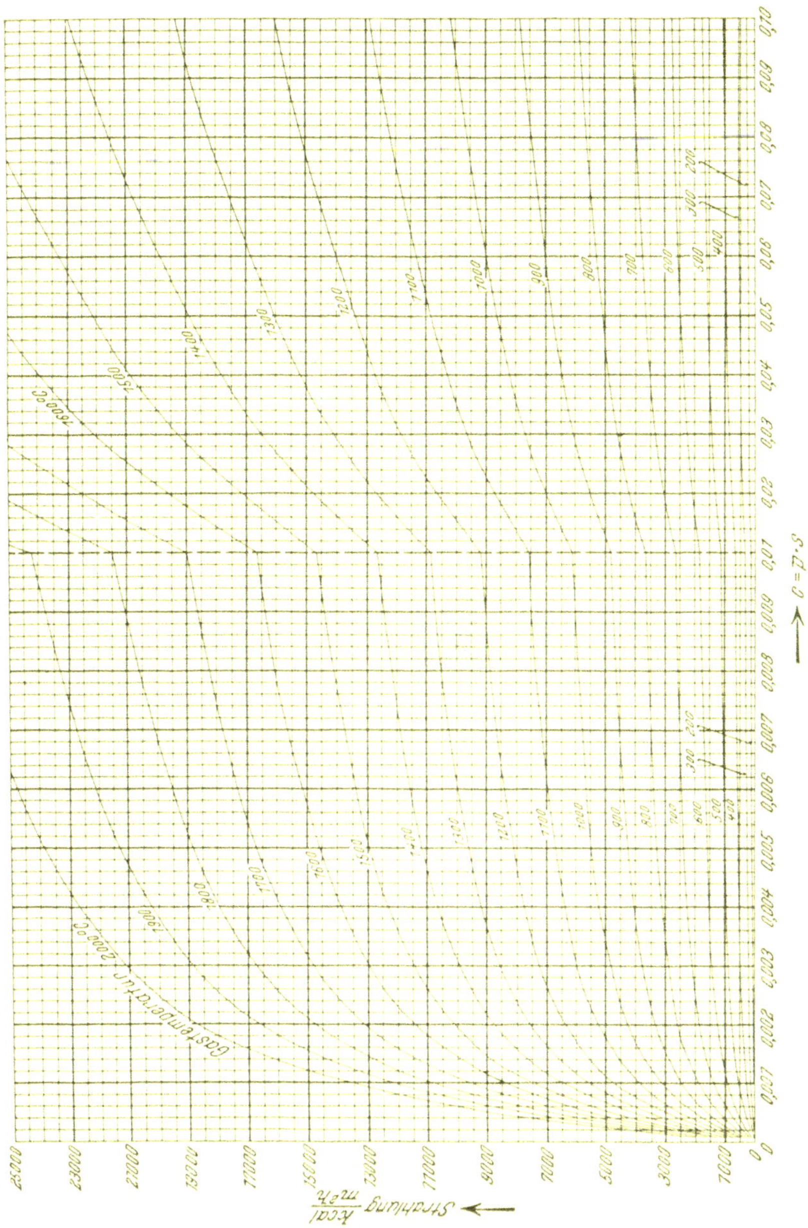

Fig. 15. Strahlung der Kohlensäure bei geringer Schichtstärke (nach *Schack*).

Nach dem *Kirchhoff*schen Gesetz sind Absorptions- und Ausstrahlungsvermögen einander proportional. Weil die Absorption von Kohlensäure und

Wasserdampf experimentell gemessen ist, ergaben sich hieraus Handhaben für die Berechnung der Gasstrahlung der Flammen. (Ziemlich genau ist die Absorption der Kohlensäure gemessen, weniger genau die des Wasserdampfes. Beide besitzen in den Wellenlängen des „Infraroten" je drei breite Absorptionsstreifen, während Sauerstoff, Stickstoff und Wasserstoff nur die bekannten, schmalen *Frauenhofer*schen Linien im sichtbaren Teil des Spektrums zeigen.

Schack hat für die Wärmestrahlung eines Gaskörpers ziemlich komplizierte Formeln gegeben, welche die übergehende Wärmemenge in Abhängigkeit von

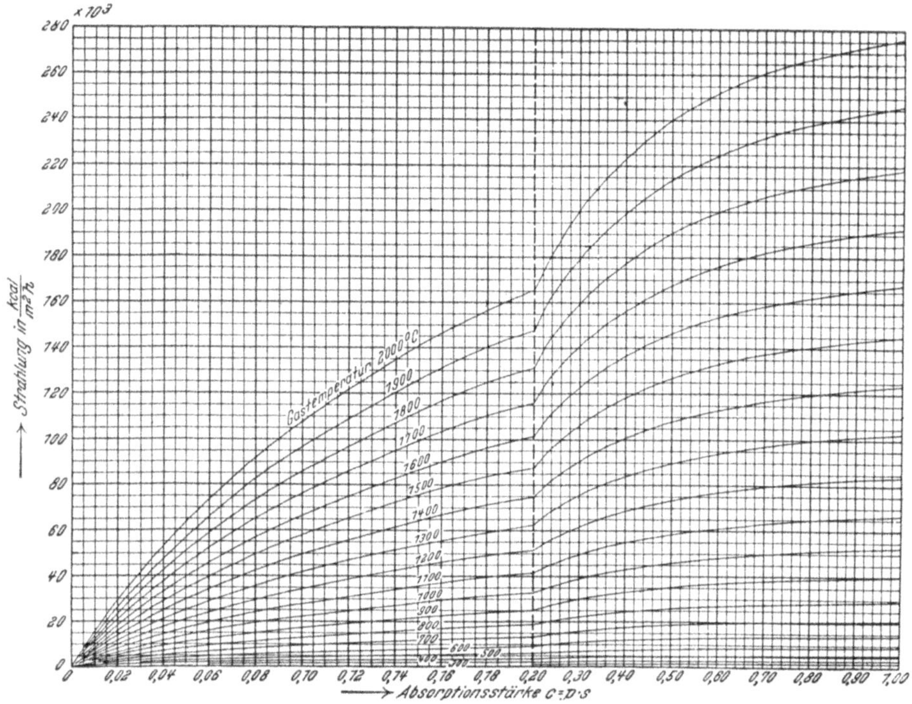

Fig. 16. Strahlung des Wasserdampfes in größerer Schichtstärke (nach *Schack*).

der Absorptionsstärke „c" ausdrücken, die das Produkt des Partialdruckes „p" von CO_2 bzw. H_2O und der Schichtstärke „s" darstellen.

Es sei hier auf das erwähnte Buch von *Schack*: „Der industrielle Wärmeübergang", verwiesen, und es seien dabei nur die Schaubilder gegeben, die *Schack* für die Praxis aufgestellt hat unter Annahme mittlerer Bedingungen, und welche die als Ergebnis gelieferten Strahlungsziffern darstellen für Temperaturen von 200 bis 2000° und für c-Werte von 0 bis 1,00. Es ist bei deren Benutzung immer die der Temperatur der bestrahlten Fläche entsprechende Strahlungsmenge von derjenigen, welche der Gastemperatur entspricht, in Abzug zu bringen. Das Ergebnis ist dann noch mit dem Schwärzegrad S der bestrahlten Fläche zu multiplizieren. Fig. 14 und 15 geben die Strahlung der Kohlensäure und Fig. 16 und 17 diejenige des Wasserdampfes.

Diese Schaubilder gestalten die Berechnung der Gasstrahlung nun sehr einfach[1]. In den Zahlentafeln 7 und 8 sind für die Koksofengas- und die Steinkohlen-Generatorgasflamme die Ergebnisse zusammengestellt, die man unter Benutzung dieser Schaubilder bei 1600° Flammen- und 1400° Glastemperatur erhält, und zwar für Schichtdicken von 0,15, 0,30, 0,45, 0,60, 0,80, 1, 1,50 und 2 m. Diese Ziffern können nun zur Prüfung der Frage einer optimalen Flammendicke bei der Beheizung von Glasschmelzöfen mit Koksofengas und entteertem Generatorgas, im allgemeinen mit Gas geringer Leuchtkraft, dienen.

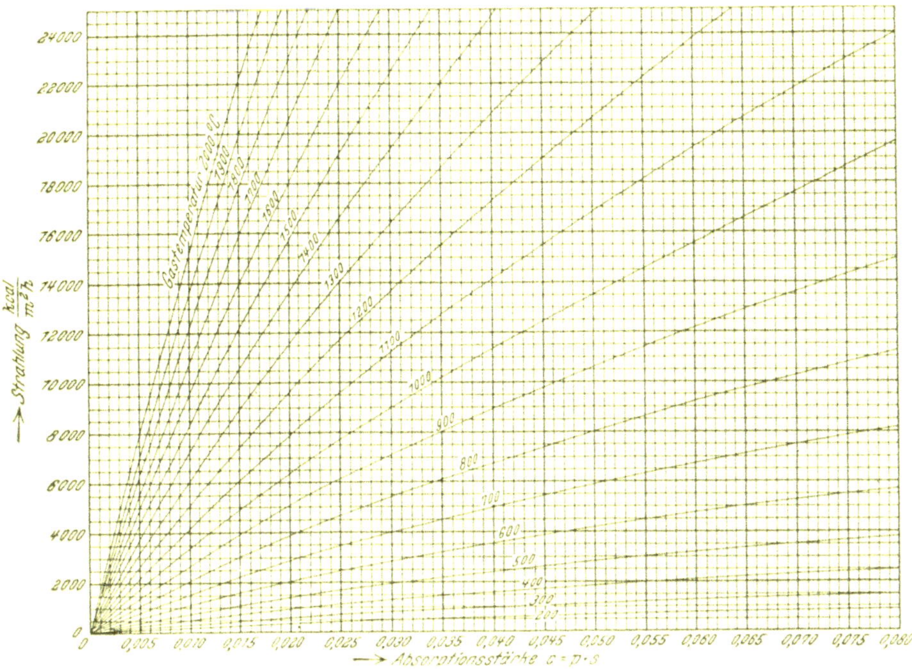

Fig. 17. Strahlung des Wasserdampfes in geringer Schichtstärke (nach *Schack*).

Zunächst ergibt sich, daß bei gleicher Temperatur die Gasstrahlung beider Gase nur wenig verschieden ist. Weil jedoch die Verbrennungstemperatur des Koksofengases die höhere ist, muß dieses in seiner Wirkung überlegen sein.

Weiter ergibt sich, daß gegenüber einer Flamme von 60 cm Dicke eine solche von 80 cm 15 Proz. und eine solche von 1 m 30 Proz. stärker strahlt. Die Zunahme geht indessen noch weiter, so daß für 1,50 m die Gasstrahlung um 60 Proz. und für 2 m um 80 Proz. größer ist, als für 60 cm Flammendicke. Das Bild wird jedoch dadurch etwas verschoben, daß Koksofengas und das auf übliche Weise entteerte Generatorgas immerhin noch eine gewisse Rußstrahlung besitzen. (Bei den Temperaturen des Martinofens wird sogar die Rußstrahlung des Koksofengases sehr erheblich, wie nachstehend unter 3 erläutert wird.)

[1] Wie im Abschnitt über die Wärmespeicher gezeigt wird, kommt man bei diesen sogar mit einer kleinen Tabelle aus.

Zahlentafel 7. Wärmeübertragung durch Gasstrahlung einer 1600° C heißen Steinkohlen-Generatorgasflamme von 16 Proz. CO_2 und 14 Proz. H_2O[1] auf ein Glasbad von 1400° C.

Schichtstärke s	Berechnung der CO_2-Strahlung				Berechnung der H_2O-Strahlung				$CO_2 + H_2O$-Strahlung		
	$c = ps$	q 1600	q 1400	q 1600 − q 1400	$c = ps$	q 1600	q 1400	q 1600 − q 1400 WE/qm St. ° C	für $S = 1$	für $S = 0{,}70$	Wärmeübergangszahl für $S = 0{,}70$ auf d. Flamme bez.
0,06 m	0,0096	16550	12550	4000	0,0084	8900	6700	2200	6200	4330	21,7
0,10 „	0,016	18500	14000	4500	0,014	13100	9900	3200	7700	5400	27
0,15 „	0,024	20700	15500	5200	0,021	18800	14250	4550	9760	6820	34,1
0,30 „	0,048	25200	18700	6500	0,042	37000	27500	9500	16000	11200	56
0,45 „	0,072	28200	20900	7300	0,063	48500	37000	11500	18800	13160	65,8
0,60 „	0,096	30800	22700	8100	0,084	59000	44000	15000	23100	16100	80,5
0,80 „	0,128	33300	24400	8900	0,112	72000	54000	18000	26900	18830	94,15
1,00 „	0,16	35300	25600	9700	0,14	82500	62000	20500	30200	21140	105,7
1,50 „	0,24	38600	28000	10600	0,21	103000	77000	26000	36600	25620	128
2,00 „	0,32	40100	29300	10800	0,28	119500	88000	31500	42300	29600	148

Zahlentafel 8. Wärmeübertragung durch Gasstrahlung einer 1600° C heißen Koksofengasflamme von 7,85 Proz. CO_2 und 22,7 Proz. H_2O[2] auf ein Glasbad von 1400° C.

Schichtstärke s	Berechnung der CO_2-Strahlung				Berechnung der H_2O-Strahlung				$CO_2 + H_2O$-Strahlung		
	$c = ps$	q 1600	q 1400	q 1600 − q 1400	$c = ps$	q 1600	q 1400	q 1600 − q 1400	für $S = 1$	für $S = 0{,}70$	Wärmeübergangszahl für $S = 0{,}70$ auf d. Flamme bez.
0,06 m	0,0047	14400	11000	3400	0,0136	12700	9600	3100	6500	4550	22,75
0,10 „	0,00785	16000	12200	3800	0,0227	20100	15200	4900	8700	6100	30,50
0,15 „	0,0118	17200	13000	4200	0,034	28000	21800	6500	10700	7500	37,60
0,30 „	0,0235	20500	15400	5100	0,068	50000	37000	13000	18100	12670	63,35
0,45 „	0,0303	22100	16500	5600	0,102	67000	51000	16000	21600	15120	75,6
0,60 „	0,0471	25000	18600	6400	0,136	81000	60000	21000	27400	19200	96
0,80 „	0,0628	27200	20200	7000	0,18	97000	72000	25000	32000	22400	112
1,00 „	0,0785	29000	21300	7700	0,227	108000	80000	28000	35700	25000	125
1,50 „	0,1177	32600	23900	8700	0,34	128000	95000	33000	41700	29200	146
2,00 „	0,157	34700	25300	9400	0,454	166000	122000	44000	47400	33200	166

S = Schwärzegrad

[1] Entspr. Abgasanalys. nach *H. Maurach*. [2] Entspr. Abgasanal. nach *W. Müllensiefen*.

3. Die Rußstrahlung.

Bei einer stark leuchtenden Flamme, wie die des rohen Generatorgases oder eines Ölbrenners, ist der Anteil der Rußstrahlung an der Gesamtstrahlung wesentlich größer als derjenige der Gasstrahlung. Auf diese Überlegenheit der leuchtenden Flamme wurde man erst während des Krieges richtig aufmerksam, als man damit begann, das Generatorgas im großen weitgehend zu entteeren.

Lent und *Thomas*[1] stellten fest, daß eine etwa 1 m starke Gichtgasflamme, die durch Benzolzusatz leuchtend gemacht wurde, dadurch ihre Strahlungskraft auf das 4fache erhöhte und dann annähernd so stark strahlte wie ein schwarzer Körper.

Leider ist man zur Zeit noch nicht in der Lage, auf praktische Weise die von einer leuchtenden Flamme ausgehende Rußstrahlung zu ermitteln.

Entstehung des Flammenrußes. Man kann den primären, in Gasleitungen, Kammern, Gaszügen und Brennern, und den sekundären, erst in der Flamme selbst entstehenden Ruß unterscheiden. Der in den Gasleitungen und Kammern entstehende Ruß bleibt zum weitaus größten Teile in den letzteren hängen. Auf den Ursprung dieses sich so leicht niederschlagenden Rußes wird weiter unten zurückgekommen. Der Abscheidung geht eine Zusammenballung zu Flocken voraus. *S. Schleicher*[2] fand bei einer Untersuchung von Braunkohlenbrikettgas beim Martinofen, daß für 1 cbm dieses Gases von insgesamt 26,34 g ausgeschiedenen Rußes 19,84 g, also 75 Proz., in der Kammer hängen blieben und nur 6,50 g (d. h. auf 1 kg Briketts etwa 18 g) noch im Ofenkopf feststellbar waren. Es wurde das allgemeine Ergebnis gefunden, daß von dem insgesamt ausgeschiedenen Ruß nur 20 bis 30 Proz. vom Gase mit in den Herdraum mitgeführt werden.

Nach obigem Ergebnis sind für 1 cbm Generatorgas 20 g Ruß in der Kammer geblieben, die während der Abgasperiode zur Verbrennung gelangen. Diese Menge entspricht für 1 kg Braunkohlenbriketts 60 g. Sie dient zwar in ihrer Hauptmenge zum Aufheizen der Gaskammer; dennoch muß ein etwas erhöhter Abgasverlust damit verknüpft sein, und deshalb ist es wohl erklärlich, daß Stimmen laut wurden, die eine Erhöhung des Brennstoffverbrauches durch eine über eine gewisse Grenze hinaus stattfindende Rußbildung festgestellt haben wollen.

Die Rußbildung findet durch den Zerfall von Teerdämpfen, von schweren Kohlenwasserstoffen, von Methan und von Kohlenoxyd statt.

Wie *Hülsbruch*[3] feststellte, ist aus schweren Kohlenwasserstoffen und Methan abgeschiedener Ruß so fein, daß er sich nicht in den Regenerativkammern absetzt, sondern in den Brenner mitgerissen wird. Demnach ist

[1] *Lent* u. *Thomas*, Mitt. Wärmestelle V. d. Eisenh. Nr. 65 (1924).

[2] *S. Schleicher*, Die Zersetzung von Kohlenwasserstoffen, Teer und Kohlenoxyd im Siemens-Martin-Betrieb. Ber. Stahlwerksaussch. V. d. Eisenh. Nr. 94 (1925).

[3] *W. Hülsbruch*, Stahl u. Eisen **45** (1925), 1746/51; vgl. auch Ber. Stahlwerksaussch. V. d. Eisenh. Nr. 120.

es aus Teerdämpfen und zu einem kleinen Teil wohl auch aus Kohlenoxyd stammender Ruß, der im Gitterwerk zurückgehalten wird.

Der Zerfall von Kohlenoxyd, der nach der Reaktion $2\,CO = CO_2 + C$ vor sich geht, ist unter den vorliegenden Verhältnissen an den Temperaturbereich von 400 bis 600° gebunden. *Schleicher* hat auch hier einige interessante Ergebnisse gewonnen. Von ihm vorgenommene Laboratoriumsversuche zeigten, daß die Zersetzung von Kohlenoxyd in Berührung mit feuerfesten Steinen an die Gegenwart von Eisenoxyd in deren Masse gebunden ist. Unterhalb von 600° wirkt Eisenoxyd stark katalytisch, so daß auch für die Generatorgasleitungen immer eine gewisse, wenn auch nicht sehr große Bildung von Ruß aus Kohlenoxyd in Frage kommt. Oberhalb von 600° beginnt die Reduktion des Eisenoxyds, und die Rußbildung aus Kohlenoxyd geht zurück. Neuere Untersuchungen in der feuerfesten Industrie zeigten, daß beim Brand der Steine bei sehr hoher Temperatur das vorhandene Eisenoxyd unwirksam wird. Aus den von *Schleicher* vorgenommenen Laboratoriumsversuchen folgt weiter, daß grobes metallisches Eisen nicht katalytisch wirkt.

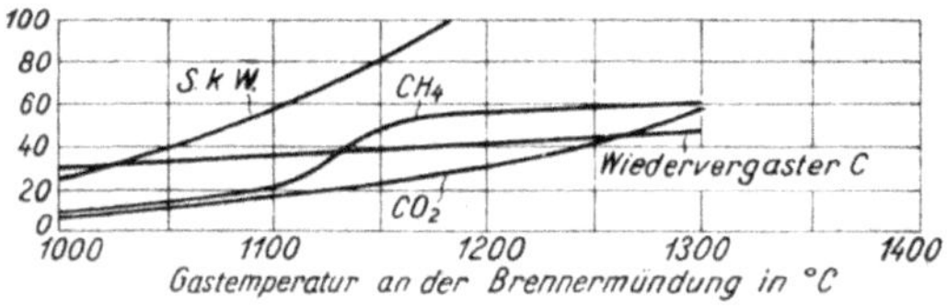

Fig. 18. Zersetzung der schweren Kohlenwasserstoffe und des Methans bei hoher Temperatur (nach *Hülsbruch*).

Am leichtesten zersetzlich sind natürlich die Teerdämpfe. Zur Erzeugung eines Teeres guter Qualität darf man bekanntlich eine Temperatur von 400° in den oberen Generatorschichten nicht überschreiten. In der Regenerativkammer zerfallen dann die Teerdämpfe weitgehend und können in der Temperatur des Brennerkopfes überhaupt nicht mehr bestehen. In dem leichten Zerfall der Teerdämpfe ist die Ursache darin zu suchen, daß der Schmelzprozeß, sowohl von Stahl als auch von Glas, mit gutem, stark teerhaltigem Generatorgas so leicht vor sich geht. Es kann bei der Verwendung solchen Gases eine allzu starke Überhitzung in den Regenerativkammern nicht zu empfehlen sein, weil sonst Zersetzung und Rußbildung zu früh einsetzen.

Anders liegt der Fall für die schweren Kohlenwasserstoffe und besonders für Methan, die weniger leicht zerfallen.

Nach Versuchen von *Hülsbruch* (s. Fig. 18) sind von den schweren Kohlenwasserstoffen bei 1000° 26 Proz., bei 1100° 57 Proz., bei 1150° 80 Proz. und bei 1180° 100 Proz. der vorhandenen Menge zersetzt.

Die Zersetzungskurve des Methans steigt zwischen 1100 und 1150° sehr stark an. Nach dem Schaubild Fig. 18 sind bei 1000° 10 Proz., bei 1100° 20 Proz., bei 1150° 50 Proz. und bei 1200° 57 Proz. der vorhandenen Methanmengen zersetzt.

Obige Ziffern von *Hülsbruch* gelten genau nur für bestimmte Verhältnisse; denn auch die Konzentration der Gase und die Reaktionszeit spielen dabei eine Rolle. *Hülsbruch* benutzte bei seinen Versuchen ein Gemisch von Koksofengas und Gichtgas, das einen ungefähren Heizwert von 2000 WE besaß und etwa 17 Sekunden lang der Wirkung der betreffenden Temperaturen ausgesetzt war.

Absichtliche Erzeugung von Ruß zum Leuchtendmachen der Flamme. Carburierung des Heizgases. Eine nicht leuchtende oder nur sehr wenig leuchtende Flamme, wie sie bei der Verwendung von weitgehend gereinigtem Generatorgas und von Koksofengas-Gichtgas-Gemisch erhalten wird, kann durch Carburierung oder auch durch sehr hohe Vorwärmung des Heizgases leuchtend gemacht werden. Auch bei Luftmangel wird die Flamme leuchtend, jedoch ist dieses Mittel zweischneidig, weil die Temperatur sinkt und auch ein größerer Verlust an unverbranntem Gas droht. Günstig ist wohl in den meisten Fällen eine gewisse Verschleppung der Verbrennung.

Als Carburierungsmittel werden im Martinofenbetriebe verwendet: Teeröl, Teer und rohes Steinkohlengeneratorgas. In Amerika sind seit langem Zusätze von Teer und Teeröl auf vielen Werken in Verwendung[1], in deutschen Stahlwerken ist man erst in den letzten Jahren hier und da zu diesem Mittel geschritten. Im allgemeinen wird vorzugsweise rohes Steinkohlengeneratorgas zugegeben.

Es wurde bereits darauf hingewiesen, daß hohe Gasvorwärmungstemperaturen bei größeren Gehalten an Teerkohlenwasserstoffen zu Rußverlusten führen können. Sehr interessant ist in dieser Beziehung die Beobachtung von *Ziegler*[2], daß bei Mischgas aus Koksofengas und Gichtgas die Carburierung einen Zusatz von 12 bis 13 g Teeröl für 1000 WE Mischgas verlangte, wenn das Teeröl in die Kammer zugesetzt, und nur einen solchen von 10 g, wenn das Teeröl 3 m höher in den aufsteigenden Gaskanal eingeführt wurde.

Der Zusatz von Teeröl erwies sich in Deutschland weit wirksamer als der von Rohteer. Sehr unangenehm ist natürlich der hohe Preis des Teeröls, der heute ab Lieferwerk etwa 70 Mk./t beträgt.

Nach dem Schaubild von *Hülsbruch* muß es von guter Wirkung sein, die Zersetzung der schweren Kohlenwasserstoffe und des Methans durch eine möglichst hohe Gasvorwärmung zu befördern. So gelang es in der Eisenindustrie, durch sehr hohe Vorwärmung von Koksofengas-Gichtgas-Gemischen die Flamme so weit leuchtend zu gestalten, daß die Carburierung unnötig wurde. *Herzog*[3] ist der Ansicht, daß eine Vorwärmungstemperatur des Gases von 1150 bis 1180° hier nicht ausreicht, sondern daß für das übliche Mischgas von 2200 bis 1900 WE/cbm eine Mindestvorwärmetemperatur von 1250 bis 1300° verlangt werden muß.

Sehr interessant ist es, daß beim Betriebe eines Martinofens mit reinem Koksofengas (aus wirtschaftlichen Gründen wenig angewandt) eine Vorwärmung des Gases überhaupt nicht nötig ist. Die vorhandenen Mengen an Methan (und an schweren Kohlenwasserstoffen) genügen bei diesen Temperaturen, um der Flamme eine genügende Leuchtkraft zu geben, wobei auch der hohe Heizwert des Gases von guter Wirkung ist. Natürlich werden die Ver-

---

[1] Nach *E. Herzog*, Ber. Stahlwerksaussch. V. d. Eisenh. Nr. 120.

[2] *A. Ziegler*, Ber. Stahlwerksaussch. V. d. Eisenh. Nr. 96, S. 1.

[3] Ber. Stahlwerksaussch. V. d. Eisenh. Nr. 120, S. 10.

hältnisse sofort verschoben, wenn Hochofengichtgas, das vollständig frei ist von Kohlenwasserstoffen, zugesetzt wird.

Die Entleuchtung der Flamme durch Wasserdampf und Kohlensäure. Der aus der Zersetzung der Kohlenwasserstoffe entstehende Ruß wird zu einem gewissen Teile durch Wasserdampf und Kohlensäure wieder zurückvergast und in Kohlenoxyd übergeführt. Diesem Vorgang ist nicht zu entrinnen, da die ausgeschiedenen Kohlenstoffmengen sich bei den betreffenden Temperaturen nicht mit den vorhandenen Kohlensäure- und Wasserdampfmengen im Gleichgewicht befinden. Das erwähnte Diagramm von *Hülsbruch* zeigt gleichfalls die Menge des wiedervergasten Kohlenstoffes an, der bei 1000° 32 Proz., bei 1100° 37 Proz., bei 1200° 42 Proz. und bei 1300° 47 Proz. des ursprünglich durch Zersetzung abgeschiedenen beträgt. Kohlensäure ist nur in geringerer Menge vorhanden, und die Hauptrolle bei dieser Wiedervergasung spielt der Wasserdampf, so daß bei der Verwendung von Braunkohlenbrikett- und Rohbraunkohlengas dieser Punkt im Auge behalten werden muß. *A. Ziegler*[1] belegte durch Laboratoriumsversuche die erstaunlich stark entleuchtende Wirkung von Wasserdampf auf die mit Benzol carburierte Leuchtgasflamme. Praktisch ohne Einfluß bleibt nur noch ein Gehalt von 17 g Wasserdampf im cbm. *Ziegler* berichtet über folgende interessante Beobachtung aus der Praxis, die beim Betrieb von Martinöfen mit einem Mischgas aus Koksofengas und Hochofengichtgas gemacht wurde, wobei zur Carburierung für 1000 WE 10 g Teeröl zugesetzt wurden. Zeitweise war das ankommende Gichtgas sehr heiß und war dann bei 60° mit Wasserdampf gesättigt, was einem Gehalt von 130 g Wasserdampf im cbm entspricht. Diese Menge genügte, um die Flamme fast ganz zu entleuchten und die Wirkung des erwähnten Teerölzusatzes fast ganz aufzuheben, so daß der Betrieb beinahe unmöglich wurde und ein viel stärkerer Teerölzusatz gegeben werden mußte.

Nach *Herzog* mag es auch auf dieser entleuchtenden Wirkung des Wasserdampfes beruhen, daß gewisse Stahlwerke mit reinem Brikettgas nicht arbeiten können und immer einen gewissen Teil Steinkohlen mitvergasen.

Wirkung der Entteerung des Generatorgases in der Glasindustrie. Nach den gemachten Ausführungen ist die Entteerung des Generatorgases als ungünstig in bezug auf die Strahlungskraft der Flamme zu beurteilen. Demgegenüber steht jedoch der Vorteil der stets reinen Gaskanäle und bei Brennstoffen großen Teergehaltes, wie die meisten Sorten mitteldeutscher Braunkohlenbriketts, des Gewinnvorteils aus dem Verkauf des Teeres. Es muß daher die Frage nach der Zweckmäßigkeit der Generatorgasentteerung von Fall zu Fall genau untersucht werden.

Die ersten Großversuche in der Glasindustrie zur Entteerung von Generatorgas wurden von Prof. *E. Zschimmer* während des Krieges im Jenaer Glaswerk von *Schott & Genossen* ausgeführt. Nach seinen persönlichen Mit-

---

[1] *A. Ziegler*, Der Einfluß der Carburierung und des Wasserdampfgehaltes von Heizgasen auf den Wärmeübergang von Siemens-Martin-Öfen. Ber. Stahlwerksaussch. V. d. Eisenh. Nr. 96.

teilungen zeigten sich damals sofort die charakteristischen Nachteile einer starken Entteerung des Generatorgases: die Leuchtkraft des Gases nahm ab, so daß die Einstellung der Flamme durch die Schmelzer schwieriger wurde, und dazu wurde eine reduzierende Wirkung der Flamme beobachtet, so daß eine Verstärkung des Salpetersatzes in der Glasmischung sich als nötig erwies. Die letzten Feststellungen im Jenaer Glaswerk, über die *Büssing*[1] berichtete, ergaben, daß ein Mehrverbrauch an Briketts von 7 Proz. verblieb, nachdem die Schmelzer sich an die veränderte Arbeitsweise gewöhnt hatten. (Bei der *Torgauer Glaswerke AG.* wurde ein Mehrverbrauch von etwa 10 Proz. festgestellt[2].) Diese Ziffern können nicht als ungünstig angesehen werden, wenn man bedenkt, daß 9 Proz. Teer gewonnen werden (durch Elektrofilter).

Bei der Einstellung der schwach leuchtenden Flamme ist der ungeübte Schmelzer, in dem Bestreben, der Flamme etwas von ihrer früheren Beschaffenheit zurückzugeben, leicht dazu geneigt, mit Gasüberschuß zu arbeiten. Aber auch bei eingearbeitetem Personal scheint bei guter Flammeneinstellung meistens eine kleine Reduktionswirkung auf das Glas zu bleiben. Die Flammenbeschaffenheit erinnert an die des Koksofengases, bei der ebenfalls gewisse Reduktionswirkungen in Glasschmelzöfen beobachtet werden. (Auch bei den Martinöfen ist die geringe Oxydationswirkung[3] der Koksofengasflamme gegenüber der leuchtenden Flamme des rohen Generatorgases aufgefallen.)

Als heutiges Endergebnis ist zu verzeichnen, daß eine ganze Reihe von großen Glashütten ohne betrieblichen Nachteil ihre Wannen mit entteertem Brikett- oder Rohbraunkohlengas beheizt. Und zwar ist das Gas überall nicht bis ins letzte entteert, sondern es wird das Leichtöl nur zu einem Teile abgeschieden.

Es darf jedoch nicht unerwähnt gelassen werden, daß eine bekannte böhmische Glasfabrik mit großen Wannenanlagen die Entteerung des Generatorgases aus dortigen Braunkohlen wegen der Nachteile, die sich beim Betriebe der Schmelzöfen zeigten, wieder aufgegeben hat.

Bei der Entteerung des Gases aus hochteerhaltigen mitteldeutschen Braunkohlenbriketts in den erwähnten großen elektrischen Abscheidungsanlagen in Jena und in Torgau wird durch den Verkauf des Teeres ein Gewinn erzielt, der rund 20 Proz. des Gaskontos beträgt. Für die rheinischen Briketts mit geringem Teergehalt liegen die Verhältnisse jedoch viel weniger günstig.

Für den Betrieb der Hafenöfen, besonders der Oberflammöfen, ist, weil hier auf eine starke Flammenstrahlung ein größerer Wert gelegt werden muß als bei Wannen, in bezug auf eine weitgehende Entteerung des Gases besondere Vorsicht zu empfehlen. Es sind auch hier manche Erfolge bekannt. Allerdings hörte man später, daß in zwei Glasfabriken der ausgeschiedene Teer wieder in die Öfen zurückgeführt wird.

[1] Ber. Fachaussch. Dtsch. Glastechn. Ges. Nr. 14.

[2] Ebenda.

[3] Nach *G. Bulle*, Wärmespeicher und Brennerkonstruktion von Regenerativöfen der Eisenindustrie und die Anwendbarkeit dortiger Erfahrungen auf die Glasindustrie. Glastechn. Ber. **3**, 356.

Bekannt ist, daß in Glashütten, die in alten Siemens-Generatoren Lausitzer und böhmische Braunkohlen hoher Wassergehalte vergasen, das Gas mit einer unter 100° liegenden Temperatur den Generator verläßt und dann in den Kanälen einen Teil des Teeres und des Wassers absetzt, so daß eine Art Kompromißzustand in der Entteerung erhalten wird, der ein für die Glasschmelze gut brauchbares Glas liefert. Ja, vielfach wurde früher sogar absichtlich der Gaskanal sehr lang gestaltet, um einen solchen Kompromißzustand herbeizuführen.

4. Die indirekten Heizflächen. Die Gewölbestrahlung.

Die Gewölbe und Seitenwände der Industrieöfen erhalten von der Flamme dauernd eine gewisse Wärmezufuhr. Es geht dann von ihnen eine neue, „graue" Strahlung aus, die auf das zu beheizende Gut, z. B. den Glasspiegel eines Glasschmelzofens, eine dem Temperaturunterschied zwischen Gewölbe und Glasspiegel entsprechende Wärmemenge überträgt.

Die Gewölbestrahlung kann bei der Beheizung mit nichtleuchtenden Flammen eine große Rolle spielen, z. B. bei der Verwendung von entteertem Generatorgas, Koksofengas oder Gichtgas, weil die nichtleuchtenden Flammen den größten Teil der einfallenden Strahlung durchlassen (*Schack* spricht von 60 Proz. der Wärmemenge). Im Gegensatz hierzu lassen die leuchtenden Flammen nur wenig Strahlung durch, ja solche von größerer Dicke sind sogar vollständig undurchlässig.

Bei den mit den leuchtenden Flammen des rohen Generatorgases arbeitenden Glasschmelzöfen kann daher die Gewölbestrahlung und die Strahlung der Seitenwände nur soweit energisch bei der Wärmeübertragung an das Glasbad mithelfen, als das letztere nicht durch die Flammen abgedeckt ist.

In den Oberflammhafenöfen, in denen der größte Teil der Häfen von leuchtenden Flammen abgeschirmt wird, kann eine Gewölbestrahlung nur mehr sehr wenig zur Wirkung kommen. Betreffs der Wannenöfen ist hier zu erwähnen, daß das Gewölbe immer zwischen den Flammen hindurchstrahlen kann und vor den Abzügen flammenarme Flächen liegen, bei denen, wenn Regenerativsystem angewandt wird, die Gewölbestrahlung dann ausgleichend wirkt.

Die Berechnung der Gewölbebestrahlung. Die Ergebnisse aller Berechnungen über den Betrag der Strahlung von Gewölben und Seitenwänden auf das Glasbad, die mit den üblichen Strahlungsformeln vorgenommen werden, können nur als höchstmögliche gelten, die niemals ganz erreicht werden, weil stets ein gewisser Betrag für die Absorption durch die Rauchgasatmosphäre abzuziehen ist, die man heute noch nicht bewerten kann. Dazu stört noch jede Flammenentwicklung. Für die betreffende Maximalberechnung scheint es auf den ersten Blick naheliegend, auf das *Lambert*sche Gesetz, das eine Anwendung des *Stefan-Boltzmann*schen Gesetzes auf komplizierte Oberflächen darstellt, zurückzugreifen:

$$Q = \frac{C F_1 F_2 \cos\alpha \cos\beta \left[\left(\frac{T_1}{100}\right)^4 - \left(\frac{T_2}{100}\right)^4\right]}{R^2}.$$

In diesem Ausdruck stellen F_1 und F_2 zwei sich im Strahlungsaustausch befindende Flächen beliebiger Lage dar, die im Verhältnis zu ihrer Entfernung R sehr klein sind. Mit α und β sind die Winkel der Flächennormalen mit der Strahlrichtung bezeichnet, und C wird aus den Strahlungskonstanten beider Flächen durch $C = \frac{C_1 C_2}{4{,}95}$ erhalten. Dieses Gesetz ist jedoch nur gültig für rauhe, diffus strahlende Oberflächen, also nicht für einen glatten Glasspiegel, und außerdem verlangt dessen Anwendung die Integration über die gesamten strahlenden Flächen.

Man kann nun den Ausdruck der Formel von *Stefan-Boltzmann*

$$Q = CF\left[\left(\frac{T_1}{100}\right)^4 - \left(\frac{T_2}{100}\right)^4\right]$$

für die Ermittlung von angenäherten Werten der Gewölbestrahlung verwenden, wenn man C nach den Formeln von *Nusselt* aus den beiden Strahlungskonstanten C_1 und C_2 der strahlenden und angestrahlten Fläche berechnet: es gilt

$$C = \frac{1}{\frac{1}{C_1} + \frac{1}{C_2} - \frac{1}{4{,}95}},$$

wenn es sich um zwei parallele Flächen handelt, deren Abstand geringer ist im Vergleich zu ihrer Ausdehnung, und

$$C = \frac{1}{\frac{1}{C_1} + \frac{F_1}{F_2}\left(\frac{1}{C_2} - \frac{1}{4{,}95}\right)},$$

wenn die Fläche F_2 die Fläche F_1 gänzlich umschließt, und zwar ist die Strahlung auf die kleinere Fläche F_1 zu beziehen.

Bei der Verwendung eines flachen Hängegewölbes liegt für die Berechnung von dessen Strahlung der erste von beiden Fällen vor. Legt man für feuerfestes Material eine Strahlungskonstante von 4,00 [1] zugrunde, mit der heute gerechnet wird, und für Glas eine solche von 3,00 (es ist hier kein Wert bekannt, die Strahlung mag in Wirklichkeit vielleicht noch etwas geringer sein wegen der spiegelnden Glasoberfläche), so ergibt sich $C = 2{,}65$.

Faßt man andererseits ein Bogengewölbe und dessen Seitenwände zu einer Fläche F_2 zusammen, die das Glasbad F_1 umschließt (eigentlich bilden $2\,F_2$ den Grenzfall einer Umschließung von $2\,F_1$), und legt man beispielsweise $F_2 = 1{,}50\,F_1$ zugrunde, so folgt nach der zweiten Formel $C = 2{,}75$, d. h. praktisch das gleiche wie vorher. Es macht hierbei nur sehr wenig aus, ob $F_2 = 1{,}40\,F_1$, $1{,}50\,F_1$ oder $1{,}70\,F_1$.

Die WBG. Frankfurt [2] hat berechnet, welcher Temperaturunterschied zwischen Ofengewölbe und Glasbad nötig ist, um die gesamte, für die Glasschmelze und die Deckung der Wärmeverluste des Glasbades nötige Wärme in dieses überzuführen. Sie fand bei der Benutzung einer Strahlungskon-

[1] Vgl. Mitt. Wärmestelle V. d. Eisenh. Nr. 65, S. 5 (1924).

[2] WBG. Frankfurt: Glasschmelz-Wannenöfen, S. 26. Frankfurt 1927.

stante von $C = 4{,}00$ einen Betrag von 22°. Setzt man nun 2,95 in die Rechnung ein, so ergeben sich rund 30°. In Wirklichkeit muß dann entsprechend der Absorption der Strahlung durch die Rauchgase des Ofenraumes noch ein Zuschlag angebracht werden, so daß eine Temperaturdifferenz von 35 bis 40° nötig wird. Man findet nun bei Temperaturmessungen auf dem blanken Glasspiegel und an der darüber befindlichen Gewölbepartie zwischen beiden praktisch keinen Unterschied. Wenn auch die Meßgenauigkeit unter diesen Bedingungen nicht besonders groß ist, so scheint es doch sicher zu sein, daß in der Schmelzwanne über dem blanken Glasspiegel eine größere Wärmestrahlung des Gewölbes auf diesen nicht stattfindet und das Gewölbe den größten Teil der ihm von der Flamme zugeführten Wärme nach außen verliert. Anders liegt der Fall, solange sich ungeschmolzene kalte Mischung auf der Glasoberfläche befindet. Es muß das Gewölbe dann große Wärmemengen übertragen.

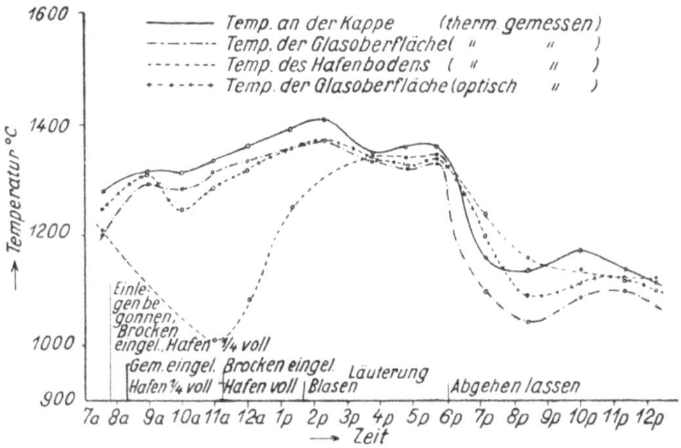

Fig. 19. Temperaturmessungen von *Gehlhoff* und *Thomas* in einem Hafenofen (Büttenofen) während eines vollständigen Schmelzprozesses. (Glast. Ber.)

Auf Fig. 19 sind, von *Gehlhoff* und *Thomas*[1] an einem einhäfigen Büttenofen gemessen, die Temperatur von Gewölbe und Glasspiegel in ihrem Verlaufe während eines ganzen Hafenofenschmelzprozesses verzeichnet. Während der Schmelze wurde zuerst ein Temperaturunterschied zwischen Gewölbe und Glasoberfläche (thermisch gemessen) von 35 bis 40° festgestellt, was eine energische Gewölbestrahlung ergeben muß, soweit nicht etwa Flammen diese abschirmen. Der Temperaturunterschied sank dann bis auf beinahe 10° und war während der Läuterperiode unregelmäßig, einmal heruntergehend bis auf annähernd 5°.

Bei Anwendung der flammenlosen Verbrennung ersetzt man zu einem großen Teile die Strahlung der Flamme durch die der Brennerplatten oder Roste und zieht auf diese Weise Vorteil aus dem hohen Strahlungsvermögen des feuerfesten Materiales. Jedoch, wie bereits im Abschnitt IV ausgeführt, kann man von der Seite her nur schmale Ofenräume auf diese Weise beheizen. Nicht allein, daß bei größerer Ofenbreite der Weg und die zu durchstrahlende Rauchgasschicht zu groß wird, die Brennerplatten werden dann auch in ihrer Heizfläche zu klein. Den einzigen Ausweg bildet die Anordnung von Strahlbrennern in der Decke.

[1] Glast. Ber. IV, Heft 6.

VI. Die Gewölbe der Glasschmelzöfen.

1. Allgemeines.

Die richtige Konstruktion und Verankerung des Ofengewölbes ist von großer Bedeutung für seine Lebensdauer.

Außerdem besitzt die Ausbildung der Decke noch einen Einfluß auf die Feuerführung und den Wärmeübergang und damit indirekt auch auf den Brennstoffverbrauch und die Güte des erschmolzenen Glases.

Im Gegensatz zu den Martinöfen, bei denen das Gewölbe jedesmal nur eine sehr kurze Hüttenreise von mehreren Monaten mitzumachen hat, muß das Gewölbe des Glasschmelzofens eine ganze Reihe von Jahren halten und ein wiederholtes Abkühlen und Wiedererwärmen des Ofens überstehen. Es werden daher an seine Stabilität entsprechend größere Anforderungen gestellt.

Bei Hängedecken fällt wohl der Seitendruck fort, jedoch hat man mit diesen noch nicht viel Erfahrung in der Glasindustrie.

Unheilvoll sind vom Gewölbe in das Glasbad hinunterfallende Tropfen, weil diese als Steine in den fertigen Glasgegenständen gefunden werden, sofern nicht große Zeiträume zu deren Auflösung zur Verfügung stehen. In dieser Beziehung sind Silicadecken weniger gefährlich als Decken aus tonerdehaltigem Material. In letzterem Falle verursachten die Gewölbetropfen ein Zerspringen der Glasgegenstände (weil der Ausdehnungskoeffizient beider verschieden ist), während dies bei Silicatropfen nicht oder doch nur wenig der Fall ist. Auf die für die Glasschmelzöfen nötige Silicasteinqualität wird im Abschnitt IX über das feuerfeste Material näher eingegangen.

2. Die Stichhöhe des Gewölbes.

Das Verhältnis der Pfeilhöhe „f“ zur inneren Spannweite „b“ (s. Fig. 20) bezeichnet man als „Stich“ des Gewölbes. Es wird entweder als Bruchteil der Einheit, z. B. $\frac{1}{4,5}$, $\frac{1}{10}$ usw., oder als Prozentzahl ausgedrückt. Pfeilhöhe und Spannweite sind mit dem inneren Gewölberadius R_i durch die Beziehung $R_i = \frac{f}{2} + \frac{b^2}{8f}$ verbunden.

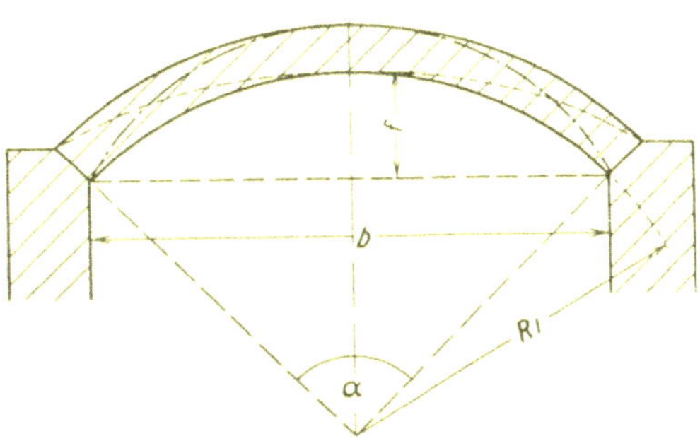

Fig. 20. Die Stichhöhe des Gewölbes. Maximalstützlinie — — — — und Minimalstützlinie —. —. — - — .

Für jeden Gewölbezentriwinkel ergibt sich ein ganz bestimmter Gewölbestich, der von den Werten von f und b unabhängig ist. Für den Zentriwinkel α gilt: $f/b = \frac{1}{2}\,\mathrm{tg}\left(\frac{\alpha}{4}\right)$.

Die günstigste Stabilität bei großen Temperaturschwankungen ergibt ein Gewölbestich von ungefähr 1/8, wobei dann Radius und Spannweite ungefähr gleich sind. (Beide sind genau gleich für einen Zentriwinkel von 60° und einen Stich von 1/7,46.)

Der Stich von 1/8 wird sowohl bei Brückenbögen kleiner Spannweite, als auch bei Schmelzöfen verwendet und ist bei den Glasschmelzöfen fast allgemein üblich. Nimmt man bei dem Gewölbe eines Schmelzofens den Stich zu schwach, so tritt bei einer gänzlichen Abkühlung des Ofens Einsturzgefahr auf. Durch das Anziehen der Verankerung kann man wohl dem Absinken des Gewölbes entgegenwirken, demnach bleibt meistens eine kleine Absenkung.

Bei hohem Stich widerstehen die Gewölbe dem Abkühlen gut, sind aber beim Antempern empfindlicher. Jedes Gewölbe, das auf hohe Temperatur gebracht wird, und namentlich die Silicagewölbe, bei denen die Krystallumwandlungen der Kieselsäure die normale Ausdehnung durch die Wärme verstärken, steigt in der Mitte beim Anwärmen, und die Fugen der Scheitelzone klaffen. Durch Nachlassen der Verankerung kann man wohl den Anstieg des Gewölbes ausgleichen, es ist jedoch aus geometrischen Gründen nicht möglich, alle Fugen gleichzeitig gänzlich zum Schließen zu bringen. Das Gewölbe steigt um so mehr, je größer der Stich ist. Falls nun beim Nachlassen der Verankerung nicht auch die Widerlager nachgeben, was vorkommt, wenn Brenner an das Gewölbe angebaut sind, kann der Gewölbebogen spitz werden, so daß sich die Scheitelfuge öffnet und das Gewölbe einstürzt, besonders wenn die unteren Kanten abgedrückt werden.

Bei Öfen, bei denen es nicht vorkommt, daß sie abgekühlt und ohne Gewölbewechsel wieder angewärmt werden, kann man den Stich geringer nehmen als 1/8 (z. B. 1/10 und weniger für Martinöfen).

Flache Bögen mit geringem Stich benutzt man auch bei kleineren Spannweiten und vollständig unnachgiebigen Widerlagern, z. B. bei Überwölbungen von Ofentüren. Umgekehrt nimmt man stärkere Stiche, 1/5 usw., beim vollen Tonnengewölbe und bei Kanälen, bei denen der Seitendruck der Gewölbe möglichst ausgeschaltet werden soll. Volle Tonnengewölbe benutzt man aus diesem Grunde auch meistens bei den Regenerativkammern der Glasschmelzöfen. Wegen der geringeren Ausdehnung an Wärme kann man den Chamottegewölben stärkere Stiche geben als den Silicagewölben, die außer der Ausdehnung durch die Wärme ihr Volumen noch durch eintretende Krystallumwandlung vergrößern. Umgekehrt sind bei den Chamottegewölben die flachen Stiche gefährlicher. Falls es sich nicht um gute, hochgebrannte Qualitäten handelt, kann bei der ersten Benutzung in der Hitze ein Nachschwinden der Steine eintreten, besonders wenn es sich um solche hohen Tonerdegehalts handelt.

3. Stützlinie des Gewölbes und Ermittlung des Horizontalschubes.

Es sei im folgenden kurz die graphische Berechnung eines gleichmäßig belasteten (oder unbelasteten) Gewölbes wiedergegeben:

1. Einteilung der Gewölbehälfte in eine Anzahl Streifen gleicher Bogenlänge (s. Fig. 21). Die Schwerpunkte der Einzelstreifen, jeder mit seiner Belastung, mögen in S_1, S_2, S_3 usw. liegen.

2. Die Lage des Gesamtschwerpunktes von Gewölbe und Belastung wird mittels des Seil- und Kräftepolygons mit beliebigem Pol O_1 bestimmt. Die Einzelschwerkräfte g_1, g_2, g_3 usw. werden zu ihrer Resultante R_e zusammengesetzt.

3. Die zu bestimmende waagerechte Scheitelkraft H möge in c und die Widerlagerstützkraft K_1 in a angreifen (wobei K_1 nicht genau senkrecht zum Widerlager steht). Die Zerlegung von R_e nach ce und ae liefert die Horizontalkraft H und die Stützkraft K_1. Das Kräftepolygon mit Pol O_2 und Polweite H liefert dann die Richtung der einzelnen Mittelkräfte, so daß mit a und c als Endpunkte das Mittelkraftpolygon eingezeichnet werden kann. Dieses schneidet die Fugen in den Stützpunkten s_1, s_2, s_3 usw. Die Verbindung dieser Punkte zu einem neuen Polygon ergibt dann die „Stützlinie" $a\ s_1\ s_2\ s_3\ s_4\ c$.

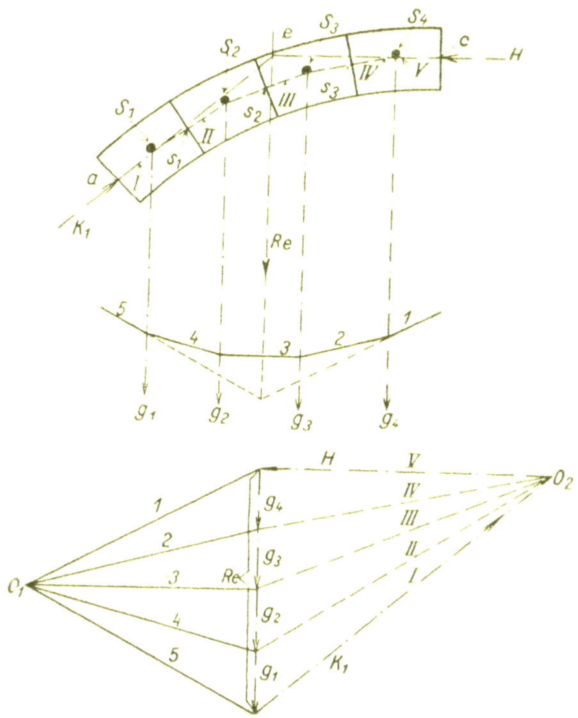

Fig. 21. Graphische Gewölbeberechnung.

Die Größe des entstehenden Horizontalschubes hängt hiernach ganz von der Lage der Stützlinie, d. h. ihrer Stützpunkte an Scheitel und Widerlager, ab. Es ist nun nicht so einfach, ihre genaue Lage anzugeben, weil es sich um ein „statisch unbestimmtes System" handelt. Es wird jedoch im allgemeinen angenommen, daß bei gleichmäßig belasteten Gewölben die Stützlinie an Scheitel und Widerlager in der Mitte des Querschnittes liegt. (Dies gilt bei Ofengewölben nur für den kalten Zustand.) Man geht nun im Brücken- und Tiefbau so vor, daß man für einen vorgegebenen Gewölbequerschnitt die Stützlinie unter dieser Voraussetzung konstruiert, und fällt dann etwa die Stützlinie an irgendeinem Punkte aus dem mittleren Drittel des Querschnittes heraus, so wird dieser entsprechend verändert, damit keine Zugspannungen entstehen können. (Laut der Kerntheorie der Mechanik treten in einem Querschnitt nur Spannungen eines Vorzeichens auf, wenn die angreifende Kraft innerhalb des sog. „Kernes", der beim Gewölbebogen dem mittleren Drittel entspricht, angreift. Erfolgt der Angriff außerhalb des Kernes, so entstehen sowohl Druck- als auch Zugspannungen.)

Für eine beliebige Lage der Stützlinie findet man nach den Berechnungsmethoden des Brücken- und Tiefbaues[1] die Größe des Horizontalschubes mittels der Formel

$$H = \frac{G \cdot m}{2 f_1}.$$

Es bedeuten (s. Fig. 22):

G = Gewicht des Gewölbes für eine bestimmte Strecke (vgl. auch Fig. 28),
H = entsprechender Horizontalschub,
f_1 = Pfeil der Stützlinie und
m = waagerechter Abstand des Schwerpunktes einer Hälfte des Gewölbebogens (zusammen mit einer etwa vorhandenen Belastung) von dem Endpunkte der Stützlinie am Widerlager.

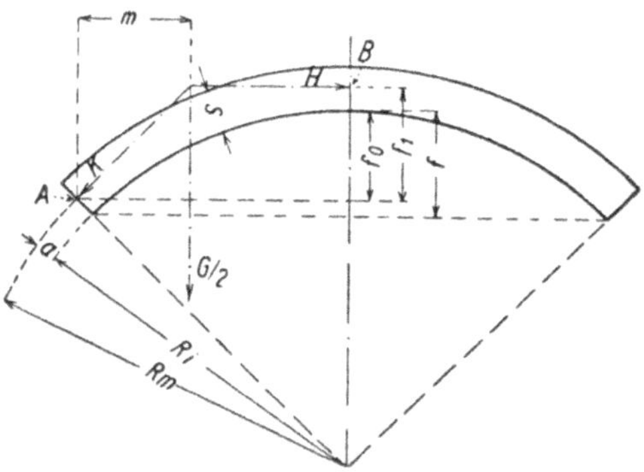

Fig. 22. Berechnung des Horizontalschubes des Gewölbes.

Dieser Ausdruck ergibt sich aus der Anwendung des Satzes der Drehmomente auf den Endpunkt der Stützlinie am Widerlager: (Die algebraische Summe der Drehmomente der in einem System wirksamen Kräfte auf einen beliebigen Drehpunkt muß Null sein.)

Einem größten und kleinsten Wert des Stützlinienpfeils entspricht nach obiger Formel ein kleinster und ein größter Betrag des Horizontalschubes und dementsprechend eine minimale und eine maximale Stützlinie (in Fig. 20 dargestellt). Ganz aus dem Gewölbequerschnitt heraustreten darf die Stützlinie nicht, weil sonst keine Standfestigkeit des Gewölbes mehr möglich ist.

Kennt man den Horizontalschub H für einen Stützlinienpfeil f_1, so findet man bei einer Verschiebung der Stützlinie, solange ihr Endpunkt am Widerlager unverändert bleibt, den einer anderen Stützlinien-Pfeilhöhe f_0 entsprechenden Schub H_0 aus $H_0 = H \cdot \frac{f_1}{f_0}$. Das Produkt von Horizontalschub und Stützlinienpfeil bleibt konstant, es ist $H_0 \cdot f_0 = H \cdot f_1$.

Es ist nun für die Ofengewölbe am zweckmäßigsten, zunächst den Horizontalschub für eine Lage der Stützlinie an Scheitel und Widerlager in der Gewölbemitte zu berechnen und dann für die Verschiebung der Stützlinie beim Antempern einen Korrektionsfaktor zu benutzen, den man auf die beschriebene Weise findet.

Genauer Horizontalschub eines unbelasteten Gewölbes, wenn

[1] Vgl. z. B. *Th. Landsberg*, Der Brückenbau Bd. 1, S. 177 [II. Teil des „Handbuches der Ingenieurwissenschaften“, 5. Aufl., Leipzig 1917 (Engelmann)].

die Endpunkte der Stützlinie am Widerlager und am Scheitel in der Gewölbemitte liegen. Setzt man in den Ausdruck $H = \frac{G \cdot m}{2 f_1}$ den Wert ein, den die Lage des Schwerpunktes des Kreisringausschnittes liefert, so ergibt sich:

$$\frac{H}{G} = \tfrac{1}{2} \operatorname{ctg} \frac{\alpha}{4} - \frac{a}{\operatorname{arc} \alpha}.$$

Die Beträge von $\operatorname{arc} \alpha$ können den Zahlentabellen der „Hütte“ entnommen werden. Der Wert von a entspricht

$$= \left(\frac{4}{3}\right) \frac{R_a^2 + R_a R_i + R_i^2}{(R_a + R_i)^2} \qquad (R_a = \text{äußerer Radius})$$

und ist für praktische Verhältnisse mit großer Annäherung gleich 1.

Näherungsformeln. Man hat folgende verschiedene Ausdrücke zur Verfügung, von denen man, je nachdem, welche von den Größen α, b, f und R von vornherein bekannt sind, und welche Genauigkeit angestrebt wird, die geeignetste auswählen kann.

1) $H = G \cdot \left(\frac{1}{4} \operatorname{ctg} \frac{\alpha}{4} - \frac{1}{12} \operatorname{tg} \frac{\alpha}{4}\right)$ 2) $H = G \cdot \frac{(R - \frac{2}{3} f)}{b}$	Aus Reihenentwicklungen neu abgeleitete Formeln, deren Genauigkeit bei den üblichen Flachgewölben von 1/8 Stich mehrere Dezimalen beträgt und bis 120° Zentriwinkel nur 1 Proz. Fehler ergibt.
3) $H = G \cdot \frac{b}{8 f}$	Bekannte Formel[1], gibt bei den üblichen Flachbögen von 1/8 Stich 4 Proz. größten Fehler. Entspricht auch $H = G \cdot \frac{(R - \frac{1}{2} f)}{b}$. Für 1/8 Stich folgt $H = G$.
4) $H = \frac{1}{2} G \cdot \operatorname{tg} \alpha$	Von *Trinks*[2] benutzt, Fehlermöglichkeit bei den üblichen Flachbögen von 1/8 Stich 8 Proz. Entspricht auch $H = G \cdot \frac{(R - f)}{b}$.

Bei großen Zentriwinkeln sind nur die neuen Formeln 1) und 2) zu empfehlen.

Volle Tonnengewölbe. Im Brücken- und Tiefbau werden die vollen Tonnengewölbe nicht mit dem vollen Gewölbewinkel von 180°, sondern nur mit $\alpha = 120°$ berechnet. Die unteren Gewölbepartien werden nicht in das Gewölbe mit einbezogen, sondern zum Widerlager geschlagen. Legt man für die Ofenberechnungen die gleiche Vorsichtsmaßregel zugrunde, so ergibt sich für die angegebene Lage der Stützlinie $H = 0{,}39\,G$. (Ist die Dicke des Gewölbes sehr groß im Verhältnis zum Radius, so erniedrigt sich H etwas und entspricht für eine Gewölbestärke gleich dem inneren Radius $H = 0{,}37\,G$.)

Gewölbe mit unsymmetrischer, z. B. einseitiger Belastung. Für einen belasteten Gewölbebogen ist von den erwähnten Formeln nur $H = \frac{G \cdot m}{2 f_1}$

[1] Vgl. *K. Esselborn*, Lehrbuch des Tiefbaues, Bd. II, S. 42, Leipzig 1910 (Engelmann).
[2] *W. Trinks*, Industrieöfen, Bd. I, S. 242.

anwendbar, und auch nur bei symmetrischer Belastung beider Gewölbehälften. Im übrigen ist dann die graphische Berechnung zu Hilfe zu nehmen. Betreffs ihrer Anwendung bei einseitiger Belastung wird auf die Beschreibung in der „Hütte“ und in den Lehrbüchern des Brücken- und Tiefbaues verwiesen.

Erhöhung des Horizontalschubes beim Antempern der Gewölbe. Beim Anheizen eines Gewölbes beginnen sich zunächst am Scheitel, dann eine gewisse Strecke weiter nach unten ziehend, die Fugen zwischen den Gewölbesteinen nach oben zu öffnen. Dies ist eine Folge der Ausdehnung der Steine an der Innenfläche durch die Temperaturerhöhung. Durch Nachlassen der Verankerung kann man wohl, wie bereits erwähnt, den Anstieg des Gewölbes ausgleichen, jedoch nicht die Klafferscheinung gänzlich verhindern. Diese geht später im Betriebe wieder wesentlich zurück, sobald ein gewisser Ausgleich in den inneren und äußeren Temperaturen erreicht ist, und verschwindet bei Schmelzöfen, die mit hohen Temperaturen arbeiten, meistens praktisch vollständig dadurch, daß sich die inneren Steinkanten infolge einer beginnenden Erweichung des Materials entsprechend zusammendrücken. Auf jeden Fall muß die Verankerung für den verstärkten Horizontalschub, der beim Antempern eintritt, berechnet werden.

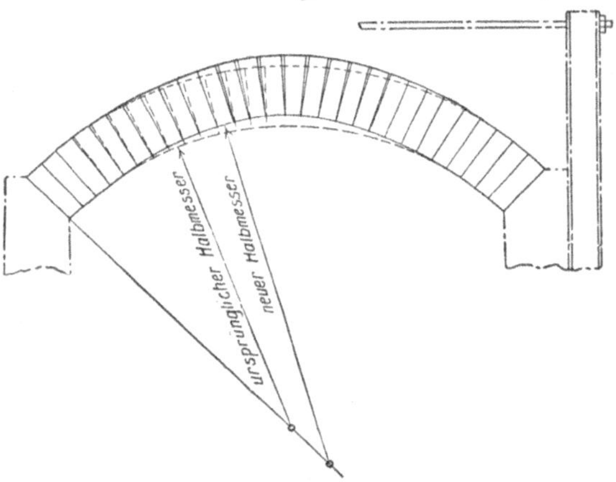

Fig. 23. Steigen eines Gewölbes in der Wärme (nach *Trinks*).

Damit am Scheitel die Fugen klaffen können, muß die Stützlinie sich gesenkt haben und im unteren Drittel des Querschnittes liegen, weil das Klaffen das sichere Zeichen von Zugspannungen ist.

Wenn die Steine streng geometrisch in der Form und unelastisch wären und ganz ohne Mörtel versetzt würden, müßte die Stützlinie unbedingt bis zur Unterkante sinken und müßten Zerdrückungserscheinungen auftreten. In Wirklichkeit wird durch elastisches Nachgeben des Materials und ausgleichende Wirkung des Mörtels eine schmale Druckfläche erzeugt, die unter normalen Verhältnissen groß genug ist, um eine Überbeanspruchung des Materials zu verhüten. Nach der Berechnung würde hier bei einem Gewölbe von 5 m Spannweite und 25 cm Dicke eine tragende Druckfläche von 1 cm Breite genügen. Die Zerdrückung der Kanten wird in der Praxis nur dann gelegentlich beobachtet, wenn ein außergewöhnlich starkes Klaffen der Scheitelfuge eintritt.

Der Horizontalschub steigt bei absinkender Stützlinie wegen der Verringerung des Stützlinienpfeils, und um sicher zu gehen, ist die Verankerung für eine Lage der Stützlinie an der Unterkante des Scheitels zu berechnen.

Am Gewölbewiderlager treten keine Klafferscheinungen auf. Es liegt daher dort die Stützlinie unbedingt im inneren Drittel der Steine. Sie muß jedoch tiefer liegen als die Mittellinie. Weil jedoch umgekehrt wie am Scheitel ein Absinken der Stützlinie am Widerlager keine Erhöhung des Horizontalschubes im Gefolge hat, sondern eine Verringerung, kann man für die Berechnung die Stützlinie am Widerlager in die Mitte legen.

Es ist daher die Berechnung für eine Stützlinie zu führen, die am Widerlager in der Mitte des Gewölbequerschnittes und am Scheitel an dessen Unterkante liegt. Wie bereits erwähnt, folgt aus der Gleichung der Drehmomente $H = \frac{G m}{2 f_1}$, daß bei einer Verschiebung der Stützlinie das Produkt von Horizontalschub und Stützlinienpfeil konstant bleibt. Hieraus ergibt sich für den Horizontalschub, welcher der neuen Stützlinie entspricht, gegenüber demjenigen der in Gewölbemitte liegenden Stützlinie ein Korrektionsfaktor von

$$K = \frac{f_1}{f_0} = 1 + \frac{s}{2 f_0} = 1 + \frac{1}{\frac{f}{R_i} + \frac{2f}{s} - 1} \quad \text{(siehe Fig. 22)}$$

(was für $\alpha = 120°$, wie für die vollen Tonnengewölbe in Rechnung gesetzt wird, $1 + \frac{1}{\frac{2f}{s} - \frac{1}{2}} = \frac{R + \frac{s}{2}}{R - \frac{s}{2}}$ entspricht).

Die Werte dieses Korrektionsfaktors sind in Zahlentafel 10 zusammengestellt für verschiedene Werte der Stichhöhe f/b und des Verhältnisses Pfeil zu Dicke $= f/s$. Die Hauptrolle spielt dabei das Verhältnis f/s. Es ergibt sich, daß für ein 25 cm starkes Wannengewölbe von 5 m Spannweite und 1/8 Stich der Korrektionsfaktor nur einen Zuschlag von rund 25 Proz. bedeutet. Für 25 cm starke Gewölbe geringerer Spannweite, z. B. für kleinere Glasschmelzöfen, wie Büttenöfen, ergeben sich viel bedeutendere Zuschläge, 65 bis 90 Proz. usw.

Zahlentafel 10.

Korrektionsfaktor zur Berücksichtigung der Erhöhung des Horizontalschubes der Gewölbe unter dem Einfluß der Temperatur.

Stich f/b	Verhältnis Pfeilhöhe zu Dicke f/s	Korrektionsfaktor
1/5	3	1,19
	2	1,31
	1	1,79
1/8	4	1,14
	3	1,20
	2,50	1,24
	2	1,32
	1,50	1,47
	1	1,89
1/10	3	1,20
	2	1,32
	1	1,93

Trinks[1], der die Verhältnisse nicht so genau verfolgt, ist der Ansicht, daß das Zugrundelegen der beschriebenen Stützlinie in dicken Gewölben zu unmöglich hohen Werten führt. Man sollte daher nicht von dieser Stütz-

[1] *W. Trinks*, Industrieöfen, Bd. I, S. 201.

linie ausgehen, sondern von der überall in Gewölbemitte liegenden, und sollte den für die letztere gefundenen Horizontalschub mit folgenden Korrektionsfaktoren vervielfachen:

Korrektionsfaktor für	900°	2
,, ,,	900 bis 1100°	2,5
,, ,,	1100 ,, 1300°	3

Für die üblichen Schmelzofengewölbe sind die Zuschläge von *Trinks* jedoch viel zu hoch. In der Tat würden diese für die Glasschmelzöfen zu Verankerungen führen, welche die in der Praxis üblichen weitgehend überschreiten und außergewöhnlich starke Eisenprofile verlangen. Demgegenüber stehen die Ergebnisse der beschriebenen Korrektionsformel mit der Praxis im Einklang. Die Zuschläge von *Trinks* werden von dieser Formel dann erreicht, wenn die Gewölbedicke im Verhältnis zur Pfeilhöhe außergewöhnlich groß wird, was bei den Walzwerks- und Schmiedeöfen, für die das Buch von *Trinks* in der Hauptsache geschrieben ist, oft der Fall zu sein scheint.

4. Wahl der Dicke des Gewölbes.

Aus allgemeinen Stabilitätsgründen werden die Gewölbe sehr viel dicker ausgeführt, als es die Materialfestigkeit verlangt, so daß eine Nachrechnung der Gewölbestärke unnötig ist. Diese muß so bemessen sein, daß ein gewisses Nachgeben der Auflager oder eine Unregelmäßigkeit im Versetzen der Gewölbesteine oder in der Materialbeschaffenheit der Steine nicht gleich zu einem Einsturz führen kann. Mit zunehmender Spannweite des Gewölbes ist dessen Stärke größer zu nehmen. *Trinks*[1] gibt folgende Vorschriften:

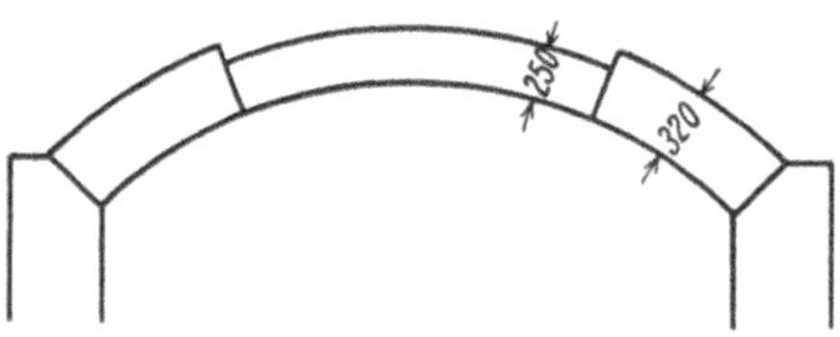

Fig. 24. Hafenöfengewölbe mit abgestufter Dicke.

Für Spannweiten bis	$1^1/_4$ cm	3,6 m	5,5 m	$7^1/_4$ m
Gewölbedecke	11,5 m	23 cm	34,5 cm	46 cm.

Die von *Trinks* für 5,5 und für $7^1/_4$ m Spannweite angegebenen Ziffern sind als reichlich stark zu bezeichnen. Man trifft in den meisten Glashütten, die Wannen von etwa 5 m Badbreite besitzen, Gewölbestärken von 25 cm an. Stärken von 30 bis 35 cm werden ebenfalls benutzt, jedoch verhältnismäßig sehr selten. Die WBG. Frankfurt[2] verzeichnet in ihren Tabellen eine einzige Wanne (Tafelglaswanne) mit 40 cm Gewölbestärke. Interessant ist eine große Tafelglaswanne mit 8,70 m Badbreite, deren Gewölbestärke 36 cm beträgt.

(Bei Martinöfen, bei denen so große Spannweiten wie bei den größeren Glaswannen nicht auftreten, ist eine Gewölbestärke von 30 cm gebräuchlich, bei kleineren und mittelgroßen auch von 25 cm).

[1] *W. Trinks*, Die Industrieöfen, Bd. I, S. 203, Berlin 1928 (VDI-Verlag).
[2] *WBG.* Frankfurt, „Glasschmelz-Wannenöfen", Zahlentafel I.

In bezug auf die Wärmeverluste ist ein stärkeres Gewölbe natürlich günstiger als ein schwächeres. Es ist jedoch jede Isolierung von Gewölben zweischneidig, weil bei hohen Ofentemperaturen die Gewölbe der Kühlung bedürfen, sollen sie nicht abschmelzen (s. hierüber Abschnitt XVI).

Eine zweckmäßige Kompromißkonstruktion stellt Fig. 24 dar, die bei der belgischen Bauart der Gußspiegelglas-Oberflammhafenöfen angetroffen wird. Der Gewölbescheitel, der sehr tropfgefährlich ist, wird in 25 cm Stärke ausgeführt, während zu den Seiten hin 32 cm angewandt werden.

5. Die Hängedecken.

Die Hängedecken sind zuerst in Amerika aufgekommen, bald nach Kriegsende auch in Europa, und zwar zuerst für die Decken der Kesselfeuerungen

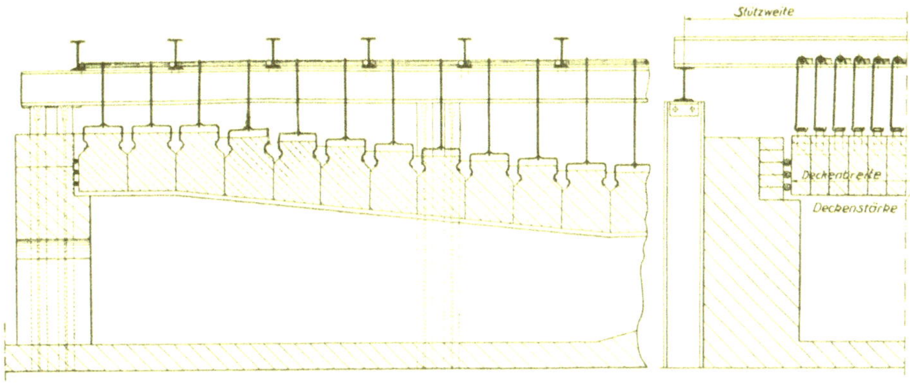

Fig. 25. *Vervoort*-Hängedecke (nach *Müllensiefen,* Glast. Ber.).

mit Wanderrosten, bei denen ein in kurzem Abstand über der brennenden Kohlenschicht liegendes Zündgewölbe verlangt wurde. Sodann hat man auch die Martinöfen für diese Decken ins Auge gefaßt. Die Sicherheit des Betriebes wird dadurch erhöht, daß die Steine aufgehängt sind, und daß einzelne Steine oder Gewölbeteile im Betriebe ausgewechselt werden können. Erst vor einigen Jahren ist man sowohl in Europa als auch in Amerika dazu übergegangen, auch Glasschmelzöfen mit Hängedecken zu versehen, wenn auch zunächst noch sehr vereinzelt.

Nach *W. Müllensiefen*[1] wurden bei einer großen Fourcaultwanne von 267 qm und einer kleineren Spezialglaswanne von 23 qm Vervoort-Hängedecken (Fig. 25) sowie bei Spezialglas-Hafenöfen Hängedecken Bauart *Westdeutscher Industrieofenbau* (*WIO*) (Fig. 26) und Bauart *Vervoort* verwendet.

Betreffs der Anwendung der Hängedecken in Amerika berichtete er über die bei zwei Wannen und einem Hafenofen eingebauten Hängedecken Bauart *Bigelow* (s. Fig. 27).

Über den Einbau einer weiteren *Vervoort*-Decke von 383 qm bei einer

[1] *W. Müllensiefen,* Hängedecken in Glasschmelzöfen. Glastechn. Ber. **8** (1930/31), 129.

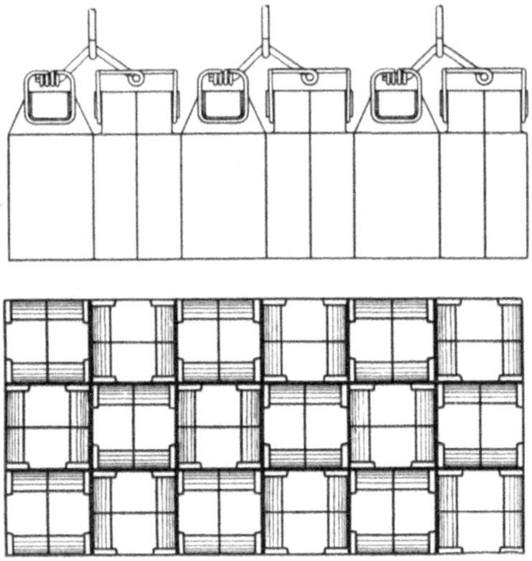

Fig. 26. WIO-Hängedecke.

großen Glasschmelzwanne berichtet *Harraeus*[1].

Die Zahl der Hängedeckenbauarten ist eine sehr große, viele unterscheiden sich allerdings nur sehr wenig; hier sollen nur die drei Systeme nach *Vervoort*, *WIO* u. *Bigelow* beschrieben werden, die bereits in der Glasindustrie zur Anwendung gelangt sind und sich bisher im Betriebe bewährt haben.

Die Beschreibung einer größeren Anzahl von Ausführungen geben *W. Groothoff*[2] und *Trinks*[3]. Eine Prüfung der bei der Konstruktion der Hängedecken wichtigen Gesichtspunkte bringt *Harraeus*[4].

Vervoort-Hängedekken[5] (Fig. 25). Jeder Stein wird durch eine Klammer aus Federstahl, die von vornherein auf Spannung sitzt, gehalten und vermittelst Hängeeisen zwischen Doppel-T-Trägern aufgehängt.

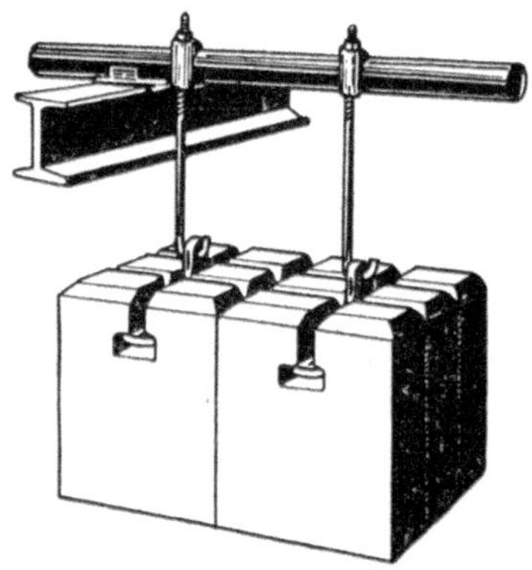

Fig. 27. Hängedecke Bauart *Bigelow* (nach *Müllensiefen*, Glast. Ber.).

Die Einzelsteine sind ziemlich leicht auswechselbar. Auf die gleichmäßige Ausbildung der Einschnürung muß indessen große Sorgfalt verlegt werden, weil bei zu scharfer Einschnürung der Stein leicht abplatzen kann, wenn das Antempern des Ofens etwas rasch vor sich geht.

[1] *Harraeus*, Glashütte 1931, S. 417.

[2] *W. Groothoff*, Einiges über Hängedeckensteine. Ber. dtsch. keram. Ges. **9**, Heft 7 (Juli 1928)

[3] *W. Trinks*, Die Industrieöfen, Bd. I, S. 204 u. 341, deutsche Ausgabe.

[4] *Harraeus*, Feuerfest, Jhrg. V, S. 102.

[5] Hergestellt von der *Vervoort Wanderrost AG.*, Düsseldorf.

WIO[1]-Hängedecken. Die Steine sind zu je zwei zusammen aufgehängt (Fig. 26). Der Angriff der Eisen erfolgt an seitlichen Augen. Die Steine dieser Form können auf der Presse hergestellt werden, was eine billigere und genauere Herstellung ermöglicht; ihre Abmessungen nähern sich denen der Normalsteine, so daß sie wenig empfindlich sind gegen Temperaturschwankungen.

Die Aufhängerundeisen sind so gebogen, daß sie eine gewisse Federung aufweisen. Durch die Art des Angriffs der Aufhängeeisen an den Steinen ist die Entstehung eines seitlich eckenden Druckes unmöglich. Durch ein Gewinde am oberen Teil des Gestänges ist man in die Lage versetzt, die Deckenhöhe zu regulieren.

Bigelow-Hängedecken[2] (s. Fig. 27). Die Trageisen sind für 3 Steine ausgebildet. Auch hier ist am oberen Gestänge ein Gewinde zur Veränderung der Deckenhöhe angebracht. Aufgehängt sind die Steine an Eisenrohren (Gasrohren), die gegebenenfalls mit Luft gekühlt werden können. Die Aufhängung ist nur zweigelenkig, im Gegensatz zu den dreigelenkigen *Vervoort*- und *WIO*-Konstruktionen.

Mit den Hängedecken kann man die großen toten Räume vermeiden, welche die gewölbten Decken beim Überspannen breiter Öfen ergeben. Die Einsturzgefahr ist beseitigt und die Frage der Seitenverankerung erleichtert. Durch die Beschränkung des toten Raumes unter den Gewölben sollte man von der Verwendung der Hängedecken auch stets einen wärmewirtschaftlichen Vorteil erwarten, denn alle toten, mit Rauchgasen angefüllten Räume absorbieren einen Teil der durchgehenden Strahlung (s. Abschnitt V). Die Erfahrungen in der Praxis lassen jedoch bis jetzt keinen sicheren Schluß zu. Zum Teil wurde sogar durch den Einbau von Hängedecken eine Erhöhung des Brennstoffverbrauchs festgestellt. Dies kann jedoch nur eine Folge davon sein, daß man die Hängedecken zu tief gezogen hat bzw. die Brenner der neuen Anordnung nicht angepaßt hat, so daß die Flammenentwicklung nicht die gleiche geblieben ist wie vorher, und deren Volumen verringert wurde. Nach den im Abschnitt V beschriebenen Untersuchungen über den Übergang der Wärme durch Strahlung ist es klar, daß der Wärmeübergang schlechter wird, wenn man die Oberfläche des Flammenbündels verringert. In bezug auf die Flammendicke gibt es jedoch Optimalwerte, und man hat zu unterscheiden zwischen den leuchtenden und den nichtleuchtenden Flammen. Für die nichtleuchtenden kann man heute für jeden besonderen Fall die Strahlung mit gewisser Annäherung berechnen; für die leuchtenden Flammen jedoch nicht. Gerade hier tritt das praktische Optimum eher ein, wo eine gewisse Verringerung der Flammendicke nichts ausmacht. (Vgl. Abschnitt V: „Der Übergang der Wärme in den Glasschmelzöfen".) Es sind hier noch Erfahrungswerte zu sammeln.

---

[1] Hergestellt von der *Westdeutschen Industrieofenbau m. b. H.* (*WIO*), Bonn.

[2] Geliefert von der amerikanischen *Liptak-Gesellschaft*, in Deutschland von den *Stettiner Chamottefabriken vormals Didier.*

6. Auflagerung der Gewölbe.

Hafenöfen. Soweit an den Widerlagern der Gewölbe Tore zum Ausfahren der Häfen vorhanden sind, müssen diese auf sog. Arkadenbogen gelagert werden, die in zwei Richtungen gewölbt sein müssen, damit sie ohne Zuhülfenahme von äußeren Schienen, die beim Hochziehen der Türen stören, den schrägen Auflagerdruck des Gewölbes auffangen können (siehe Fig. 21).

Wannen. Die gänzlich freitragende Lagerung der Gewölbe auf Konsolen und Schienen[1] führt bei Seitenbrennerwannen zu einem zu großen freien Raume zwischen Glasspiegel und Gewölbe, man lagert deshalb heute, wie auf Fig. 78 b und 90 zu erkennen, Gewölbe und Seitenwand zusammen auf Konsolen. Die Brennergewölbe werden dann, wie Fig. 78 a und b zeigen, in das Hauptgewölbe hineingewölbt. (Über die Lagerung der Gewölbe bei kleineren Wannen siehe Abschn. XI, 2).

7. Der Bau der Gewölbe.

In der Glasindustrie werden beim Aufmauern der Gewölbe ausschließlich sog. Ganzwölber verwendet, d. h. aus Normalsteinen abgeleitete Keilsteine, die in der Dicke keilig sind und in langen, schmalen versetzten Reihen angeordnet werden. Demgegenüber bevorzugt die Eisenindustrie die Kopfwölber, die in Richtung der 12 cm-Breite der Normalsteine keilig sind und beim Aufmauern selbstständige, schmale Bogen ergeben. Die bei den Glasschmelzöfen übliche Mauerungsweise hält wohl das Gewölbe besser zu einem ganzen zusammen, der Aufbau mit Kopfwölbern erleichtert jedoch im Vergleich dazu das seitliche Hinunterziehen des Gewölbes und das stückweise Ersetzen, und verdient ebenfalls die Aufmerksamkeit des Glasofenbauers.

Um das Wachsen des Silicamateriales in der Wärme auszugleichen, sieht man in den großen Gewölben Dehnungsfugen vor. Bei der Verwendung mehrerer großer Seitenbrenner legt man am besten zwischen je zwei Brenner eine Dehnungsfuge. Auf freier Strecke kommt man, je nach der Ausdehnung der benutzten Steine, mit einer Fuge auf 3 m, oder auch auf 6 m Länge aus. Bei sehr wenig wachsenden Steinen setzt man sogar Gewölbe über 10 m Länge nur mit den beiden Dehnungsfugen an den Enden. Im Durchschnitt genügt ein Gesamt-Dehnungsfugen-Betrag von ca. 2%, die Einzelfugen wählt man zwischen 5 und 10 cm.

Um die Herstellung und Lagerhaltung der Keilsteine zu verbilligen, wurden von *H. Ackermann*[2] und *L. Grüter*[3] interessante Vorschläge zur Normalisierung der Abmessungen dieser Steine gemacht, die eine ernstliche Beachtung verdienen, wird doch hier ein sehr erstrebenswertes Ziel verfolgt.

---

[1] Entsprechend *Dralle-Keppeler*, Die Glasfabrikation, 2. Aufl., S. 463.

[2] *H. Ackermann*, Vorschläge zur Normung der Abmessungen von Keilsteinen. Tonindustriezeitung 1926, Nr. 31, 34, 35.

[3] *L. Grüter*, Beiträge zur Normung der Abmessungen von Keilsteinen. Tonindustriezeitung 1929, Nr. 101.

VII. Die Verankerungen der Glasöfen.

Man hat zu unterscheiden zwischen den statisch belasteten Verankerungen, welche den Horizontalschub von Gewölben, den Seitendruck von geschmolzenen Glasmassen oder das Gewicht ganzer Ofenteile zu tragen haben, und den reinen Halteverankerungen, die nur dazu dienen, das Mauerwerk vor dem Verschwinden und Auflockern unter der Wirkung der Wärme zu schützen. Während die ersteren vorsichtig zu berechnen und zu dimensionieren sind, können für die letzteren schwächere Eisen gewählt werden.

Man war früher der Ansicht, daß eine Berechnung der Ofenverankerung nicht viel Zweck hätte, weil die Kräfte, die im warmen Zustand des Ofens auf die Verankerung wirken, keiner Berechnung zugänglich seien[1]. Dies ist heute nicht mehr richtig, wie im Abschnitt VI über die Gewölbe der Glasöfen gezeigt wird. Auch *Trinks*[2] hat bereits die Berechnung der Verankerung ernstlich verfolgt.

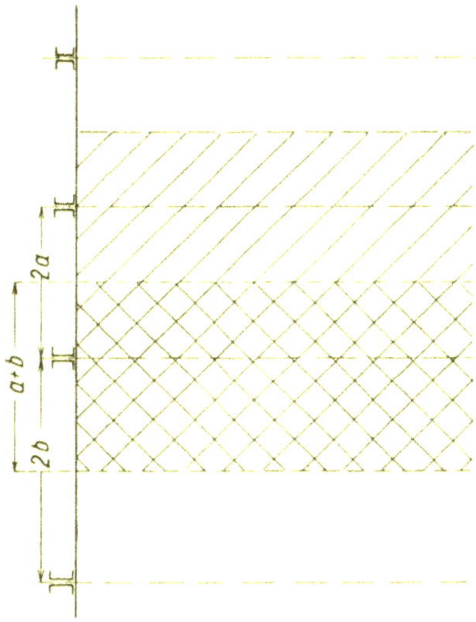

Fig. 28. Streckeneinteilung der Ofengewölbe für die Berechnung der Verankerung.

1. Die Ankermasten.

Die Hauptverankerung des Oberbaues der Herdöfen besteht aus Seitenschienen, den sog. Ankermasten, die aus Trägerprofilen, U-Eisen oder Eisenbahnschienen bestehen, die oberhalb des Ofengewölbes durch Rundeisenanker (Zuganker) zusammengeschlossen sind. Hier ist wieder zu unterscheiden zwischen der Längs- und der Querverankerung. Bei Hafenöfen ist nur die Quer- oder Seitenverankerung statisch belastet und hat den Gewölbeschub aufzufangen, während die Längsverankerungen nur das Mauerwerk zu halten haben. Bei Wannenöfen kommt bei beiden die Belastung durch den Seitendruck des Glases hinzu. Auch der Unterbau der Öfen, d. h. die Regeneratoren und Rekuperatoren, ist mit Seitenschienen zu bewehren.

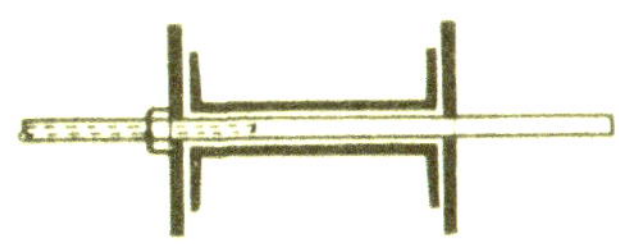
Fig. 29. Profil eines aus 2 U-Eisen bestehenden Ankermastes.

Es ist zweckmäßig, jeden Ankermast aus zwei verschiedenen I- oder U-Eisen (s. Fig. 29) zusammenzusetzen, das Anbringen durch die Zuganker ist dann leichter zu bewerkstelligen.

Übliche Eisenprofile. Bei kleineren Glasöfen ist die Verankerung durch gebrauchte (aber zweckmäßig nicht allzustark abgefahrene) Eisenbahn-

[1] *Dralle-Keppeler*, Die Glasfabrikation, 2. Aufl., Bd. I, S. 466.

[2] *W. Trinks*, Industrieöfen, Bd. I, S. 241—247.

schienen üblich. Im Verhältnis zu ihrer Höhe haben solche ein größeres Widerstandsmoment als Träger- und U-Eisenprofile. Bei größeren Glasschmelzöfen werden Ankermasten verwendet, die aus zwei Träger- oder U-Eisenprofilen NP 20 bis 24 bestehen, auch aus stärkeren Profilen, wenn es die Belastung erfordert.

Die Regenerativkammern der Glasschmelzöfen sind in der Regel mit vollen Tonnengewölben versehen, die wenig Seitendruck geben, und können mit schwächeren Eisen verankert werden. Auch bei großen Öfen findet man hier vielfach nur abgefahrene Eisenbahnschienen. (Im Gegensatz hierzu werden bei den Martinöfen im allgemeinen flachere Kammergewölbe benutzt, so daß sehr starke Eisen, manchmal Längsträger von NP 36 bis 40, nötig werden).

Zulässige Belastung der Ankerschienen. Diese werden durch den Gewölbedruck, beim Wannenoberbau auch durch den Glasdruck, auf Biegung beansprucht. Im Maschinenbau wird für Flußeisen für ruhende Belastung eine Beanspruchung von 900 bis 1200 kg/qcm zugelassen. Es ist jedoch für den Ofenbau zu empfehlen, vorsichtiger zu sein, weil oft Belastungsfälle eintreten, die von vornherein nicht vorgesehen waren, und auch eine stärkere Durchbiegung der Schienen, sei es eine elastische oder bleibende, nicht angenehm ist. Es ist vorzuschlagen, mit 750 kg/qcm zu rechnen, es ist dies die Baupolizeivorschrift für Schweißeisen. *Trinks*[1] rechnet mit 850 kg/qcm.

Abstände der Ankermaste. Es ist im Brücken- und im Tiefbau üblich, bei flachen Kappengewölben alle 1,25 bis 1,50 m eine Verankerung anzubringen (s. „Hütte“). Das gleiche gilt für die Schmelzöfen. Bei Wannen rückt man, wenn es der Platz erlaubt, gewöhnlich die Schienen noch näher zusammen, z. B. 1 m. Bei großen Hafenöfen ist man gezwungen, wegen der großen Hafentore die Schienen viel weiter, bis zu 3 m, auseinander zu setzen. Im allgemeinen ist es zu empfehlen, hinter das Gewölbewiderlager entlang ein U-Eisen zu legen. Man ist dann sicher, daß zwischen den Ankermasten das Mauerwerk sich nicht herausdrücken kann. Ein sehr geschicktes, bei runden und ovalen Öfen angewandtes Verfahren besteht darin, rund um das ganze Gewölbewiderlager ein Flacheisenband herumzulegen, das mittels Schrauben angezogen und nachgestellt wird.

2. Die Zuganker.

Es werden Rundeisen von 35 mm ($1^3/_8$ Zoll) bis 50 mm (2 Zoll) Durchmesser angewendet, nur für kleinere Öfen dünnere Anker bis zu 25 mm (1 Zoll) herunter.

Man nimmt gern zwei Rundeisen übereinander, von denen jedes die Last im Notfalle allein tragen kann, wenn etwa infolge eines Materialfehlers oder einer (möglichst zu vermeidenden) Schweißstelle eines derselben reißen sollte.

Zulässige Belastung. Wegen der Schwächung des Materials durch das Schraubengewinde ist hier eine geringere Ziffer zu nehmen als für die Ankerschienen. Rechnet man mit $k_z = 500$ kg/qcm, so wird man den strengsten Ansprüchen gerecht. Im Maschinenbau läßt man für Flußeisenschrauben,

[1] *W. Trinks*, Industrieöfen, Bd. I, S. 242.

falls die Belastung zwischen Null und dem Höchstwert wechselt, je nach der Herstellungsweise der Schrauben, 480 bis 600 kg/qcm zu (s. „Hütte"). *Trinks*[1] läßt auch für die Zuganker Beanspruchungen von 850 kg/qcm zu. Allerdings ist, wie im Abschnitt VI gezeigt wird, der Gewölbeschub nach seiner Berechnung so reichlich bemessen, daß diese höhere Ziffer mehr als ausgeglichen wird.

Anordnung und Nachstellbarkeit der Zuganker. Die günstigste Art der Anordnung wird durch Fig. 29 wiedergegeben. Der Ankermast besteht aus zwei verschiedenen Profileisen, zwischen denen der Anker hindurchgelegt wird. Jedes Ende des Ankers ist mit Gewinde versehen und trägt eine Schraubenmutter, die leicht zugänglich und bequem nachstellbar ist.

Besteht der Ankermast nur aus einer einzigen Schiene, so sind Bügel notwendig, die ein Anschweißen notwendig machen, was gerade für die Zuganker nicht angenehm ist. Für kleinere Öfen mag jedoch die Anwendung der Doppelschienen zu viel Material verlangen, und man muß sich hier mit den Bügelankern abfinden. Es ist dann jeder Bügel mit zwei Schrauben zum Nachstellen zu versehen. Oft wird auch einer der beiden als Schlaufe aus-

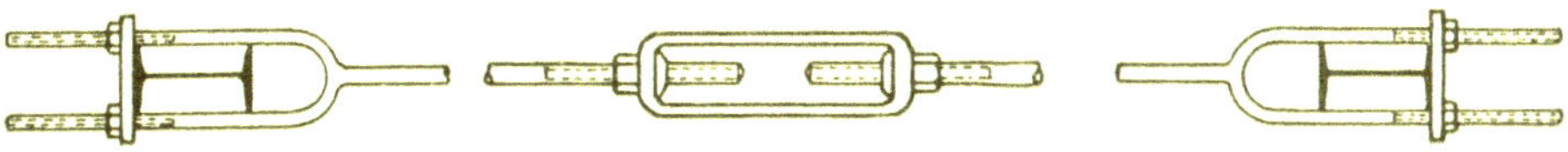

Fig. 30. Gewölbeanker mit Schlaufen und Stangenschloß.

geführt. Ziemlich häufig trifft man bei kleineren Öfen zwei volle Schlaufen an, die nicht mit Nachstellschrauben, jedoch mit einem Stangenschloß (siehe Fig. 30) zum Nachstellen versehen sind. Die letztere Einrichtung hat den Nachteil, daß das Stangenschloß nicht so bequem zugänglich ist wie die seitlich liegenden Schraubenmuttern, und daß durch deren Gewicht der Anker immer etwas durchhängt, so daß man dessen Spannungszustand nicht mehr so bequem wie bei den mit Schrauben versehenen Ankern übersehen kann.

3. Beispiel: Berechnung der Ankermasten und Zuganker eines großen Hafenofens.

Es sei (s. Fig. 31):

$l = 2{,}95$ m = Feldlänge der auf den zu berechnenden Ankermast zur Einwirkung kommenden Gewölbestrecke,

$G = 6{,}57$ t = Gesamtgewicht eines Gewölbestückes von der Länge l,

$b = 4{,}040$ m = innere Spannweite des Gewölbes,

$f = 0{,}635$ m = Pfeilhöhe des Gewölbes,

$R_i = 3{,}550$ m = innerer Radius des Gewölbes,

$s = 0{,}27$ m = Dicke des Gewölbes,

$h_1 = 0{,}90$ m = senkrechter Abstand zwischen der aufzufangenden Horizontalschubkraft des Gewölbes und der Zugankerachse,

$h_2 = 1{,}95$ m = senkrechter Abstand zwischen der Horizontalschubkraft und der festen Verkeilung des Ankermastes in Hüttenflur,

$h = h_1 + h_2 = 2{,}85$ m = Gesamtabstand zwischen Zugankerachse und fester Verkeilung des Ankermastes in Hüttenflur.

[1] *W. Trinks*, Industrieöfen, Bd. I, S. 242.

Berechnung der Horizontalkraft H: Nach den Regeln des Abschnittes VI beträgt der Gewölbeschub in der Kälte:

$$H = G\frac{(R_i - \frac{2}{3}f)}{b} = 6{,}57 \cdot 0{,}77 = 5{,}1\ \text{t}\,.$$

Dieses Ergebnis ist zu vervielfachen mit dem Korrektionsfaktor für die Berücksichtigung der Erhöhung des Gewölbeschubes beim Antempern:

$$K = 1 + \frac{1}{\frac{f}{R_i} + \frac{2f}{s} - 1} = 1{,}26$$

und es findet sich $H = 5{,}1 \cdot 1{,}26 = 6{,}4$ t.

Berechnung des Eisenprofils der Ankermasten. Das im Träger auftretende Maximalbiegungsmoment beträgt:

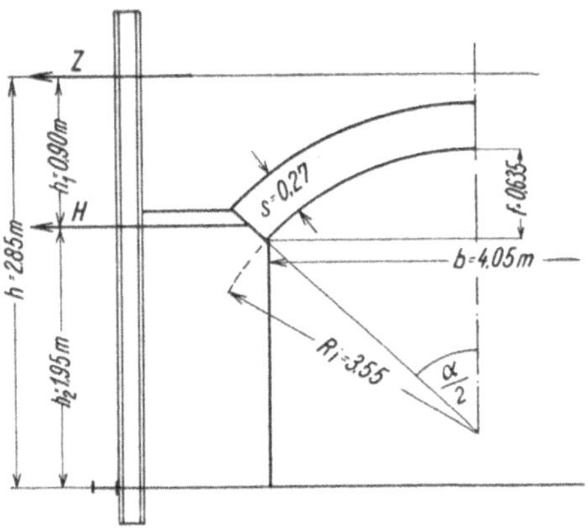

Fig. 31.

$$M_b = H \cdot \frac{h_1 \cdot h_2}{h} = 3{,}95\ \text{mt} = 395000\ \text{cmkg}.$$

Für eine Biegungsfestigkeit von $k_b = 750$ kg/qcm ergibt sich als nötiges Widerstandsmoment des Eisenquerschnittes:

$$W = \frac{M_b}{k_b} = \frac{395000}{750} = 527\ \text{cm}^3.$$

Diesem Widerstandsmoment entsprechen 2 Träger NP 22, die $2 \cdot 278 = 556$ cm^3 ergeben.

(Der betreffende Ofen wurde in der Praxis ohne Berechnung mit NP 20 verankert, was noch eben zulässig ist; denn die Biegungsbeanspruchung bleibt dann immer noch etwas geringer als 1000 kg/qcm.)

Berechnung des Querschnittes der Zuganker. Die durch den Zuganker aufzufangende Komponente der Horizontalkraft H beträgt

$$Z = H \cdot \frac{h_2}{h} = 4{,}4\ \text{t}\,.$$

Für eine zugelassene Zugbeanspruchung von $k_z = 500$ kg/qcm ergibt sich ein Eisenquerschnitt von

$$F = \frac{4400}{750} = 8{,}8\ \text{qcm}.$$

Dieser Kernquerschnitt wird von einem Rundeisen von $1^5/_8$ Zoll = 41 mm äußerem Durchmesser geliefert (Kerndurchmesser = 35 mm, Kernquerschnitt = 9,50 qcm) oder von 2 Rundeisen von $1^1/_8$ Zoll = 28,5 mm äußerem Durchmesser (Kernquerschnitt zusammen 9,0 qcm).

Am besten nimmt man 2 Rundeisen von $1^3/_8$ Zoll = 35 mm äußerem Durchmesser (Kernquerschnitt zusammen 13,66 qcm). Es kann dann für den Notfall jedes Rundeisen die Last allein tragen.

Kontrollrechnung. Durchbiegung des Ankermastes: Aus den Formeltabellen der „Hütte" ergibt sich als Durchbiegung (h_2 größer als h_1):

$$f\,\text{max.} = \frac{H}{3\,EJ}\left(\frac{h_1^2\,h_2^2}{h}\right)\left(\frac{2}{3} + \frac{1}{3}\,\frac{h_2}{h_1}\right)\sqrt{\frac{1}{3} + \frac{2}{3}\,\frac{h_1}{h_2}}\,.$$

In diesem Ausdruck sind die Längenmaße h, h_1 und h_2 in cm und H in kg auszudrücken. Als Elastizitätsmodul ist einzusetzen: $E = 2150000$ kg/qcm (Flußeisen), und als Trägheitsmoment J ergibt sich für die beiden Träger NP 22 zusammen $J = 2 \cdot 3055 = 6110$ cm^4.

Das Einsetzen der Zahlenwerte liefert schließlich f = rund 0,3 cm, d. h. 3 mm. Dieser Wert ist keinesfalls zu beanstanden.

4. Beispiel: Berechnung der Ankermasten und Zuganker eines Wannenofens.

Wie in der vorhergehenden Berechnung gelten folgende Bezeichnungen (s. Fig. 32):

l = Feldlänge = 1 m,
s = Gewölbedicke = 0,25 m,
G = 2,7 t = Gewicht der Gewölbestrecke von 1 m Länge,
b = 5,600 m,
f = 0,800 m,
R_i = 5,300 m,
h_1 = 1,150 m,
h_2 = 2,250 m,
h = 3,400 m.

Außerdem:

n = Badtiefe des Glases = 1,050 m,
h_3 = senkrechter Abstand zwischen $^1/_3$ Glastiefe und der Verkeilung der Ankermasten auf oder unter Wannenbodenhöhe = 0,65 m,
γ = spezifisches Gewicht des Glases = 2,5 t/cbm,

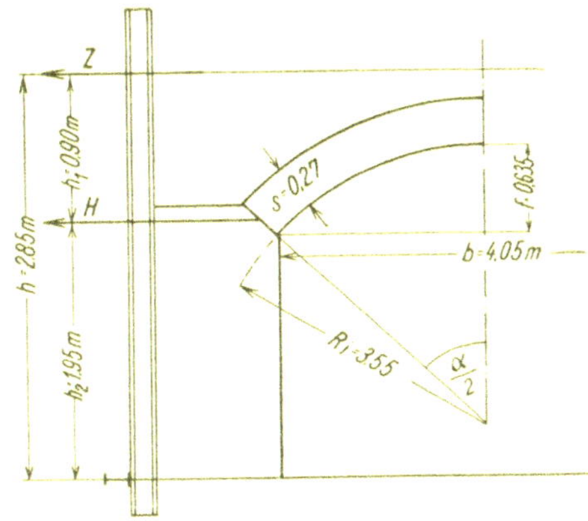

Fig. 32.

Horizontalschub des Gewölbes. Es ergibt sich:

$$H = G\frac{(R_i - \frac{2}{3}f)}{b} = 2{,}3\,\text{t}$$

in der Kälte. Dieser Wert ist zu vervielfachen mit dem Korrektionsfaktor zur Berücksichtigung der Erhöhung des Horizontalschubes beim Antempern:

$$K = 1 + \frac{1}{\frac{f}{R_i} + \frac{2f}{s} - 1} = 1{,}18\,.$$

H erhöht sich auf 2,3 · 1,18 = 2,7 t.

Horizontalschub durch den Seitendruck des Glases. Der Seitendruck des Glases kann in einem in $^1/_3$ Glasbadhöhe wirksamen Horizontalschub P zusammengefaßt werden (hydraulischer Druckmittelpunkt). Es ergibt sich für die Feldlänge $l = 1$ m:

$$P = n\left(\frac{n}{2}\right) l\gamma = 1{,}05 \cdot 0{,}525 \cdot 1 \cdot 2{,}50 = 1{,}40\,\text{t}\,.$$

Biegungsmoment auf den Ankermast durch den Schub des Gewölbes. Es ergibt sich:

$$M_{bH} = H \cdot \frac{h_1 \cdot h_2}{h} = 0{,}76\,H = 2.05\,\text{mt} = 205000\,\text{cmkg}.$$

Biegungsmoment auf die Ankermasten durch den Glasdruck[1]:

$$M_{bG} = P \cdot \frac{h_3 \cdot (h - h_3)}{h} = 0{,}74\,\text{mt} = 74000\,\text{cmkg}.$$

Gesamtbiegungsbeanspruchung der Ankermasten. Berechnung des Eisenquerschnittes:

$$M_{b\,\text{tot}} = M_{bH} + M_{bG} = 205000 + 74000 = 279000\,\text{cmkg}.$$

[1] Es lohnt sich nicht, die Biegungsbeanspruchung noch genauer rechnen zu wollen.

Bei einer zugelassenen Biegungsbeanspruchung von 750 kg/qcm folgt als nötiges Widerstandsmoment des Querschnittes:

$$W = \frac{M_b}{k_b} = \frac{279\,000}{750} = 372 \text{ cm}^3.$$

Dieses Widerstandsmoment wird von 2 U-Eisen NP 20 geliefert, die $2 \cdot 191 = 382 \text{ cm}^3$ ergeben.

Gewöhnlich hat an einem Wannenofen der eine oder andere der Ankermasten ein etwas längeres Feld zu tragen. Es wird sich nun nicht lohnen, hier die Eisen stärker zu nehmen, falls die Beanspruchung 1000 kg/qcm nicht überschreitet, was im vorliegenden Beispiel noch bei 1,33 m Feldlänge der Fall ist.

Fig. 28 zeigt, wie man bei ungleichmäßiger Entfernung der Ankermasten die von jedem derselben zu tragende Feldlänge ermittelt.

Gesamtzugkraft auf die über dem Gewölbe liegenden Zuganker. Der Gewölbeschub kommt mit $Z_{Ho} = H \cdot \frac{h_2}{h} = 1{,}78$ t zur Einwirkung und der Glasdruck mit $Z_{Pu} = P \cdot \frac{h_3}{h} = 0{,}27$ t, was zusammen $Z = 2{,}05$ t ergibt.

Für eine zugelassene Zugbeanspruchung von 500 kg/qcm folgt ein nötiger Schraubenquerschnitt von $F = \frac{2050}{500} = 4{,}10$ qcm.

Ein entsprechender Querschnitt wird bereits durch einen Rundeisenanker von 1 Zoll äußerem Durchmesser geliefert, der 4,60 qcm Kernquerschnitt besitzt. Für den Oberbau großer Öfen verwendet man jedoch keine dünneren Anker als 35 mm oder $1^3/_8$ Zoll. Falls, wie im vorliegenden Falle, zwei Anker überstark sind und nur mehr ein einziger in Frage kommt, ist dieser noch etwas stärker zu nehmen, und zwar am besten $1^1/_2$ Zoll = 38 mm äußerer Durchmesser bei 8,40 qcm Kernquerschnitt. Gegenüber dem berechneten Querschnitt sind dann 150 Proz. Reserve vorhanden.

VIII. Die Wärmerückgewinnung zur Vorwärmung von Verbrennungsluft und Gas. Die Regeneratoren und Rekuperatoren.

1. Entwicklung und Vergleich beider Bauarten.

Vor *Friedrich Siemens* wurde ganz vereinzelt bei den mit Halbgasfeuerungen versehenen Glasschmelzöfen eine geringe Luftvorwärmung benutzt. Es handelt sich hier um das Prinzip der Vorwärmung durch Rekuperatoren. Auch *Siemens* selbst hatte zuerst dieses Prinzip ins Auge gefaßt[1], um die von ihm angestrebte hohe Luftvorwärmung zu erreichen, nahm jedoch bald davon Abstand, weil ihm das Verfahren zu wenig leistungsfähig schien. Die Trennung der sich im Wärmeaustausch befindenden Gasströme durch eine Wand schien ihm nicht den gewünschten Erfolg zu versprechen. *Siemens* entwickelte dann sein Regenerativsystem, bei dem Abgas und Luft (bzw. Gas) im Umschaltverfahren abwechselnd die gleichen Wege geführt werden. Dennoch sind die Rekuperatoren mit Chamotterohren (solche mit Eisen- und Carborundumrohren nehmen eine besondere Stellung ein) in der Intensität der Wärmeübertragung den Wärmespeichern nicht so stark unterlegen, wie

[1] *August Rotth*, Die Brüder Siemens und die Wärme, S. 48. Beitr. Gesch. Techn. Ind., herausgeg. von *C. Matschoß*, 10. Bd. Jb. VDI, Berlin 1920 (VDI-Verlag).

man vielfach annimmt, die Hauptnachteile der Rekuperatoren liegen vielmehr auf baulichem Gebiet. Die heutigen Berechnungsverfahren des Wärmeüberganges ergeben folgendes: Hat beim Rekuperator die Wärme die Rohrwand zu durchdringen, so muß beim Regenerator die Wärme in das Innere der Steine eindringen. In beiden Fällen liefert das Steinmaterial einen gewissen Wärmewiderstand, der für den Regenerator ja wohl der geringere ist, jedoch nicht in dem Maße, wie man es meistens annimmt.

Die Anlagekosten der Rekuperativöfen sind etwas billiger als die der Regenerativanlagen, deshalb wurde bereits zu den Zeiten der bekannten Ofenbauer *Nehse* und *Dralle* eine verhältnismäßig große Anzahl von Rekuperatorwannen in die Flaschenglasindustrie eingeführt (s. Abschnitt XI 9). Was die Hafenöfen anbetrifft, so hatte sich im Ausland, besonders in England und Frankreich, bei der Modernisierung der mit Steinkohlen betriebenen älteren Boëtiusöfen ein größeres Anwendungsgebiet für Rekuperatoren ergeben (s. Abschnitt X 6).

Das Verlangen nach hohen Ofenleistungen ließ jedoch die Verwendung der Rekuperatoren beim Wannenbau wieder zurücktreten. Auch die *WBG.* Frankfurt[1] kam 1926 auf Grund ihrer Messungen und Erfahrungen zu einem negativen Ergebnis in bezug auf die Geeignetheit der Rekuperatoren für die größeren Glasschmelzöfen. Besonders betrifft dies die großen Wannenöfen, also in erster Linie die Fensterglaswannen, weil das Instandhalten von großen Rekuperatoren im Verhältnis sehr viel schwieriger ist, als von kleinen. Und weil das Bauwerk sich leicht ungleichmäßig setzt, muß immer befürchtet werden, daß größere Undichtigkeiten der Rohre eintreten.

Man wird es deshalb im allgemeinen nicht wagen, auch das Gas im Rekuperator vorzuwärmen, sondern muß sich auf die Vorwärmung der Luft beschränken. Es tritt aber noch ein anderer Faktor hinzu, welcher die Vorwärmung des Gases erschwert, nämlich die drohende Verstopfung durch Ruß. Weil nicht, wie beim Regenerator, die Gaswege dauernd umgeschaltet werden, kann der sich aus dem Gas absetzende Ruß im kontinuierlichen Betrieb nicht ausbrennen. Um denselben zu beseitigen, werden dann auch beim Rekuperator Umschaltungen nötig.

Undichtigkeiten des Rohrwerkes machen sich beim Anwärmen der Luft dadurch bemerkbar, daß eine gewisse Luftmenge direkt mit den Abgasen in den Kamin zieht. Dieser Übelstand läßt sich bei Chamotterohren nie ganz vermeiden, er wird jedoch um so geringer, je exakter die Rohre geformt sind, je weniger sie schwinden und zu Rissen neigen. Auch hat die Erfahrung gezeigt, daß die Undichtigkeiten verhältnismäßig wenig Schaden anrichten, wenn Abgas und Luft zu beiden Seiten der Rohrwände annähernd den gleichen Unterdruck haben.

Was die erreichten Vorwärmetemperaturen anbetrifft, so hat die *WBG.* bei Rekuperatoren meist nur Lufttemperaturen unter 800°, vereinzelt bis 1000°, festgestellt, während bei den Regeneratoren trotz des Wärmeverbrauchs für die Gasvorwärmung die Luft auf 1000 bis 1200° vorgewärmt wird.

[1] *WBG.* Frankfurt, Wannenöfen, S. 57/58.

Die *WBG.*[1] hat 1927 insgesamt auf 57 deutsche Wannen nur 7 Flaschenwannen und eine Fensterglaswanne festgestellt, die mit Rekuperatoren arbeiteten. In den letzten Jahren hat die Anwendung der Rekuperatoren bei kleinen und mittleren Wannen wieder zugenommen, einesteils wegen baulicher Verbesserungen, hauptsächlich jedoch wegen der steigenden Verwendung von hochwertigen Brennstoffen, wie Koksofengas und Erdgas (und Öl), bei denen eine Gasvorwärmung unnötig ist. Man ist vielfach der Ansicht, daß hier auf die Vorwärmung des Gases aus dem Grunde verzichtet werden muß, weil die Flammentemperatur sonst zu hoch wird, oder weil eine zu starke Zersetzung des Gases zu befürchten ist. In Wirklichkeit ist die Menge der Abhitze bei diesen Brennstoffen so gering, daß sie gerade für eine gute Vorwärmung der Luft reicht und dann genügend ausgenutzt wird. Übrigens ist die Gasmenge im Verhältnis zur Luftmenge sehr gering (s. Zahlentafel 4).

Es ist nun keineswegs nötig, sofort zum Rekuperator zu greifen, sobald die Gasvorwärmung unnötig wird, denn wärmetechnisch sind auch hier die Siemensöfen, welche in diesem Falle nur mit Luftregeneratoren auszustatten sind, vorzuziehen. Die Rekuperatoren behalten wohl den Vorteil des etwas billigeren Preises, und außerdem besitzen die Flammen der Rekuperatoröfen infolge des Fortfallens der Umschaltung eine größere Gleichmäßigkeit. Für das Schmelzen der Glasmischung hat dies nichts zu sagen, hingegen wird manchmal die Rekuperatorbeheizung als vorteilhafter für die Glasläuterung bezeichnet. Die Verhältnisse sind jedoch hier noch nicht genügend geklärt. In einigen deutschen Hütten wird bei getrennter Schmelz- und Läuterwanne die Schmelzwanne regenerativ und die Läuterwanne rekuperativ beheizt.

Ein dankbares Feld für die Anwendung von Rekuperatoren bieten die Nebenöfen der Glasindustrie. Auch z. B. für die Beheizung der Ziehwannenarme der mechanisch arbeitenden Fourcault-Fensterglaswannen (s. Abschnitt XI 8) lohnt sich eine Regenerativanlage meistens nicht, und es genügen sehr einfache Rekuperatoren.

2. Die Regeneratoren der Glasindustrie.

a) Einteilung in Rost- und Glattschachtpackung. Freizügige und versetzte Rostpackung.

Die „Rostpackung" besteht aus rechteckigen Steinen (selten aus Formsteinen), die entsprechend Fig. 33 und 34 so aufeinander gesetzt werden, daß die Gase sowohl in senkrechter als auch in waagerechter Richtung hindurchstreichen können.

Die „Glattschachtpackung" (s. Fig. 37 bis 39) wird aus rechteckigen Steinen oder aus Formsteinen so aufgebaut, daß nur in einer Richtung durchgehende Schächte entstehen. Die bekannte Glattschachtpackung der Hochofen-Winderhitzer besitzt senkrechte Kanäle. Für die Glasschmelzöfen kommt jedoch nur die liegende Glattschachtpackung in Frage.

[1] *WBG.* Frankfurt, Wannenöfen, Tafel III und IV.

Die Rostpackung wieder wird entweder freizügig oder versetzt ausgeführt. Bei der „freizügigen Rostpackung“ (s. Fig. 33) können die Gase durch die entstehenden Kamine von unten nach oben ohne Hindernis emporsteigen, während bei der versetzten Packung (s. Fig. 34) die Steine quer in den Weg der aufsteigenden Gase gelegt sind. Das Gitterwerk kann dann einfach versetzt (nur in einer Richtung versetzt) oder doppelt versetzt (in beiden Richtungen versetzt) sein.

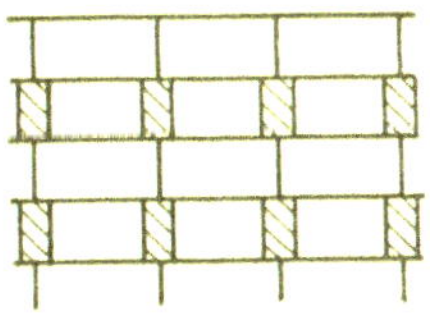

Fig. 33. Freizügige Rostpackung.

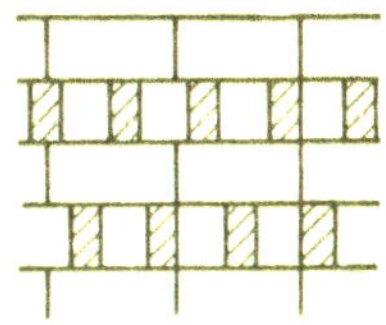

Fig. 34. Versetzte Rostpackung.

Zwischen beiden Packungsarten ergibt sich ein Unterschied in der Ausnutzung der Heizflächen. Bei der freizügigen Packung werden die waagerechten Heizflächen von senkrecht aufsteigenden Gasen nur wenig bestrichen. In der Tat ergibt für die Gesamtheit der Heizfläche die versetzte Rostpackung stets eine höhere Wärmeübertragung als die freizügige. Großversuche an einer in Duisburg-Meiderich zu Studienzwecken erbauten Regenerativkammer ergaben für 8 cm starke Steine, die mit 6 cm weiten Zwischenräumen versetzt waren, für das doppelt versetzte Gitterwerk eine um 16 Proz. höhere Wärmeübergangszahl, als für das freizügige[1].

b) Die zweckmäßigsten Gittersteinabmessungen für die Glasschmelzöfen[2].

Wie die neuen Berechnungsmethoden der Wärmespeicher ergeben haben [s. e)], müßte bei kontinuierlichem Betriebe, z. B. bei Wannenöfen, und bei halbstündiger Umsteuerzeit bereits eine Steinstärke von 4 cm genügen, jedoch aus Gründen des mechanischen Widerstandes werden dünnere Steine als 6 cm in der Glasindustrie nicht benutzt.

Bei periodisch arbeitenden Öfen, also bei Tageswannen (in denen nachts die Mischung niedergeschmolzen und tagsüber das Glas ausgearbeitet wird) und bei allen Hafenöfen, tritt jedoch noch ein anderer Punkt in Erscheinung, das Gitterwerk darf während der Periode der Ausarbeitung des Glases nicht zu stark abkühlen. Hier sind natürlich stärkere Gittersteine im Vorteil, besonders wenn bei der Herstellung kleinerer Glasgegenstände die Ausarbeitung sehr lange dauert. Es sind bei den hier verwendeten mittelgroßen Büttenöfen (vgl. Abschnitt X 3) stärkere Gittersteinquerschnitte gebräuchlich. Einen toten Steinkern gibt es in diesem Falle nicht mehr, weil die Abkühlungszeiträume sehr groß sind. Die stärkeren Steine haben jedoch gegenüber dünneren für einen gegebenen Kammerraum eine geringere Heizfläche zur Folge, was eine geringere Vorwärmetemperatur für Luft und Gas im normalen Betriebe ergibt. Die Verwendung von stärkeren Gittersteinen ist daher zweischneidig.

[1] Mitt. Wärmestelle V. d. Eisenh. Nr. 139 (1930), s. auch Arch. Eisenhüttenwes. 3. Jg. (1929/30), S. 751.

[2] Siehe *J. Lamort*, Die zweckmäßigsten Gittersteinabmessungen für die Glasschmelzöfen. Glashütte 1929, S. 837.

Zahlentafel 11. Heizfläche, äquivalente Steindicke und freie Kaminweite von Gitterrostpackungen.

Nr.	Gitterstein-Querschnitt	50 prozentige Ausgitterung			33 prozentige Ausgitterung			25 prozentige Ausgitterung		
		Heizfläche von 1 cbm	Äquivalente Steindicke	Freie Kaminweite zwischen den Steinen	Heizfläche von 1 cbm	Äquivalente Steindicke	Freie Kaminweite zwischen den Steinen	Heizfläche von 1 cbm	Äquivalente Steindicke	Freie Kaminweite zwischen den Steinen
	cm	qm	cm	cm	qm	cm	cm	qm	cm	cm
1	6 × 6	25,0	4,00	6 × 6	18,5	3,60	12 × 12	14,5	3,45	18 × 18
2	6 × 12	20,9	4,78	6 × 6	14,7	4,53	12 × 12	11,4	4,39	18 × 18
3	6 × 12,5	20,7	4,83	6 × 6	14,6	4,57	12 × 12	11,3	4,42	18 × 18
4	6,5 × 12	19,6	5,10	6,5 × 6,5	13,9	4,79	13 × 13	10,8	4,63	19,5 × 19,5
5	6,5 × 12,5	19,4	5,15	6,5 × 6,5	13,8	4,83	13 × 13	10,7	4,67	19,5 × 19,5
6	7 × 12	18,4	5,43	7 × 7	13,2	5,05	14 × 14	10,2	4,90	21 × 21
7	7 × 12,5	18,3	5,47	7 × 7	13,1	5,09	14 × 14	10,1	4,95	21 × 21
8	7 × 13	18,1	5,53	7 × 7	12,9	5,17	14 × 14	9,9	5,05	21 × 21
9	7 × 14	17,9	5,59	7 × 7	12,7	5,25	14 × 14	9,8	5,10	21 × 21
10	7 × 16	17,4	5,75	7 × 7	12,3	5,42	14 × 14	9,4	5,32	21 × 21
11	7,5 × 7,5	19,9	5,03	7.5 × 7,5	14,8	4,50	15 × 15	11,6	4,31	22,5 × 22,5
12	7,5 × 12	17,4	5,75	7,5 × 7,5	12,6	5,29	15 × 15	9,7	5,15	22,5 × 22,5
13	7,5 × 12,5	17,3	5,78	7,5 × 7,5	12,5	5,33	15 × 15	9,6	5,21	22,5 × 22,5
14	7,5 × 13,5	17,0	5,88	7,5 × 7,5	12,2	5,46	15 × 15	9,4	5,32	22,5 × 22,5
15	7,5 × 15	16,6	6,02	7,5 × 7,5	11,9	5,60	15 × 15	9,1	5,50	22,5 × 22,5
16	7,5 × 15,5	16,5	6,06	7,5 × 7,5	11,8	5,65	15 × 15	9,0	5,56	22,5 × 22,5
17	8 × 8	18,7	5,35	8 × 8	13,8	4,83	16 × 16	10,9	4,59	24 × 24
18	8 × 12	16,6	6,02	8 × 8	12,0	5,56	16 × 16	9,3	5,38	24 × 24
19	8 × 15	15,8	6,33	8 × 8	11,2	5,95	16 × 16	8,7	5,75	24 × 24
20	8 × 16	15,6	6,41	8 × 8	11,0	6,06	16 × 16	8,5	5,88	24 × 24
21	8,5 × 13	15,6	6,41	8,5 × 8,5	11,3	5,90	17 × 17	8,7	5,75	25,5 × 25,5
22	9 × 9	16,6	6,02	9 × 9	12,3	5,42	18 × 18	9,6	5,21	27 × 27
23	10 × 10	15,0	6,67	10 × 10	11,1	6,00	20 × 20	8,75	5,72	30 × 30
24	10,5 × 10,5	14,2	7,04	10,5 × 10,5	10,5	6,35	21 × 21	8,2	6,10	31,5 × 31,5
25	11 × 11	13,6	7,35	11 × 11	10,1	6,60	22 × 22	7,9	6,33	33 × 33

Die in Zahlentafel 11 zusammengestellten Ziffern mögen dazu dienen, die Übersicht über die Verhältnisse zu erleichtern. Diese Zusammenstellung gilt für alle 25 Gittersteinformate, welche die *WBG.* Frankfurt[1] bei der Untersuchung von 120 Glasschmelzöfen angetroffen hat, die Heizfläche eines Kubikmeters, die Weite der freien Kamine zwischen den Gittersteinen und die „äquivalente“[2] Steindicke, und zwar für drei Ausgitterungsdichten, die 50proz., die 33proz. und die 25proz. Eine 50proz. Ausgitterung ist so zu verstehen, daß 50 Proz. des Gitterwerksraumes durch Stein ausgefüllt sind.

Bedeutet „s“ die Dicke, „h“ die Höhe der Steine und „v“ die Ausgitterung in Bruchteilen der Einheit, so beträgt die Heizfläche von 1 cbm Gitterwerk:

$$Hfl = \frac{2v}{s} + \frac{2v(1-v)}{h}.$$

[1] Siehe *WBG.* Frankfurt, Glasschmelzhafenöfen mit Regenerativfeuerung, Zahlentafeln IV, V und VI, und Glasschmelzwannenöfen, Zahlentafeln III und IV.

[2] In dem Aufsatz von *J. Lamort* in der „Glashütte“ von 1929 (S. 837) wird die Bezeichnung „reduzierte“ Steindicke benutzt. Weil jedoch die neueren Veröffentlichungen in der Eisenindustrie den Ausdruck „äquivalente“ Steindicke verwenden, wird im Interesse der Einheitlichkeit dem letzteren der Vorzug gegeben.

Die „äquivalente“ Steindicke, die für die beschriebenen Verhältnisse ein Maß für die Dauerspeicherkraft des Gitterwerks liefert, wird auf folgende Weise erhalten: Zuerst teilt man das auf 1 cbm vorhandene Steinvolumen durch die auf 1 cbm vorhandene Heizfläche und erhält so die Steindicke, mit der jedes Quadratmeter Heizfläche „belegt“ ist. Berücksichtigt man jetzt eine zweiseitig vorhandene Heizfläche, so hat man das Doppelte des Ergebnisses zu nehmen und erhält so die „äquivalente“ Steindicke, die entsprechend den Ergebnissen der Zahlentafel um etwa 18 Proz. (bei sehr hohen Steinformaten) bis 33 Proz. (bei quadratischen Steinformaten) geringer ist als die wirkliche Steinstärke.

Die in die Zahlentafel aufgenommenen Steinformate begreifen den ganzen Bereich der Steine von 6×6 bis 11×11 cm Querschnitt. Die für die Wannen gebräuchlichsten Formate sind, wie erwähnt, die 6 und 6,5 cm starken Normalsteine. Für die Hafenöfen sind es die hohen Formate von 7×12 bis 7×14 cm, von 8×8 bis 8×16 cm und die quadratischen Steine, die sog. „Knüppel“ von 9×9 bis 11×11 cm.

(Die ziemlich stark speichernden Steine 8×15 cm finden ebenfalls bei Martinöfen sehr häufig Verwendung[1]. Auch hier verläuft der Prozeß periodisch, und die abkühlenden Zwischenpausen zum Herdflicken müssen berücksichtigt werden. In Amerika werden in Martinofenkammern sogar häufig Gittersteine von 11,5×11,5 cm Querschnitt benutzt).

Ergebnisse aus Zahlentafel 11.

Heizfläche. Einen Platz für sich nimmt der selten verwendete Gitterstein 6×6 cm ein, der für die ins Auge gefaßten drei Ausgitterungsdichten Heizflächen von 25, 18,9 und 15,6 qm für 1 cbm ergibt. Mit diesen Steinen wird eine günstige Vorwärmung erzielt, jedoch sind Dauerspeicherkraft und mechanische Festigkeit gering.

Für die übrigen Steinformate ist bei 50proz. Ausgitterung die ganze Skala der Heizflächen von 20,9 bis 13,6 qm für 1 cbm vorhanden, und zwar gilt die höchste Ziffer für das Normalformat 12×6 cm und die niedrigste für die quadratischen Steine von 11×11 cm.

Für die 33proz. Ausgitterung ergaben sich dementsprechende Heizflächen von 14,7 bis 10,1 qm für 1 cbm und für die 25proz. Ausgitterung solche von 10,4 bis 7,9 qm für 1 cbm.

Es folgt hieraus, daß bei der 50proz. Ausgitterung die Heizfläche außerordentlich rasch mit zunehmender Steinstärke sinkt. Bei der 33proz. und besonders bei der 25proz. Ausgitterung tritt dies merklich weniger in Erscheinung. Eine Ausgitterung von ungefähr 50 Proz. ist jedoch die gebräuchlichste.

Äquivalente Steindicke. Die Ziffern der äquivalenten Steindicke zeigen im Vergleich zu den Ziffern der Heizfläche genau den umgekehrten Verlauf. Es ist dies eine Folge davon, daß für eine gleich dichte Ausgitterung das Produkt von Heizfläche und äquivalenter Steindicke konstant ist.

[1] *E. Cotel*, Der Siemens-Martin-Ofen, 1927, Leipzig (Spamer), s. auch: Feuerfest 1927, S. 57.

c) Die Weite der Kanäle zwischen den Gittersteinen.

Bei der Verwendung von Normalsteinen wird für die Glasschmelzöfen im Falle von Verstopfungsgefahr die „Eckpackung" angewandt, bei der die Steine jeder Schicht auf die Fugen der quer darunter liegenden gesetzt werden (entsprechend Fig. 33). Es ergibt sich dann bei 6 cm starken Steinen eine 24proz. Ausgitterung (d. h. die Zwischenräume entsprechen rund dem Dreifachen der Steinstärke). Die entsprechende Heizfläche beträgt etwa 11 qm für 1 cbm Gitterwerk, ist also verhältnismäßig niedrig. Diese Packung wird viel bei den großen Spiegelglashafenöfen (übrigens auch bei Martinöfen) benutzt, die lange Hüttenreisen, bis zu 3 Jahren, ohne Betriebsunterbrechung durchhalten. Zum Teil werden dann die Steine etwas näher aneinander geschoben, so daß die Ausgitterung auf 28 bis 30 Proz. und die Heizfläche auf 12,5 bis 13,5 qm für 1 cbm kommt. Bei Gußglaswannen und Tafelglaswannen wird die Ausgitterung meistens bis etwa 33 Proz. verstärkt. Bei den stärkeren Steinprofilen, wie sie bei den kleinen Hafenöfen viel verwendet werden, ist die 50proz. Ausgitterung gebräuchlich. Es ist dann der Zwischenraum gleich der Steindicke. Engere Schlote als 6 cm dürfen nie zugelassen werden, weil sonst die Verstopfungsgefahr allzugroß wird. 6 cm ist nur bei kleinen Öfen erlaubt. Im allgemeinen bieten Schlote von 10×10 cm eine gute Sicherheit gegen rasches Verstopfen.

d) Besondere Maßnahmen gegen vorzeitiges Verstopfen des Gitterwerkes.

Die Gefahr des vorzeitigen Verstopfens des Gitterwerkes ist von vornherein bei den Hafenöfen größer als bei den Wannen, weil das Gemenge

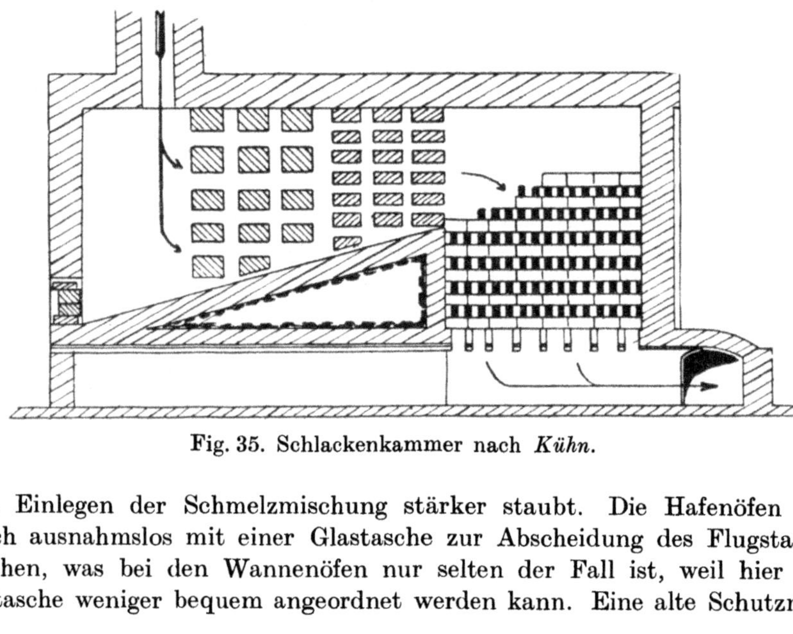

Fig. 35. Schlackenkammer nach *Kühn.*

beim Einlegen der Schmelzmischung stärker staubt. Die Hafenöfen sind jedoch ausnahmslos mit einer Glastasche zur Abscheidung des Flugstaubes versehen, was bei den Wannenöfen nur selten der Fall ist, weil hier eine Glastasche weniger bequem angeordnet werden kann. Eine alte Schutzmaßregel der Hafenöfen bildet ferner das starke Drosseln des Kaminschiebers während des Einlegens der Mischung. Es wird dann natürlich durch den Kaminzug weniger Staub mit hinunter in die Wärmespeicher gerissen. Bei den Wannen wird die Verstaubung geringer, wenn die Mischung nicht in die Wannen selbst, sondern in einen Einlegevorbau eingeführt wird (vgl. Abschnitt XI 17).

An den Martinöfen haben die „*Kühn*schen Kammern“[1] gute Ergebnisse geliefert. Bei dieser Bauart (s. Fig. 35) durchstreichen die Abgase anschließend an die Schlackentasche zuerst eine Vorkammer mit sehr grobem Gitterwerk, bevor sie in die Hauptkammer gelangen. An dem groben Vorkammergitterwerk, das sich nicht verstopfen kann, wird die Schlacke niedergeschlagen und fließt dann auf der geneigten Sohle ab. Diese Einrichtung ist ebenfalls für die Verwendung in der Glasindustrie[2] vorzuschlagen.

e) Die Verwendung von Formsteinen für das Rostgitterwerk.

Es wurden bereits Formsteine sehr verschiedener Art für die Regeneratoren vorgeschlagen, und meistens haben sie enttäuscht. Beabsichtigt wird durch ihre Verwendung eine Vergrößerung der Heizfläche, zum Teil auch eine stärkere „Durchwirbelung“ der Gase. Nachstehend werden zwei Gitterformsteine beschrieben, die in der Glasindustrie bereits versucht wurden. Es ist stets bei solchen Formsteinen darauf zu achten, daß der Aufbau stabil ist und auch nicht zu stark zum Verstopfen neigt. (Über in der Eisenindustrie verwendete Formsteine siehe *W. Heiligenstaedt:* Regeneratoren, Rekuperatoren, Winderhitzer[3].

Fig. 36. Gitterwerk aus Rhenania-Hohlsteinen.

α) Die Rhenaniahohlsteine[4] (s. Fig. 36) werden in verschiedenen Dimensionen ausgeführt und scheinen sich bei Versuchen in der Eisenindustrie ziemlich gut bewährt zu haben. Aber auch in der Glasindustrie werden zur

[1] Ber. Stahlwerksaussch. d. V. Eisenh. Nr. 120, S. 18.

[2] Wird für die Glasindustrie von dem *Westdeutschen Industrieofenbau G. m. b. H.*, Bonn, vertrieben.

[3] *W. Heiligenstaedt*, Regeneratoren, Rekuperatoren, Winderhitzer. Bd. V der Sammlung. „Der Industrieofen in Einzeldarstellungen“, herausgegeben von *L. Litinsky*. Leipzig 1931 (Verlag Spamer).

[4] Geliefert von der *Rhenania G. m. b. H.*, Fabrik feuerfester Produkte in Neuwied.

Zeit Versuche vorgenommen. Diese Steine mögen sehr stabil sein. Indessen muß die Verstopfungsgefahr im Auge behalten werden; denn die inneren Kanäle, die 125 mm hohe elliptische Glattschächte darstellen, besitzen nur 58 bis 73 mm größte Breite bei 135 bis 150 mm Länge. Es liegt hier ein typischer Fall der Gitterwerksformsteine vor, und es lohnt sich deshalb, näher auf dieses Format einzugehen. In Zahlentafel 12 sind Einzelheiten über die verschiedenen Modelle zusammengestellt. Auch die auf gleiche Weise wie für die rechteckigen Steine (vgl. Zahlentafel 11) berechnete „äquivalente" Wandstärke, die das Maß des Dauerspeichervermögens des Steines gibt, ist mit aufgeführt. Ein ähnliches Bild ergibt sich für viele andere Gitterformsteine.

Zahlentafel 12. Dimensionen von Rhenania-Hohlsteinen.

Steinlänge	200 mm	230 mm				270 mm
Steinstärke . . . . mm	35,0	$27^1/_2$	35,0	$42^1/_2$	50,0	40,0
Schachtweite im Stein	—	—	73,0	65,0	58,0	—
Heizfläche für 1 cbm Gitterwerk . . qm	24,5	21,5	21,6	21,8	21,9	18,7
Steinausfüllung . . . . Proz.	52,7	40,0	50,7	58,3	65,6	49,4
Äquivalente Steindicke . . . . mm	43,0	37,2	47,0	53,5	60,0	53,0

Aus Zahlentafel 12 folgt, daß die Rhenaniasteine in bezug auf die Gesamtheizfläche einer 50proz. Packung aus 6 cm starken Normalsteinen eigentlich kaum überlegen sind (vgl. Zahlentafel 8), abgesehen von dem kleinsten Modell, das 24,5 qm Heizfläche für 1 cbm Gitterwerk ergibt, gegenüber rund 21 qm für die Normalsteinpackung.

β) Steine von elliptischem Querschnitt wurden verschiedentlich versucht, ohne daß man Vorteile hätte nachweisen können. Einen ellipsoidischen Stein beschreibt die *WBG*. Frankfurt. An Wannenöfen seien recht günstige Ergebnisse mit denselben erzielt worden. Eine Mitgliedshütte habe berichtet, daß sich die Luftkammern viel schneller und höher vorwärmen ließen als mit rechteckigen Kammersteinen. Eine Verstopfungsgefahr sei nicht eingetreten. Die beschriebenen Steine sind zur Erlangung einer guten Standfestigkeit mit einer Verzahnung versehen.

f) Die Glattschachtpackung.

Die Glattschachtpackung war von jeher bei den Winderhitzern der Eisenhochöfen gebräuchlich. In den letzten Jahren sind dann solche auch bei Herdöfen eingeführt worden und haben bei einer ganzen Reihe von Glasschmelzwannen Verwendung gefunden, jedoch bei Hafenöfen nicht (auch bei Martinöfen nur selten). Die Glattschachtprofile der Eisenindustrie beschreibt *W. Heiligenstaedt*[1].

Der Grund des Interesses der Glashütten an den Glattschachtpackungen liegt darin, daß die Regeneratoren der Glasschmelzöfen mit seltenen Ausnahmen immer die liegende Bauart besitzen, und daß bei der Rostpackung waagerecht ziehende Gase schlecht zu einem gleichmäßigen Durchstreichen

[1] *W. Heiligenstaedt*, Regeneratoren, Rekuperatoren, Winderhitzer.

des ganzen Kammergitterwerkes zu bringen sind. Hier sind nun liegende Glattschachtkanäle im Vorteil, weil man mit diesen die Gase leichter dazu zwingen kann, sich über das ganze Gitterwerk gleichmäßig zu verteilen. Von diesem Vorteil abgesehen sind die Glattschachtpackungen eigentlich für die Herdöfen nicht besonders gut geeignet. Sie[1] enthalten im Verhältnis zu ihrer Heizfläche sehr viel Steinmaterial (s. Zahlentafel 13), das wohl bei langen Umsteuerzeiten von Hochofen-Winderhitzern (2 bis 3 Stunden) günstig ist, bei den Herdöfen mit ihren kurzen Umstellzeiten von längstens $^1/_2$ Stunde jedoch nicht ausgenutzt wird. Die Heizfläche ist bei der Glattschachtpackung geringer als bei der Rostpackung; dennoch haben aus dem angegebenen Grunde die an Wannenöfen mit liegenden Kammern vorgenommenen Versuche vorteilhafte Ergebnisse gezeigt.

Zahlentafel 13. Einzelheiten über Glattschachtpackungen.

		Steinausfüllung Proz.	Heizfläche von 1 cbm qm	Äquivalente Steindicke cm	Freie Kanalweite cm
1	Aus Normalsteinen 6,5×12,5×25 cm aufgebaut entsprechend Fig. 37. .	51,3	13,0	7,90	18,5×12,5
2	Aus Platten 25×25×10 cm und 25×25×7 cm aufgebaut entsprechend Fig. 38	53,0	10,0	10,60	25,0×15,0
3	Aus Platten 25×25×8 cm aufgebaut entsprechend Fig. 39	48,5	10,2	9,50	25,0×17,0

Die Ermittlungen der *WBG.* Frankfurt[2] ergaben auf 27 Tafelglas-, Gußglas- und Spiegelglaswannen 7 Öfen mit Glattschachtpackung. Bei Flaschen-

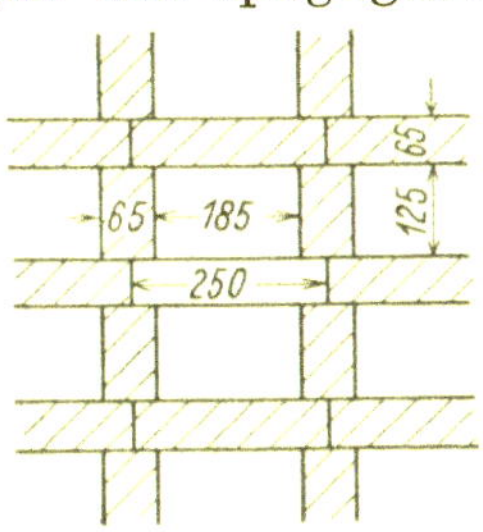

Fig. 37. Glattschachtpackung aus Normalsteinen.

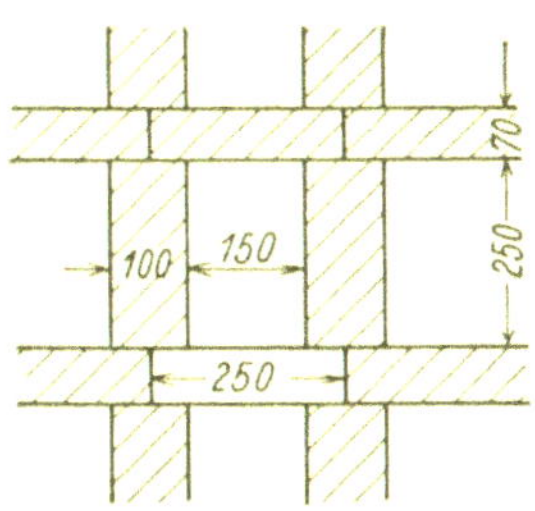

Fig. 38. Glattschachtpackung aus Platten 25×25×10 cm und 25×25×7 cm.

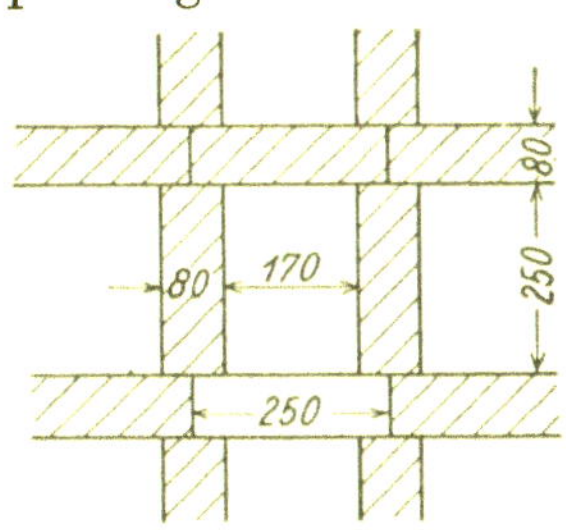

Fig. 39. Glattschachtpackung aus Platten 25×25×8 cm.

und Hohlglaswannen und bei Hafenöfen wurde jedoch nur Rostpackung angetroffen. Bei kleineren Öfen läßt sich eine liegende Glattschachtpackung nicht so praktisch anbringen wie bei großen, die Vorräume nehmen im Verhältnis zuviel Platz fort. Sehr geeignet ist die Glattschachtpackung für die Vorschaltung einer *Kühn*schen Schlackenkammer. Die Abgase werden bei

[1] Dies gilt nicht für die neueren, feinmaschigen Cowper-Packungen, die jedoch wegen Verstopfungsgefahr für die Glasindustrie nicht in Frage kommen.

[2] *WBG.* Frankfurt, Wannenöfen, Zahlentafel III.

Wannen mit mehreren Brennern in einem obersten Zuge unter dem Kammergewölbe gesammelt und im Vorraum in die Glattschachtkanäle bzw. in den obersten Zug derselben verteilt.

Die waagerechten Kanäle können von den Kopfwänden aus bequem gereinigt werden, und auch an den Vorräumen gelangt durch die Drehbewegung der Gase eine große Menge Flugstaub zur Abscheidung.

Fig. 37 bis 39 geben den Aufbau von drei Ausführungen der liegenden Glattschachtpackung wieder, und in Zahlentafel 13 sind einige nähere Angaben über diese zusammengestellt. Die Ausgitterungen Nr. 2 und 3 sind die von der *WBG.* beschriebenen, und Nr. 1 stellt eine solche aus Normalsteinen dar.

g) Die Bemessung der Wärmespeicher nach Erfahrungswerten.

Frühere Berechnungsmethoden, welche auf einer Festlegung des Steingewichts beruhen, entsprechen nicht mehr den heutigen Ansichten. Man weiß, daß es im wesentlichen die Größe der Heizfläche ist, welche die Leistung des Speichers bestimmt. [Die Rolle der Steindicke ist unter b) beschrieben.]

Die nötige Heizfläche richtet sich nach der Wärmebelastung des Ofensystems. Zum direkten Bezug auf die durchgesetzte Wärmemenge empfahl die *WBG.*[1] ursprünglich bei Hafenöfen 1 qm Kammerheizfläche für 6000 bis 8000 WE und bei Wannen[2] für 3500 WE stündlich (auf den vergasten Brennstoff bezogen und zusammen für eine Luft- und eine Gaskammer berechnet). *Jochim* (*WBG.* Frankfurt) hat dann später die weiter unten angeführten neuen Vorschriften gegeben, die wohl auf theoretischer Grundlage gewonnen sind, sich dennoch der erleichterten Berechnungsweise mit Erfahrungswerten anpassen.

Weil für die Öfen gewöhnlicher Bauart die Belastung eines Quadratmeters Herdfläche immer ungefähr die gleiche ist, kann man auch die Kammerheizfläche direkt auf die Größe der Herdfläche beziehen. Für die Hafenöfen empfiehlt die *WBG.*[3] 15 bis 20 qm und für die Wannenöfen[4] 25 bis 30 qm Heizfläche für 1 qm beheizter Herdfläche. Es spielt dabei jedoch auch die vorhandene Kanalheizfläche eine Rolle, und man kommt daher bei kleineren Öfen mit einem verhältnismäßig ausgedehnteren Kanalsystem mit einer entsprechend geringeren Kammerheizfläche aus.

Mittels der in dem nächsten Kapitel beschriebenen neuen Methoden der direkten Berechnung der Wärmespeicher hat *Jochim*[5] folgende neuen Anhaltszahlen ermittelt für die praktische Berechnung der Wärmespeicher der Glasschmelzöfen aus der Wärme- bzw. Brennstoffbelastung:

Nötige Heizfläche der Gaskammern: 0,3 qm für 1 kg Brennstoff/St., dabei ist es gleichgültig, ob es sich um Steinkohlen, Briketts oder Rohbraunkohlen handelt.

---

[1] *WBG.* Frankfurt, Glasschmelzhafenöfen mit Reg.-Feuerung, S. 42.

[2] *WBG.* Frankfurt, Wannenöfen, S. 47.

[3] *WBG.* Frankfurt, Glasschmelzhafenöfen, S. 40.

[4] *WBG.* Frankfurt, Wannenöfen, S. 46.

[5] *F. Jochim* (*WBG.* Frankfurt), Vergleichende Berechnung von Regenerativkammern für Glasschmelzöfen. Glastechn. Ber. 9. Jg., S. 507.

Nötige Heizfläche der Luftkammern (immer beide Kammern zusammen): 0,15 qm für 1000 WE/St. Brennstoffheizwert.

h) Die neuen direkten Berechnungsmethoden der Wärmespeicher[1].

Eine direkte Berechnung der Wärmespeicher auf Grund der Wärmeübergangszahlen war bis vor wenigen Jahren noch gänzlich unmöglich. Zunächst war ein geeigneter Rechnungsweg nicht ermittelt, und auch waren brauchbare Wärmeübergangszahlen nicht bekannt, sowohl für den Übergang der Wärme von Abgas an Stein als auch von Stein an Luft und an Gas.

Man ist nun in der letzten Zeit ein gutes Stück weitergekommen. Zunächst wurde ein für die Praxis genügend genauer und doch verhältnismäßig einfacher Rechnungsweg festgelegt. Ferner wurden durch Großversuche an einer zu Studienzwecken erbauten Regenerativkammer in Duisburg-Meiderich Unterlagen für die Berechnung der Wärmeübergangszahlen in Regeneratoren geliefert. Es ist also jetzt mit einer gewissen Sicherheit die direkte Berechnung der Wärmespeicher möglich.

Entwicklung der Berechnungsmethoden. Der Aufbau eines geeigneten Rechnungsweges war deshalb so schwierig, weil man bei der mathematisch genauen Behandlung der Aufgabe immer auf komplizierte Verhältnisse stieß. Z. B. ist die Lösung der Grundgleichung der Wärmeleitung[2]

$$\frac{\partial \vartheta}{\partial t} = \left(\frac{\lambda}{c\,\gamma}\right) \frac{\partial^2 \vartheta}{\partial x^2} \quad ^3$$

nur durch eine „*Fourier*sche“ Reihe, darstellbar. Es kommen jedoch noch andere Erschwernisse hinzu.

In dieser Formel bedeutet ϑ die Temperatur eines bestimmten, ins Auge gefaßten Punktes im Innern des Gittersteines zur Zeit t und x den Abstand dieses Punktes von der Mittelachse des Steines (der Stein als große Platte betrachtet). Außerdem gelten nachstehende Bezeichnungen, die in der Folge beibehalten werden:

λ = Wärmeleitfähigkeit des Steinmaterials in WE/St.·qm·m·° C,
γ = spezifisches Gewicht des Steinmaterials in kg/cbm, und
c = spezifische Wärme des Steinmaterials in WE/kg.

Der Ausdruck $\frac{\lambda}{c\gamma}$, gewöhnlich mit „a“ bezeichnet, stellt die „Temperaturleitfähigkeit“ des Steinmaterials dar.

[1] Von letzten Veröffentlichungen sei außer auf die Berechnung von *Jochim* in den Glastechn. Ber. 9. Jg., S. 507 noch auf das Buch von *Heiligenstaedt*, Regeneratoren, Rekuperatoren, Winderhitzer verwiesen.

[2] Vgl. *H. Gröber*, Die Grundgesetze der Wärmeleitung und des Wärmeüberganges, Berlin 1921 (Springer).

Gröber gibt eine vereinfachte Lösung für den Fall, daß für den Verlauf der Steinoberflächentemperatur eine Cosinusschwingung zugrunde gelegt wird. Der tatsächliche Temperaturverlauf ist nun wohl ein wesentlich anderer.

[3] Die allgemeine Form der Gleichung in rechtwinkligen Koordinaten lautet:

$$\frac{\partial \vartheta}{\partial t} = \left(\frac{\lambda}{c\,\gamma}\right)\left(\frac{\partial^2 \vartheta}{\partial x^2} + \frac{\partial^2 \vartheta}{\partial y^2} + \frac{\partial^2 \vartheta}{\partial z^2}\right).$$

Die vollständig bis ins letzte genaue Lösung der vorliegenden mathematischen Aufgabe ist überhaupt noch nicht gelungen, es waren immer gewisse annähernde Annahmen nötig.

Eine bekannte Näherungsmethode ist die von *W. Heiligenstaedt*[1], der die erwähnte *Fourier*sche Reihe auf das erste Glied beschränkt. Die praktische Anwendung dieser Methode zeigt eingehend sein Handbuch: Regeneratoren, Rekuperatoren, Winderhitzer.

In der Folge hat die Berechnung der Wärmespeicher in weiten Kreisen Interesse erweckt, und es wurde eine ganze Reihe von interessanten Methoden[2] veröffentlicht, welche sämtlich trotz gewisser Annäherungsannahmen noch immer für die Verwendung im praktischen Ofenbau reichlich umständlich sind. Auch die erwähnte Methode von *Heiligenstaedt* ist noch etwas umständlich.

Als praktisch hat sich aber ein zuerst von *Heiligenstaedt* angewandtes Prinzip gezeigt und hat schließlich zu einer einfachen und doch genügend genauen Methode geführt. *Heiligenstaedt* führte die Berechnung der Wärmespeicher auf die bei der Berechnung der Rekuperatoren benutzten sog. „Rekuperatorformeln" zurück, unter Anpassung derselben auf die bei den Wärmespeichern herrschenden besonderen Verhältnisse.

Die in einem Rekuperator übertragene Wärmemenge lautet, wenn die Wärmedurchgangszahl auf die Gesamtheizfläche bezogen wird:

$$Q = (F_R + F_L)\,(\vartheta - \vartheta')\,k\,.$$

In diesem Ausdruck bedeutet:

Q = stündlich übertragene Wärmemenge in WE,
k = Wärmedurchgangszahl in WE/St.·qm·° C für die gesamte Heizfläche,
F_R = Rauchgasheizfläche in qm,
F_L = Luftheizfläche in qm,
$\vartheta - \vartheta'$ = durchschnittliches Temperaturgefälle zwischen Rauchgas und Luft.

Die Wärmedurchgangszahl k ergibt sich aus einer zweiten Rekuperatorformel:

$$\frac{1}{k\,(F_R + F_L)} = \frac{1}{\alpha\,F_R} + \frac{1}{\alpha'\,F_L} + \frac{s}{\lambda\left(\frac{F_R + F_L}{2}\right)}\,.$$

Es gelten folgende Bezeichnungen:

α = Wärmeübergangszahl Rauchgas—Stein in WE/St. · qm · ° C,
α' = Wärmeübergangszahl Stein—Luft in WE/St. · qm · ° C,
λ = Wärmeleitzahl des Steinmaterials in WE/St. · m · ° C.

[1] *W. Heiligenstaedt*, Mitt. Wärmestelle V. d. Eisenh. Nr. 73 (1925) u. Arch. Eisenhüttenwes. **2** (1928/29), 217.

[2] *J. Seigle*, Génie civ. **91** (1927), 577; *W. Nusselt*, Z. VDI **72** (1928), 1052; *W. Schmeidler*, Z. angew. Math. Mech. **8** (1928), 385; *W. Trinks*, Industrieöfen, Deutsche Ausgabe, Bd. I, S. 161, Berlin 1928 (VDI-Verlag) (vgl. *K. Rummel*, Mitt. Wärmestelle V. d. Eisenh. Nr. 119); *H. Hausen*, Z. VDI 1929, S. 431, Zeitschr. f. angewandte Math. u. Mech. 1931, S. 1.

Man kann nun auch die in einem Wärmespeicher übertragene Wärmemenge auf diese Weise berechnen, nur muß in der zweiten Rekuperatorformel das den Wärmewiderstand der Rekuperatorwand darstellende Glied $\dfrac{s}{\lambda\left(\dfrac{F_R + F_L}{2}\right)}$ entsprechend umgeändert werden. Daß die Heizfläche, die jeweils von den Abgasen bestrichen wird, im Gegensatz zum Rekuperator räumlich gar nicht mit jener Heizfläche in Verbindung steht, die im gleichen Augenblick ihre Wärme an die zu beheizende Luft abgibt, ist dabei gleichgültig.

Die zweite Rekuperatorformel gibt in ihrer Anwendung auf den Wärmespeicher, wenn man, ganz allgemein genommen, $\frac{s}{\lambda}$ durch A ersetzt und die Abgas- und Luftheizflächen F_R und F_L gleich nimmt:

$$\frac{1}{2k} = \frac{1}{\alpha} + \frac{1}{\alpha'} + A$$

(wenn, wie bei den Hochofenwinderhitzern, die Abgasperiode t und die Luftperiode t_1 nicht gleich lang sind, lautet die entsprechende Formel[1]:

$$\frac{1}{k(t+t_1)} = \frac{1}{\alpha t} + \frac{1}{\alpha' t_1} + \frac{A}{\dfrac{t+t_1}{2}}).$$

Das Störungsglied A, das beim Rekuperator dem Wärmewiderstand der Wand entspricht, fällt für gleiche Steinstärke und gleiches Wandmaterial für den Regenerator wohl geringer aus als für den Rekuperator, jedoch nicht in dem Maße, wie man auf Grund früherer Ansichten hätte erwarten sollen. Denn nicht allein, daß die Wärme ebenfalls in die Steine eindringen muß, es ergibt sich auch noch dadurch, daß das Speichervermögen der Steine nur ein beschränktes ist, ein zusätzlicher Ausfall in der Wärmeübertragung.

Schack[2] gab zuerst eine einfache Formel für die Bewertung des Störungsgliedes A. Stellt k_{id} die Wärmedurchgangszahl eines idealen oder vollkommenen Wärmespeichers dar, für den das Störungsglied Null ist (nur möglich bei unendlich großer Wärmeleitfähigkeit und Steindicke, oder bei unendlich großer spezifischer Wärme, oder bei unendlich kurzer Umsteuerperiode), so ergibt sich:

$$\frac{1}{2k_{id}} = \frac{1}{\alpha} + \frac{1}{\alpha'}.$$

---

[1] *Heiligenstaedt* bezieht die Wärmedurchgangszahl, die dann als (k_{Per}) bezeichnet wird, auf die Dauer einer Gesamtumsteuerperiode, was jedoch, abgesehen von Hochofenwinderhitzern, nicht praktisch ist und nicht allgemein beibehalten wurde. Vielmehr gestalten sich die Berechnungen übersichtlicher, wenn, wie in obigen Formeln, die Wärmedurchgangszahl k sich auf die Stunde, genauer auf die „Durchschnittsstunde der Periode", bezieht.

[2] *A. Schack*, Über den Einfluß des Staubbelags auf den Wirkungsgrad der Regeneratoren. Z. techn. Physik 1928, S. 390; s. auch: Ber. Stahlwerksaussch. V. d. Eisenh. Nr. 153 (1928) u. *A. Schack*, Der industrielle Wärmeübergang, Düsseldorf 1929 (Verlag Stahleisen G. m. b. H.).

Die tatsächliche Wärmedurchgangszahl k findet man dann durch Multiplikation von k_{id} durch einen Korrektionsfaktor entsprechend:

$$k = k_{id}\left(1 - \frac{\Delta\vartheta}{\vartheta_m - \vartheta'_m}\right).$$

In diesem Ausdruck wird mit $\Delta\vartheta$ (s. Fig. 40) der Unterschied der beiden Durchschnittstemperaturen der Steinoberfläche während der Abgas- und während der Luftperiode und mit $\vartheta_m - \vartheta'_m$ das durchschnittliche Temperaturgefälle Abgas—Luft bezeichnet.

Diese Formel zeigt nun recht deutlich, wie der Wert des Störungsgliedes A mit dem Umsteuerdiagramm zusammenhängt. Dennoch hat sich dieser Ausdruck nicht für die Entwicklung einer vollständigen Methode für die praktische Berechnung geeignet gezeigt. Wohl hat *Schack* aus derselben eine andere abgeleitet, mittels welcher er den Einfluß eines Staubbelags auf den Gittersteinen untersucht, allerdings nur unter der Voraussetzung dabei, daß die Wärmeleitfähigkeit der Steine quer zur Strömungsrichtung unendlich groß ist.

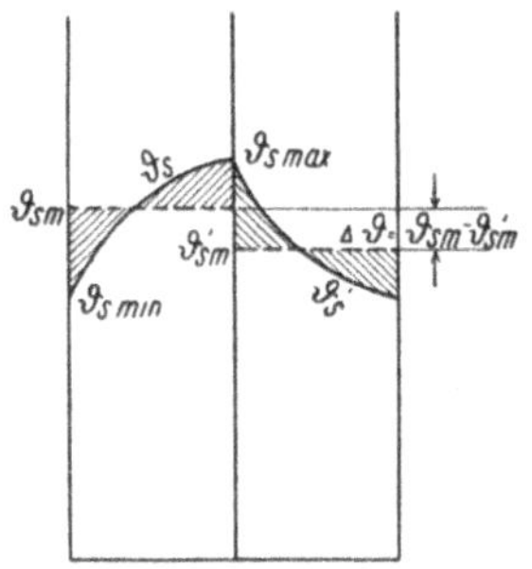

Fig. 40. Verlauf der Temperaturen der Gittersteinoberfläche während einer vollständigen Umsteuerung.

Ausdruck von *Rummel* und Berechnung von *Schumacher*. *Rummel*[1] gibt:

$$\frac{1}{2k} = \frac{1}{\alpha} + \frac{1}{\alpha_1} + \frac{2t}{\eta_s \zeta c \gamma s}.$$

t bedeutet die Dauer der Umsteuerhalbperiode, η_s den Ausnutzungsfaktor der Steine, und ζ den Wert des Ausdruckes $\frac{\vartheta_{s\,\max} - \vartheta_{s\,\min}}{\Delta\vartheta}$ (s. Fig. 40), d. h. des Verhältnisses der größten Temperaturschwankung der Steinoberfläche zum Unterschiede $\Delta\vartheta$ beider mittlerer Steinoberflächentemperaturen während der Heiz- und während der Entheizperiode. *Rummel* bewertete zuerst näherungsweise die Steinausnutzung η_s mit

$$\eta_s = \frac{1}{1 + \dfrac{s^2}{8\left(\dfrac{\lambda}{c\gamma}\right)t}}.$$

(nach Berechnungen von *Gröber*) und ζ mit dem konstanten Wert 2,50. Nachdem die Ergebnisse von Messungen an dem zu Studienzwecken erbauten Wärmespeicher in Duisburg-Meiderich die vorhandenen Schwankungen gezeigt hatten, berechnete *Schumacher*[2] für η_s und ζ Grenzwerte, die der Gestaltung

[1] *K. Rummel*, Die Berechnung der Wärmespeicher auf Grund der Wärmedurchgangszahl. Mitt. Wärmestelle V. d. Eisenh. Nr. 119.

[2] *K. Schumacher*, Großversuche an einer zu Studienzwecken erbauten Regenerativkammer. III. Teil: Steinausnutzungsgrad und Verlauf der Steinoberflächentemperatur. Mitt. Wärmestelle V. d. Eisenh. Nr. 141 (1930); vgl. auch Arch. Eisenhüttenwes. **4** (1930/31), 63.

des Umsteuerdiagramms in den beiden, in Fig. 41 dargestellten Grenzfällen entsprechen, und zwar stellt er seine Ergebnisse durch Kurven dar, die auf den Beträgen der von *Gröber* benutzten Kennwerte $\frac{8\lambda t}{c\gamma s^2}$ und $\frac{2\alpha_m^2 t}{a\gamma\lambda}$ aufgebaut sind. Man hat dann bei einer praktischen Wärmespeicherberechnung für η_s und ζ die beiden Grenzwerte auf den Schaubildern abzugreifen und einen Mittelwert zu nehmen.

Endformel von *Lamort*[1]. Von den Kurven von *Schumacher* ausgehend, wird folgender Ausdruck entwickelt, welcher die Messungsergebnisse in Duisburg-Meiderich sehr gut wiedergibt:

$$\varphi = 1{,}18\,\alpha_m\left(\frac{c\gamma\lambda}{2t\alpha_m^2}\right)^{0{,}40}$$

$$\left(\text{oder annähernd}\quad \varphi = 1{,}18\sqrt{\frac{c\gamma\lambda}{2t}}\right).$$

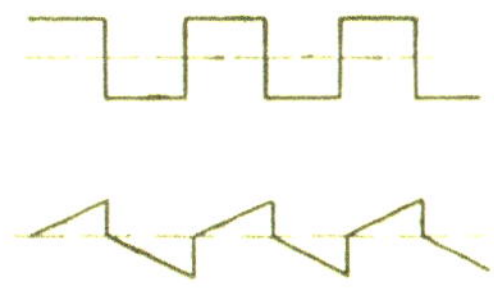

Fig. 41. Grenzfälle des Umsteuerdiagramms (nach *Schumacher*).

φ ist in die Formel

$$\frac{1}{2k} = \frac{1}{\alpha} + \frac{1}{\alpha'} + \frac{1}{2\varphi}$$

einzusetzen, die von *Rummel* stammt. α_m stellt den Durchschnitt von α und α' dar. Die Ergebnisse obigen Exponentialausdruckes stimmen mit den Werten einer Tabelle überein, welche *Rummel*[2] unter Benutzung der Kurven von *Schumacher* berechnet hat.

Gegenstromausdrücke von *Rummel* und *Schack*[3] für die praktische Berechnung der Wärmespeicher, sobald die Wärmedurchgangszahlen bekannt sind. Die entsprechenden Formeln sind ganz genau nur für eine konstante Wärmeübergangszahl über die ganzen Speicher, im übrigen aber immer hinreichend genau für die Praxis. Die berechneten Ausdrücke fußen auf der Anwendung der Gesetze des Wärmeaustausches im Gegenstrom auf die Wärmespeicher.

Es sei

k_m = mittlere Wärmedurchgangszahl über den ganzen Speicher,
W = Wasserwert der Rauchgase = stündliche Menge in cbm × spezifische Wärme in WE/cbm,
W_1 = Wasserwert der Luft = stündliche Menge in cbm × spezifische Wärme in WE/cbm,
F = Heizfläche in qm,
ϑ_1 = Eintrittstemperatur der Rauchgase in den Speicher,
ϑ_2 = Austrittstemperatur der Rauchgase in den Speicher,
ϑ_1' = Eintrittstemperatur der Luft in den Speicher,

[1] In einer Veröffentlichung in der „Feuerungstechnik" 1932 werden hierüber nähere Einzelheiten gegeben, auch über die Verwendung von Materialien größerer Wärmeleitfähigkeit.

[2] *K. Rummel*, Die Berechnung der Wärmespeicher. Arch. Eisenhüttenw. 4. Jhrg., Heft 8.

[3] *K. Rummel* u. *A. Schack*, Der Verlauf der Gas- und Windtemperaturen in Wärmeaustauschern. Mitt. Wärmestelle V. d. Eisenh. Nr. 121.

$\vartheta_2' =$ Austrittstemperatur der Luft in den Speicher,

$$f = \text{Abkürzung für } \frac{1 - \frac{W}{W'}}{1 - \frac{W}{W'} e^{-\frac{kF}{W}\left(1 - \frac{W}{W'}\right)}} .$$

Sind nun Heizfläche und Eintrittstemperatur von Luft und von Rauchgas bekannt, so ergibt sich:

(a) Für die erzielte Vorwärmungstemperatur der Luft:

$$\vartheta_2' = \vartheta_1 - f(\vartheta_1 - \vartheta_1') .$$

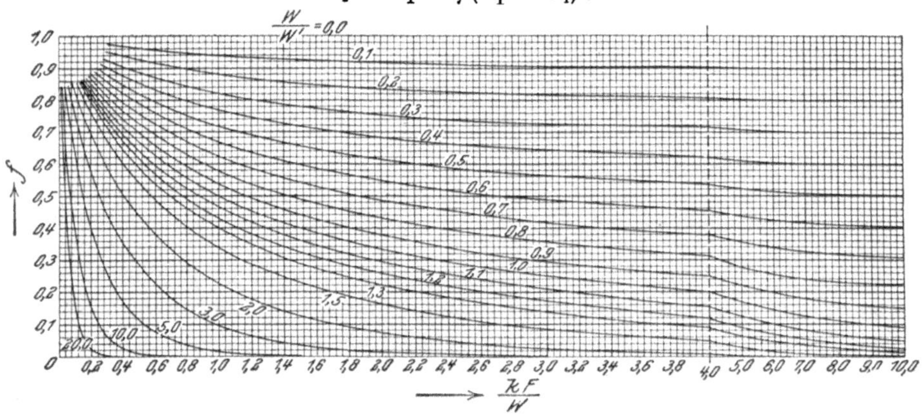

Fig. 42.

Werte von $f = \frac{1 - \frac{W}{W'}}{1 - \frac{W}{W'} e^{-\frac{kF}{W}\left(1 - \frac{W}{W'}\right)}}$ (nach *Rummel* und *Schack*).

(b) Für die Abzugstemperatur der Rauchgase:

$$\vartheta_2 = \vartheta_1 - \frac{W'}{W}(1 - f)(\vartheta_1 - \vartheta_1') .$$

Ein Schaubild (s. Fig. 42) dient dazu, die Werte von f aus den Beträgen von $\frac{W}{W'}$ und $\frac{k_m F}{W}$ abzugreifen.

Soll die erforderliche Heizfläche für gewisse vorgeschriebene Temperaturbedingungen ermittelt werden, so muß man von den angegebenen vier Temperaturwerten deren drei kennen, z. B. Eintritts- und Austrittstemperatur der Luft und Eintrittstemperatur der Abgase in den Speicher. Man berechnet dann durch Umkehrung derjenigen Formel (a) oder (b), für die man die Temperaturwerte kennt, also in diesem Falle (a), den Wert von f, greift dann auf dem Schaubild den entsprechenden Wert von $\frac{k_m F}{W}$ ab, der dann die Heizfläche F liefert. Es kann die Berechnung jedoch auch auf einfachere Weise direkt geschehen. Man ermittelt zuerst das durchschnittliche Temperaturgefälle Rauchgas-Luft und findet dann die Heizfläche aus dem Ausdruck der übertragenen Wärmemenge:

$$Q = k F \Delta_m .$$

Dieses durchschnittliche Temperaturgefälle, das genau gleich ist

$$\Delta_m = \frac{\Delta_{\max} - \Delta_{\min}}{L_n \dfrac{\Delta_{\max}}{\Delta_{\min}}},$$

kann auch mit großer Annäherung ausgewertet werden durch

$$\Delta_m = \frac{1}{3}\left(\frac{\Delta_{\max} + \Delta_{\min}}{2}\right) + \frac{2}{3}\sqrt{\Delta_{\max} \cdot \Delta_{\min}},$$

wenn mit $\Delta_{\max}$ und $\Delta_{\min}$ das höchste und das niedrigste Temperaturgefälle berechnet werden.

Stets beruht die Berechnung auf der vorherigen Ermittlung der mittleren Wärmedurchgangszahl k_m, welche, für die Praxis genügend genau, als Durchschnittswert der beiden auf die angegebene Weise berechneten Wärmedurchgangszahlen des heißesten und des kältesten Endes des Wärmespeichers gefunden wird.

$$\left(k_m = \frac{k_{\text{ob}} + k_{\text{unt}}}{2}\right).$$

Berechnung des Temperaturgefälles der vorgewärmten Luft während einer Umsteuerung. *Schack*[1] gibt folgenden Annäherungswert, der wohl nur dann ganz genau richtig ist, wenn die Wasserwerte W und W' einander gleich sind, jedoch für die Verhältnisse der Praxis immer genügt:

$$\Delta\vartheta' = \frac{2\, t k_{\text{ob}} (\vartheta_1 - \vartheta_2')}{W_s\left(1 + \dfrac{W'}{\alpha' t F}\right)}.$$

Neu ist in dieser Formel nur die Bezeichnung W_s, die den wirksamen Wasserwert der 1 qm Heizfläche entsprechenden Steinmenge darstellt. Die übrigen Buchstabenbezeichnungen sind bereits benutzt. Es ist $W_s = \eta_s\, g\, c$, wobei g das für 1 qm Heizfläche vorhandene Steingewicht in kg, c die spezifische Wärme des Steinmaterials in WE/kg und η_s den Ausnutzungsfaktor des Steinkohlenquerschnittes bedeutet. Es ist auch $W_s = \eta_s c \gamma \frac{s}{2}$. Den Wert des Ausnutzungsfaktors η_s kann man aus den Schaubildern von *Schumacher* bestimmen, für überschlägige Berechnungen auch aus der angegebenen Näherungsformel von *Rummel* bezw. der Kurve von *Gröber*.

Ermittlung der Wärmeübergangszahlen Stein—Luft und Abgas—Stein.

Für die Wärmeübergangszahlen Stein—Luft hat *Kistner*[2] auf Grund

[1] Arch. Eisenhüttenwes. **2** (1928/29), 481 (Mitt. Wärmestelle V. d. Eisenh. Nr. 122); s. auch *A. Schack*, Der industrielle Wärmeübergang.

[2] *H. Kistner*, Großversuche an einer zu Studienzwecken gebauten Regenerativkammer. Mitt. Wärmestelle V. d. Eisenh. Nr. 139 (1930); s. auch Arch. Eisenhüttenwes. **3** (1929/20), 761.

der Ergebnisse von Großversuchen an einem zu Studienzwecken erbauten Wärmespeicher in Duisburg-Meiderich folgenden Ausdruck gegeben:

$$\alpha_k = \frac{7{,}5\sqrt{w_0}}{\sqrt[3]{d}}\ \text{WE/qm} \cdot \text{St} \cdot {}^\circ\text{C}.$$

(w_0 ist in m/sec und d in m auszudrücken).

Dieser Wert gilt für nicht versetztes Gitterwerk. Für doppelt versetztes Gitterwerk ergibt sich ein Zuschlag von rund 16 Proz. Es ist die Wärmeübergangszahl Stein—Luft nicht von der Temperatur, sondern nur von der Geschwindigkeit „w_0“ (auf Null reduziert) und von der Kanalweite „d“ abhängig.

Die Wärmeübergangszahlen Abgas—Stein findet man aus obigen Werten unter Zuschlag der durch Gasstrahlung übergehenden Wärme. *Kistner* gibt zur Erleichterung der Bestimmung der letzteren entsprechende Schaubilder, es ist jedoch auch sehr einfach, Zahlentafeln zu benutzen. *Kistner* hat nur die Beträge für Koksofengas, Hochofengas und ein Mischgas beider berechnet. Es wurden nun in Zahlentafel 14 *Kistners* Werte für Koksofengas aufgeführt, daneben neu berechnete Ziffern für Generatorgas aus Steinkohlen. Für Brikettgas sind die Ziffern etwas höher.

Die Angaben der Zahlentafel 14 gelten für eine Strahlungszahl von 3,4 und für einen Temperaturunterschied zwischen Abgas und Stein von 200°.

Zahlentafel 14. Wärmeübergangszahlen der Strahlung in den Speichergittern (bei 200° Temperaturunterschied Abgas—Stein).

	Gitterweite cm	400°	600°	800°	1000°	1200°
Abgase von Steinkohlengeneratorgas mit 6 Proz. CO_2, 14 Proz. H_2O	15	4,2	8,5	14,2	19,3	25,2
	10	3,3	7,2	11,5	15,3	20,0
	5	2,6	5,5	8,6	11,5	14,3
Abgase von Koksofengas mit 7,1 Proz. CO_2, 17,6 Proz. H_2O	15	5,3	10,2	16,0	21,0	25,8
	10	4,0	8,2	12,8	16,8	20,2
	5	2,7	5,7	9,0	11,7	16,0

Bei niedrigeren Temperaturunterschieden ergeben sich geringe Zuschläge, die für Gefällewerte von 150, 100 und 50° in Zahlentafel 15 zusammengestellt sind. Diese Zuschläge sind von *Kistner* für Koksofengas berechnet, können jedoch mit geringem Fehler auch für Generatorgas angewandt werden.

Zahlentafel 15. Korrektionszuschläge zu den Werten der Zahlentafel 14 (in WE/St.·qm·°C) bei einem geringeren Temperaturgefälle als 200° zwischen Abgas und Stein.

Δt	Gitterweite		
	5 cm	10 cm	15 cm
150°	0,30	0,50	0,55
100°	0,65	1,00	1,20
50°	1,00	1,50	1,70

Berechnungsbeispiel. Berücksichtigung von Ausstrahlungsverlusten und von Nachverbrennung.

Es sei gegeben:

Eintrittstemperatur der Luft in den Speicher = 240°,
Eintrittstemperatur der Abgase in den Speicher. = 1240°,
Heizfläche beider Luftkammern zusammen = 2480 qm,
Luftmenge = 7650 cbm/St.,
Gesamte Abgasmenge = 12900 cbm/St., hiervon 80 Proz. durch die Luftkammer = 10300 cbm/St.
Gitterwerk (nicht versetzte Packung):
Steindicke 6,5 cm,
Zwischenräume = 13 cm,
Luftgeschwindigkeit im Gitterwerk $w_0 = 0{,}34$ m/sec,
Abgasgeschwindigkeit im Gitterwerk $w_0 = 0{,}45$ m/sec,
Ausstrahlungsverluste = 21,5 Proz. der umgesetzten Wärme,
Nachverbrennung im Gitterwerk = 9,5 Proz. der umgesetzten Wärme,
Rauchgaszusammensetzung (Steinkohlengeneratorgasbeheizung):
16 Proz. CO_2, 14 Proz. H_2O, 70 Proz. $O_2 + N_2 + CO$.

Gesucht ist die Vorwärmungstemperatur der Luft. (Die oben angegebenen Grundlagen entsprechen Messungen von *Maurach*[1] an einer großen Tafelglaswanne, abgesehen von der Eintrittstemperatur der Luft, die zu 240° anstatt zu der außergewöhnlich hohen von 448° angenommen wurde.)

a) Wasserwerte. Berücksichtigung von Ausstrahlungsverlusten und Nachverbrennung. Nach Abschnitt IV ergibt sich für Rauchgas obiger Zusammensetzung zwischen 600° und 1240° eine mittlere spezifische Wärme von 0,394 und für Luft zwischen 240° und 1050° eine solche von 0,342. (600° und 1050° sind schätzungsweise angenommen, ein Irrtum von 50 bis 100° macht dabei wenig aus.)

Hiernach $W = 10300 \cdot 0{,}394 = 4058$ WE/St.
und $W' = 7650 \cdot 0{,}338 = 2586$ „

Von dem Wasserwert der Rauchgase sind die Ausstrahlungsverluste abzuziehen, jedoch die durch Nachverbrennung erzeugte Wärme hinzuzuschlagen, so daß ein Abzug von rund 21,5 — 9,5 = 12 Proz. bleibt und sich $W = 3570$ WE/St. ergibt.

b) Wärmeübergangszahlen:

Stein-Luft: $$\alpha'_k = \alpha' = \frac{7{,}5\sqrt{0{,}34}}{\sqrt[3]{0{,}13}} = 8{,}7 \text{ WE/St.} \cdot \text{qm} \cdot {}^\circ\text{C}.$$

Abgas-Stein: $$\alpha_k = \frac{7{,}5\sqrt{0{,}45}}{\sqrt[3]{0{,}13}} = 10{,}0 \text{ WE/St.} \cdot \text{qm} \cdot {}^\circ\text{C}.$$

Es kommt hinzu der Betrag für die Strahlung, den man aus Zahlentafel 14 mit Kanalweite $d = 0{,}13$ bestimmt zu $\alpha_{Str} = 24{,}7$ für 1240°
und $\alpha_{Str} = 8{,}0$ „ 600°.

Das durchschnittliche Temperaturgefälle Rauchgas—Stein beträgt nach den oben angenommenen Temperaturen Δ = etwa 100°. Entsprechend Zahlentafel 15 ist hierfür eine Korrektion von 1,10 WE/St.·qm·°C anzubringen, so daß schließlich für Abgas—Stein folgt:

Bei 1240°: $\alpha = 10 + 24{,}7 + 1{,}1 = 35{,}8$ WE/St.·qm·°C
600°: $\alpha = 10 + 8{,}0 + 1{,}1 = 19{,}1$ „

[1] *H. Maurach*, Der Wärmefluß in einer Schmelzofenanlage für Tafelglas.

c) Wärmedurchgangszahlen.

Für α_m ergibt sich bei 1240°: $\alpha_m = \frac{8,7 + 35,8}{2} = 22,25$ WE/St. · qm · °C und bei 600°: $\alpha_m = \frac{8,7 + 19,1}{2} = 13,9$.

Nimmt man c = spezifische Wärme des Steinmaterials = 0,25 WE/kg,
γ = spezifisches Gewicht des Steinmaterials = 1900 kg/cbm,
t = Dauer der Umsteuerhalbperiode = $^1/_2$ Stunde

und bestimmt dann die Werte von λ entsprechend den von *Kistner* in Wärmespeichern gemessenen nachstehenden Beträgen

bei 500°	λ = 0,80 WE/St. · qm · °C
600	0,84 „
700	0,88 „
800	0,92 „
900	0,96 „
1000	1,00 „

so folgt für $\varphi = 1,18\,\alpha_m \left(\frac{c\,\gamma\,\lambda}{2\,t\,\alpha_m^2}\right)^{0,40}$.

Bei 1240° Rauchgastemperatur · $\varphi \doteq 1,18 \cdot 22,25 \left(\frac{0,25 \cdot 1900 \cdot 1,08}{495}\right)^{0,40} = 26,6$

und bei 500° Rauchgastemperatur · $\varphi = 1,18 \cdot 13,9 \left(\frac{0,25 \cdot 1900 \cdot 0,80}{193}\right)^{0,40} = 21,6$.

Hieraus folgen die beiden Wärmedurchgangszahlen:

für 1240° aus $\frac{1}{2\,k} = \frac{1}{8,7} + \frac{1}{34,2} + \frac{1}{53,2}$: $k = 3,06$

und für 650° aus $\frac{1}{2\,k} = \frac{1}{8,7} + \frac{1}{16,5} + \frac{1}{43,2}$: $k \doteq 2,51$.

Der Mittelwert ergibt rund $k_m = 2,80$ WE/St. · qm · °C.'

d) Ermittlung des Zwischenwertes „f". Aus obigen Zahlen folgt zunächst $\frac{W}{W'} = 1,38$ und $\frac{k_m F}{W} = 1,95$ und dann bei Benutzung dieser Werte zum Abgreifen von f aus Schaubild 42 $f = 0,20$.

e) Vorwärmungstemperatur der Luft:

$$\vartheta_2' = \vartheta_1 - f(\vartheta_1 - \vartheta_1') = 1240° - 0,20(1240 - 240°) = 1040°.$$

f) Abzugstemperatur der Rauchgase:

$$\vartheta_2 = \vartheta_1 - \frac{W'}{W}(1 - f)(\vartheta_1 - \vartheta_1') = 1240° - (1 - 0,20)(1240 - 240) \cdot \frac{1}{1,38} = 660°.$$

Diese Ergebnisse stimmen mit den Messungen von *Maurach*, der als Durchschnitt etwa 1140° Luftvorwärmungstemperatur feststellte bei 650° Abzugstemperatur der Rauchgase, wenn man bedenkt, daß für den Eintritt der Luft 200° mehr gemessen waren und die gesamten Messungen mit üblichen Thermoelementen vorgenommen wurden, die für die Lufttemperaturen etwas zu hohe und für die Rauchgase etwas zu niedere Werte geben.

Einige Schwierigkeiten, die sich bei der Anwendung der direkten Berechnungsmethoden auf die Wärmespeicher der Glasschmelzöfen ergeben.

Die Berücksichtigung der Heizflächen und Ausstrahlungsverluste der Brenner und der Kanalverbindungen zwischen Kammer und Luftumsteuerventilen bereitet Schwierigkeiten, ferner auch die ungleichmäßige Verteilung der Abgase über den Kammerquerschnitt bei den bei Glasschmelzöfen üblichen liegenden Wärmespeichern (letztere Schwierigkeit fällt für die Glattschachtpackungen fort).

Berücksichtigung der Heizfläche der Brenner. Von der auf die Brennerwände übertragenen Wärmemenge geht bei den Büttenöfen, wie überhaupt bei allen Herdbrenneröfen, keine Wärme nach außen verloren, und die Brennerinnenfläche kann dann ohne weiteres zur Kammerheizfläche hinzugerechnet werden.

Für die nicht isolierten Brenner der Oberflammhafenöfen und Wannen ist jedoch ein starker Ausstrahlungsverlust der Wände zu verzeichnen. *C. Schwarz*[1] berechnete beim ähnlichen Fall des Martinofens für eine nicht isolierte, nur 23 cm starke Silicawand, daß von der an diese abgegebenen Wärme $^5/_6$ nach außen ausgestrahlt und nur $^1/_6$ an die vorzuwärmende Luft übertragen werden. Der Anteil der Ausstrahlungsverluste ist daher bei nicht isolierten Brennern so groß, daß bei einer Miteinbeziehung der Brennerwände in die Wärmespeicherberechnung für jeden besonderen Fall eine Berechnung der Ausstrahlungsverluste zu empfehlen ist, welche dann von dem Wasserwert der Rauchgase in Abzug zu bringen sind.

Für gut isolierte Brennerwände hingegen kann man stets die Brennerheizfläche zu derjenigen des Kammergitterwerkes hinzuschlagen. Sollte der Ausstrahlungsverlust gegenüber isolierten Kammerwänden noch immer etwas größer sein, so spielt dies nur eine geringe Rolle, weil der Anteil der Brennerheizfläche verhältnismäßig klein ist. Man findet z. B., daß bei einem großen Oberflammhafenofen für Spiegelglas von 53 qm Herdfläche die Brennerheizfläche nur 6 Proz. der Gitterheizfläche beträgt. Desgleichen ergibt sich für eine Seitenbrennerwanne mit 30 qm beheizter Herdfläche und 3 Brennern nur rund 10 Proz. und für einen kleinen Büttenofen von 14 qm Herdfläche rund 8 Proz., wovon die Hälfte in den Kammerschlitzen liegt.

In seiner bereits erwähnten Arbeit begreift *H. Maurach*[2] den größten Teil des Brennerschachtes in die Wärmebilanz der Kammern ein, desgleichen auch *W. Müllensiefen*[3] den gesamten Brennerschacht. In beiden Fällen waren die Schächte stark isoliert.

Heizfläche der Verbindungskanäle zu den Umsteuerorganen. Bei den Wannenöfen und bei den meisten Oberflammhafenöfen ist die Kanalheizfläche sehr gering. Man wird hier den durchschnittlichen Verhältnissen genügend Rechnung tragen, wenn man, der Erfahrung entsprechend, die Temperatur der in das Gitterwerk eintretenden Luft zu 200° annimmt.

Bei Oberflammhafenöfen trifft man wohl mitunter Kanalheizflächen an, die etwa 25 Proz. der Gitterwerkheizfläche entsprechen. Dieser Gebrauch war früher viel weiter verbreitet. Für Büttenöfen ergeben die Feststellungen der *WBG.* Frankfurt im Durchschnitt 80 Proz. und für Schlitzöfen 50 Proz.

[1] *C. Schwarz*, Berechnungsart des Speichervermögens einseitig beheizter Ofenwände. Ber. Stahlwerksaussch. V. d. Eisenh. Nr. 112 (1926).

[2] *H. Maurach*, Der Wärmefluß in einer Schmelzofenanlage für Tafelglas, München 1923 (Oldenbourg).

[3] *W. Müllensiefen*, Wärmeflußuntersuchung an einem mit Koksofengas beheizten Wannenofen. Glastechn. Ber. Jg. 7, S. 190.

Kanalheizfläche gegenüber dem Gitterwerk. Bei diesen hohen Anteilziffern muß die Berücksichtigung der Ausstrahlungsverluste sehr sorgfältig ausgeführt werden. Wenn es nur auf eine überschlägige Heizflächenkontrolle ankommt, wird man die Kanalheizfläche bei gut geschützter Lage mit 70 Proz. Wirksamkeit berücksichtigen und dann zur Kanalheizfläche hinzuschlagen können.

Ungleichmäßige Verteilung der Abgase bei liegenden Kammern. Auch hier wird man einen Abzug an der Kammerheizfläche anbringen, der nach der räumlichen Anordnung zu bemessen ist. (Bei stehenden Wärmespeichern, wie sie in der Glasindustrie selten sind, ist ein solcher Abzug nicht nötig, auch bei Glattschachtpackung der liegenden Speicher nicht.) Für überschlägige Berechnungen ist wohl hier die Berechtigung gegeben, einen Abzug von etwa 20 Proz. anzubringen, vorausgesetzt, daß die Lage der Eintritts- und Austrittsöffnungen nicht gar zu ungünstig ist.

i) Verwendung von Gittermaterial höherer Wärmeleitfähigkeit.

Nach einer neu abgeleiteten Formel des Verfassers berechnet[1], sind bei 66 mm Wandstärke und halbstündiger Umsteuerperiode die Wärmedurchgangszahlen für Eisen um 15% größer als für Chamotte; Carborundum und Magnesit nehmen in dieser Beziehung Zwischenstadien ein. Noch bei 20 mm Eisen ist eine Überlegenheit gegenüber 66 mm Chamotte zu verzeichnen.

Soweit nun die Temperaturen die Verwendung von Herdguß niedrigen Preises gestatten, kann man dann bei geringem Mehrpreis (z. B. nach DRP West. Indust. Ofenb. und Dr. *Lamort*) Plattengitter sehr hoher Heizfläche und günstiger Wirkung zur Anwendung bringen.

Fig. 43. Umsteuertrommel nach *M. Schnurpfeil* mit Verschlußsektor für die Gaszuführung.

j) Umsteuerventile der Regenerativöfen.

Für die Umsteuerung des Gases wird in den Glashütten weitaus am meisten die einfache Umsteuertrommel verwendet, die aus einer zylindrischen, durch eine Scheidewand in zwei Hälften geteilten Trommel besteht, die drehbar auf einer mit Wassertauchverschluß versehenen Untertasse angeordnet ist. In diese münden ein Gasweg, ein Kaminweg und zwei Kammeranschlüsse. (Betreffs weiterer Einzelheiten über die einfache Trommeleinrichtung sowie über die nachstehend besprochenen Forterventile, Siemensklappen und Tellerventile nach *Knoblauch* sei auf die Ausführungen in *Dralle*, Die Glas-

[1] Siehe die Veröff. *J. Lamort*, Mai-Juni in der „Feuerungstechnik" 1932.

fabrikation, 2. Aufl., hingewiesen, wo den Umsteuerventilen ein ausführliches Kapitel gewidmet ist.) Fig. 43 stellt die Untertasse einer Umsteuertrommel dar, die nach *Schnurpfeil* mit einem Sektor versehen ist zum Verschluß der Gaseintrittsöffnung beim Umsteuern, um die direkte Verbindung zwischen Gasweg und Kamin zu verhindern.

Bei großen Öfen werden die runden Umsteuertrommeln sperrig, und man ersetzt sie häufig durch die in den Stahlwerken meist üblichen Forterventile (siehe Fig. 44), die wohl länger, aber schmäler sind. Bei dieser Ventileinrichtung, die ebenfalls mit Wassertauchverschluß versehen ist, ist die Gaszuführung auf einem länglichen Kasten angeordnet, in dessen Inneres von unten her drei Wege münden, von denen jeweils zwei links oder zwei rechts durch einen muschelähnlichen Bogen verbunden werden.

Die Umsteuerung der Luft geschieht noch recht häufig in der Glasindustrie durch die einfachen Klappenventile, mit denen *Siemens* sowohl Gas als auch Luft umsteuerte. Diese schließen jedoch nicht dicht und werden

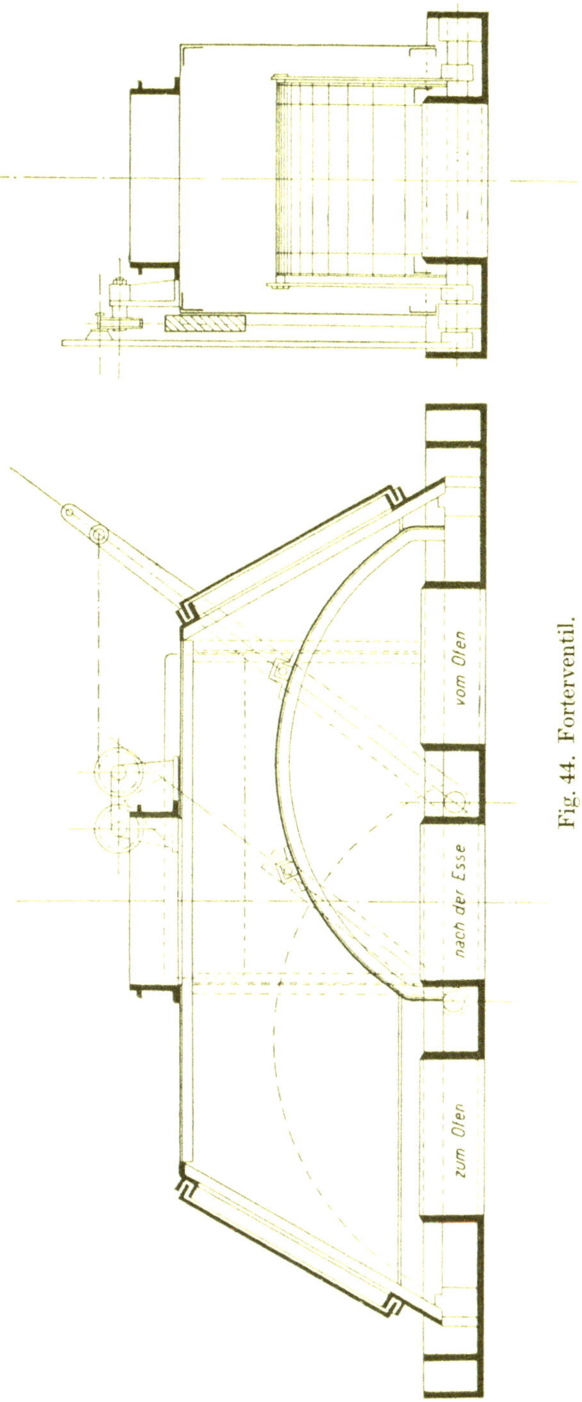

Fig. 44. Forterventil.

immer mehr durch Umsteuertrommeln der beschriebenen Art ersetzt. Besonders bei der Verwendung von Abhitzekesseln sind die Siemensklappen ungeeignet. Falls die Luft von oben her in die Trommeln eingeführt wird, genügt bei der Verwendung von Umsteuertrommeln für die Umstellung der Luft eine Dreiteilung der Untertasse.

Bei der Umsteuereinrichtung von *Knoblauch* besitzt jeder Gas-, Luft- und Kaminweg sein eigenes Tellerventil. Die Teller sind dann zu Gruppen zusammengeschlossen unter Verbindungsgehäusen, und die Umsteuerung geschieht durch einen selbsttätigen Mechanismus in der Weise, daß immer zuerst die Gaswege geschlossen werden, bevor die Kaminwege sich öffnen. *Knoblauch* benutzt diese Einrichtung, die sich leicht für verschiedene Ofenabteilungen zusammenfassen läßt, zur gleichzeitigen Umsteuerung der Einzelkammern bei Wannen, bei denen er jeden Brenner mit eigenen Wärmespeichern versieht, und bei den Vielflammhafenöfen (s. Abschnitt X 3 über die Büttenöfen).

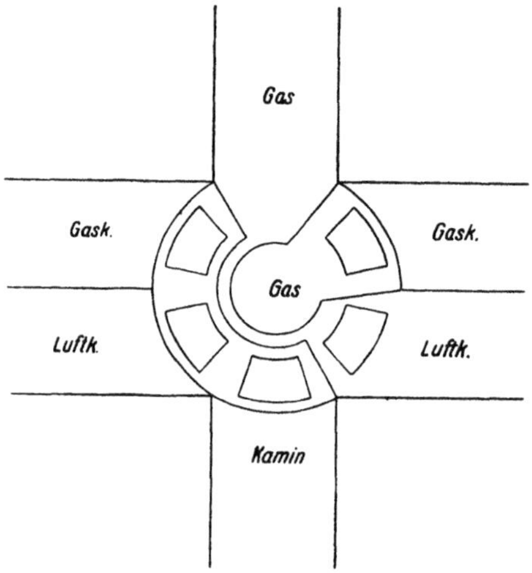

Fig. 45. Umsteuertrommel nach *Bergmann*.

Sehr interessant sind die amerikanischen Einrichtungen, bei denen Gas und Luft zusammen in einem einzigen Trommelaggregat umgesteuert werden. Bei einem großen Ofen muß eine solche Trommel jedoch recht sperrig werden. Fig. 45 gibt das Schema der Umsteuertrommel von *Bergmann*[1], die auf diesem Prinzip beruht. *McGee*[2] sieht eine Schale und einen Überführungsbogen vor, die gleichzeitig umgesteuert werden.

Besonders für sehr hohe Temperaturen geeignet sind die amerikanischen wassergekühlten Blaw-Knox-Schieber, die in ebenfalls wassergekühlten Gehäusen gleiten und bereits in deutschen Stahlwerken Verwendung fanden.

3. Die in der Glasindustrie benutzten Rekuperatoren.

a) Die älteren Bauarten.

Besonders der *Nehse-Dralle*-Rekuperator wurde früher in der Glasindustrie benutzt. Fig. 46 zeigt das noch heute benutzte Rohrmodell, das einen rechteckigen Kasten von 15 cm lichter Weite und 26 cm lichter Höhe darstellt. Die *WBG.* Frankfurt[3] hat 1927 nur dieses eine Modell bei deutschen Öfen angetroffen. Die Abgase streichen von oben nach unten im Zickzack durch die versetzt aufeinander gelagerten Rohre, und die Verbrennungsluft steigt zwischen den Rohren durch $6^1/_2$ cm breite Zwischenräume empor.

[1] Glass Ind. 1920, S. 23 u. 253.
[2] Glass Ind. 1923, S. 200.
[3] Wärmetechn. Beratungsstelle der deutschen Glasindustrie (*WBG.*), Wannenöfen, Tafel VII.

Die Heizfläche von 1 cbm Rohrwerk beträgt:

Abgasheizfläche	6,12 qm
Luftheizfläche	7,00 ,,
Zusammen	13,12 qm

Diese Heizfläche entspricht derjenigen eines grobmaschigen Rostgitterwerkes (vgl. Zahlentafel 11).

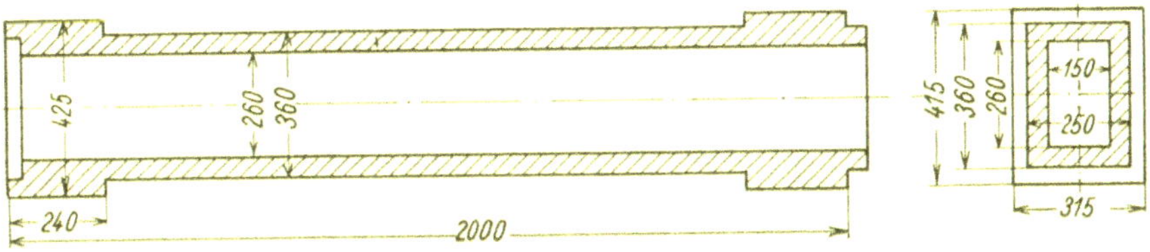

Fig. 46. Rekuperatorkästen nach *Nehse-Dralle.*

Wie bei allen Rekuperatoren sind beim Zickzackweg die Rohre gruppenweise zusammengefaßt, und nach der Zahl der Windungen unterscheidet man zwei- und dreizügige Rekuperatoren usw.

Als eine ältere in der Glasindustrie benutzte Bauart ist noch der *Derval*-Rekuperator[1] mit stehenden Rohren zu erwähnen, der in jedem Rohr 4 Luftkanäle vereinigt, und von dem gewisse Varianten heute noch ausgedehnte Verwendung finden (siehe Fig. 48).

b) Neuere Rekuperatoren mit liegenden Rohren.

Rohre nach *Hermansen.* Das aufgebaute Rohrwerk wird in Fig. 47 wiedergegeben. Es handelt sich, wie bei den *Nehse-Dralle*-Rohren, um Kästen rechteckigen Querschnitts, jedoch ist der Aufbau stabiler und dichter, denn die Kästen besitzen zwischen den senkrechten Außenflächen keine Zwischenräume mehr für die aufsteigende Luft, sondern sitzen fest aneinander. Es sind nur waagerecht verlaufende Luftkanäle vorgesehen. Die größere Stabilität dieser Konstruktion wird gegenüber den *Nehse-Dralle*-Kästen durch eine Verringerung der Luftheizfläche und durch einen größeren Luftwiderstand erkauft.

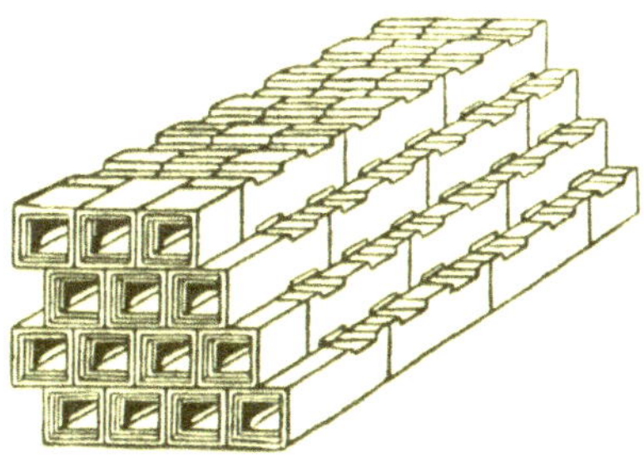

Fig. 47. Rekuperatorkästen nach *Hermansen.*

Rohre nach *Teisen.* Anstatt des rechteckigen benutzt *Th. Teisen*[2] einen sechseckigen Rohrquerschnitt, mit der Absicht, die Heizfläche zu vergrößern und der Luft zur Verbesserung der Wärmeübertragung beim Hoch-

[1] Näheres über diesen Rekuperator sowie andere ältere Konstruktionen siehe *R. Dralle,* Die Glasfabrikation, 2. Aufl., Bd. I, S. 439.

[2] *Th. Teisen,* J. Soc. Glass Technol. 1927, S. 265 Trans.

steigen eine wellenförmige Bewegung zu geben. Diese Wellenbewegung wird durch angebrachte Ansätze auch auf die Längsrichtung ausgedehnt.

c) Neuere Rekuperatoren mit stehenden Rohren.

Es wird den stehenden Rohren zur Zeit großes Interesse entgegengebracht. Früher schätzte man die stehenden Rekuperatorrohre nur wenig, weil sie

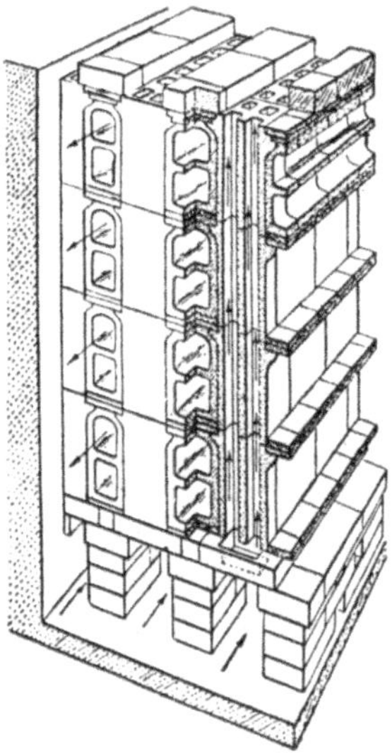

Fig. 48. Rekuperator nach *Stein* und *Atkinson*.

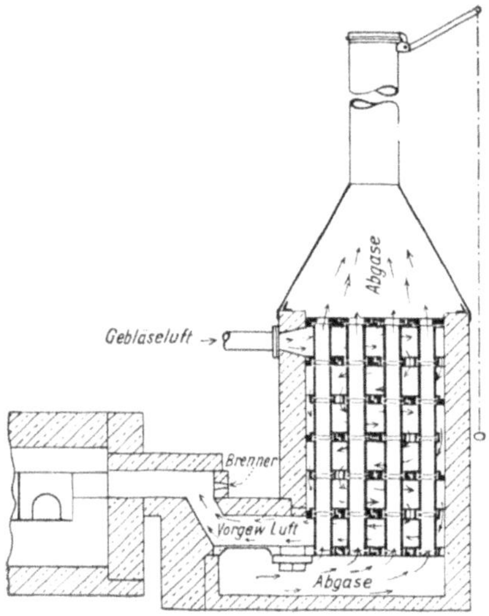

Fig. 49. Rekuperator nach *Amsler-Morton*.

einen weniger stabilen Bau ergaben. Sie zeigen jedoch folgende beiden guten Eigenschaften: 1. Die durch das Innere der Rohre hochsteigende Luft hat nur einen sehr geringen Widerstand zu überwinden; 2. das Eigengewicht der Rohre bewirkt eine gewisse Abdichtung, die durch eine Schwindung des Materials nicht beeinflußt wird. Bei liegenden Rohren ist im Gegensatz hierzu die Gefahr der Undichtigkeit sofort gegeben, wenn das Material schwindet. Jede Abkühlung muß in dieser Hinsicht schon gefährlich sein.

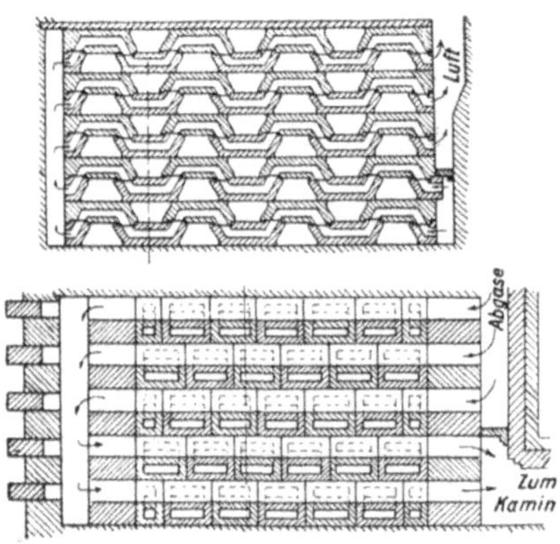

Fig. 50.

Fig. 48 stellt ein englisches Rohrmodell nach *Stein* und *Atkinson*[1] und Fig. 49 eine amerikanische Ausführung nach *Amsler-Morton*[2] dar. Bei dem

[1] J. Soc. Glass Technol. 1927, S. 346 Abstracts.
[2] Glass Ind. 1925, S. 131.

ersteren sind 4 Luftkanäle in jedem Rohr vereinigt. Es stellt nur eine Variante des alten Derval-Rekuperatorrohres dar.

Bei der Konstruktion von *Possnack*[1] (s. Fig. 50) wird erstrebt, die Hauptvorteile der senkrechten und der waagerechten Rohre zu vereinigen, diese muß jedoch einen sehr hohen Luftwiderstand ergeben, der ihre Zweckmäßigkeit in Frage stellt.

(Über die heutigen Rekuperatoren der Eisenindustrie siehe *W. Heiligenstaedt*, Regeneratoren, Rekuperatoren, Winderhitzer.)

Es sei noch auf den in der Glasindustrie mit Erfolg in einer Hütte geschehenen Einbau eines eisernen Winderhitzers zwischen Luftventil und Kamin aufmerksam gemacht (vgl. Vorschlag *B. Engels*, Glast. Ber. 7, 12).

d) Verwendung von Eisen für Rekuperatorrohre.

Einen vollkommenen dichten Rekuperator kann man nur durch Metall erzielen. Solange nur unter Rotglut liegende Temperaturen in Frage kommen, kann man handelsübl. Eisen benutzen, für höhere Temperaturen jedoch nur feuerbeständiges Eisen, das wohl sehr teuer ist. Dieses ist sowohl in Blechen als auch in Rohren zu beziehen. Bei den über 1000° liegenden Temperaturen spielt auch bei diesem Spezialmaterial die Oxydation bereits eine zunehmende Rolle. Das heute beste Material ist wohl das *Krupp*sche Eisen NCT 3. Für dieses wird für 1 qm Heizfläche folgender stündlicher Zunderverlust angegeben:

Bei 1000° 1 g (entspricht 0,09 mm Verschleiß im Monat)
1100° 2 g („ 0,18 „ „ „ „)
1200° 4 g („ 0,36 „ „ „ „)
1300° 6 g („ 0,54 „ „ „ „).

e) Verwendung von Carborundum.

Die Überlegenheit des Carborundums gegenüber Chamotte in bezug auf den Temperaturabfall in den Rohrwänden kann man recht deutlich aus Zahlentafel 16 ersehen. Carborundum ist gleichfalls gegenüber Flugstaubangriff widerstandsfähiger als Chamotte und ist daher für die oberen Rohrlagen, welche dem Feuer näher liegen, besonders geeignet. Etwas unzuverlässig ist noch zur Zeit bei hoher Temperatur die Beständigkeit gegen die Oxydation bei den hochprozentigen Qualitäten.

Zahlentafel 16. Vergleich der Wärmeleitzahlen von Chamotte- und Carborundumsteinen (nach *Golla* und *Laube*[2]).

	300°	500°	700°	900°	1100°
Chamotte 31 Proz. Al_2O_3	0,90	0,96	1,00	1,03	1,04
Carborundum 90 Proz. SiC . . .		13,1	11,1	9,8	8,6
„ 77 „ „ . . .	11,1	9,8	8,8	7,8	6,9
„ 57 „ „ . . .	5,2	4,9	4,5	4,2	3,9
„ 49 „ „ . . .	4,1	3,9	3,7	3,5	3,3

[1] Glass Ind. 4 (1923), 167 u. 188.

[2] *Golla* und *H. Laube*, Wärmeleitfähigkeitsmessungen an feuerfesten Materialien. Tonindustrie-Zeitung, 1930, 1411, 1431, 1458, Ref. Glast. Ber. 9/1931/250.

IX. Das feuerfeste Material für die Glasschmelzöfen.

Es kann nachstehend nur das Wichtigste über das feuerfeste Material für die Glasschmelzöfen zusammengefaßt werden. (Über Eigenschaften, Verwendung und Prüfung des feuerfesten Materials siehe die Veröff. von *L. Litinsky*[1].)

Die richtige Auswahl der feuerfesten Baustoffe, soweit dieselben mit dem geschmolzenen Glasgut in Berührung stehen oder dieses durch Tropfen verunreinigen können, ist von sehr großer Bedeutung. Verglichen mit der Eisenindustrie, wo nicht die Gefahr der Verunreinigung eines empfindlichen Produktes besteht, liegen viel kompliziertere Verhältnisse vor.

Das Hauptmaterial der heutigen Glasöfen bilden die Steine aus feuerfestem Ton, die sog. Chamottesteine. Der gesamte Unterbau der Öfen wird aus solchen hergestellt (abgesehen von den für Hintermauerung und Isolierung verwendeten Steinen), ferner bei vielen Hafenöfen auch die Seitenwände und schließlich als sehr wichtiger Punkt die Rand- und Bodensteine, die bei den Wannenöfen den Aufbau des Schmelzbehälters geben.

Aus Silicasteinen nun werden zunächst sämtliche Gewölbe der Glasschmelzöfen hergestellt, tonerdehaltiges Material ist hierzu nicht geeignet, nicht allein wegen der geringen Druckfestigkeit in der Wärme, sondern auch deshalb, weil die tonerdehaltigen Tropfen viel gefährlicher sind als Silicatropfen in bezug auf das Springen der hergestellten Glasgegenstände. Außerdem werden Silicasteine auch für die Seitenwände der Wannen und für die meisten großen Hafenöfen sowie für die Brenner und Brennerschächte sämtlicher Wannen und Oberflammhafenöfen benutzt.

Nicht mehr recht in die heutige Zeit hinein paßt die Verwendung von Natursandstein in den Öfen. Herdplatten aus diesem Material waren früher sehr geschätzt und werden auch heute noch öfter verwendet, als man denkt, sie verschwinden wohl allmählich.

Die in der Eisenindustrie eine große Rolle spielenden Magnesit- und Chromsteine sind in der Glasindustrie noch nicht zur Geltung gelangt, die Anforderungen in beiden Industrien an das feuerfeste Material sind sehr verschieden.

Von den Edelrohstoffen sind es die hochtonerdehaltigen Materialien, wie Sillimanit usw., für die in der Glasindustrie Interesse herrscht. Dies betrifft hauptsächlich Wannenblöcke und Brennersteine.

Bei modernen Ofenanlagen, auch bei den Glasschmelzöfen, ist man in den letzten Jahren zur Isolierung der Kammerwände mittels Kieselgursteinen geschritten, auch der Brennerwände und anderer Teile des Oberofens, soweit es deren Haltbarkeit zuläßt (vgl. Abschnitte XVI).

Um sich von der Haltbarkeit des feuerfesten Baustoffes im voraus überzeugen zu können, hat man heute Methoden ausgebildet, die für die Glasindustrie sehr wertvoll sind. Es sei hier die sog. Druckerweichungsprobe erwähnt, bei welcher der Prüfkörper im elektrischen Ofen unter einer Belastung von 2 kg/qm erhitzt wird; ferner die amerikanische Abschreckprobe,

---

[1] *L. Litinsky*, Chamotte und Silika, Leipzig 1925 (Spamer). — *L. Litinsky*, Prüfungsanstalt für feuerfeste Materialen. Leipzig 1930 (Spamer).

bei welcher der an einem Ende auf 900° erhitzte Stein in kaltes Wasser getaucht wird und der Widerstand des Steines gegen Temperaturschwankungen sich aus der Zahl der Abschreckungen ergibt, die er bis zu einem bestimmten Materialverlust aushält. Näheres siehe in der Veröff. von *H. Knuth*, Die Entwicklung der Normen feuerfester Baustoffe in Deutschland[1].

1. Natursandstein.

Die Verwendung von Natursandsteinplatten für den Bau der Herde der Hafenöfen ist von den alten Herdbrenneröfen übernommen, wie sie vor 100 Jahren und noch früher üblich waren[2]. Für die damalige Zeit, welche keine Silicasteine und auch nicht die hochwertigen Schamottesteine von heute kannte, stellte der Sandstein in der Tat für diesen Zweck das beste Material dar. Man schätzte ihn nicht allein wegen seiner hohen Feuerfestigkeit, sondern auch deshalb, weil er keine Nachschwindung im Feuer zeigte und daher dicht schließende Fugen ergab. Mit den unangenehmen Nebenerscheinungen, die mit dem starken Wachsen des Sandsteines in der Wärme verbunden sind, fand man sich ab. Die Verwendung dieses Materials entspricht jedoch nicht mehr der heutigen Zeit. Die in Frage stehenden Sandsteinarten (in Deutschland der Bentheimer und der Magdeburger Sandstein, in England der Penshaw[3]-Sandstein und „Meanwood ganister") stellen wohl ein verhältnismäßig reines Quarzgestein dar mit etwa 97 Proz. SiO_2, so daß dessen Feuerfestigkeit derjenigen der Silicasteine entspricht, jedoch muß man dabei eine Wärmeausdehnung in Kauf nehmen, die außer den Gefahren für die Ofenkonstruktion noch als unangenehme Eigenschaft eine große Empfindlichkeit der Steine zur Folge hat. Wird z. B. ein mit Herdplatten aus Sandstein versehener Ofen für eine Reparatur gelöscht, so zerspringen die Platten meistens bei der Abkühlung.

Die starke Ausdehnung der Sandsteinplatten zeigt sich noch nicht bei Rotglut. Die Quarzkörner gehen wohl bei 875° aus der β- in die α-Quarzform über, indessen beträgt die mit dieser Umwandlung verbundene Ausdehnung nur etwa $^1/_2$ Proz. linear.

Erst bei Weißglut, wenn sich die Quarzkrystalle in Cristobalit und Tridymit umwandeln (bei großen Krystallen geht die Umwandlung sehr langsam vor sich), findet die gefürchtete 4 bis 5 Proz. linear betragende Ausdehnung des Sandsteines statt. Ein bekannter Kunstgriff für die Vermauerung der Platten besteht darin, in die Fugen Holzbrettchen einzusetzen, welche beim Verbrennen den nötigen Zwischenraum für die Ausdehnung ergeben.

Die beschriebenen Herdplatten werden zur Zeit noch bei vielen Herdbrenneröfen von Boetiusbauart mit Halbgasfeuerung, indessen auch von Büttenbrenner- und Schlitzbrennerbauart verwendet. Abgesehen von ge-

[1] Festschrift „10 Jahre Keramik" der keramischen Fachgruppe in Aussig. Verlag der Keramischen Fachgruppe im Deutschen Hauptverbande der Industrie, Aussig a. E.

[2] *H. E. Benrath*, Die Glasfabrikation, Braunschweig 1875 (Vieweg u. Sohn).

[3] *M. J. Currie*, J. Soc. Glass Technol. **6** (1922), 156 Trans.

wissen Fällen, wo im Brenner übliche Silicaplatten am Platze wären, können die Sandsteinplatten vorteilhaft durch Spezial-Chamotte und am besten durch Sillimanit ersetzt werden. Sandstein ist übrigens an sich nicht besonders dazu geeignet, um dem Angriff der Glasmischung zu widerstehen, hauptsächlich wenn Fluor in Frage kommt.

2. Die Silicasteine[1].

Die heutigen Silicasteine stellen mit Kalk gebundenen Quarzit dar, Ton als Bindemittel wird heute nicht mehr verwendet. Die fertigen Steine enthalten 2 bis 4 Proz. Kalk und bestehen im übrigen aus Kieselsäure nebst etwas Eisenoxyd und Tonerde als Verunreinigung, die aus dem Quarzit stammen. Die Zusammensetzung der üblichen, für die Gewölbe der Glasschmelzöfen geeigneten Steine beträgt:

Kieselsäure	94,50	bis	95,50	Proz.
Kalk	2,00	,,	2,30	,,
Tonerde	1,20	,,	1,40	,,
Eisenoxyd	1,00	,,	1,40	,,

a) Rohmaterial und Brand der Steine.

Der verwendete Quarzit muß 97% Kieselsäure besitzen, soll die angegebene Steinzusammensetzung erreichbar sein.

Die Beschaffenheit des Rohmaterials ist jedoch auch noch in anderer Hinsicht von großer Wichtigkeit. Um der während des Betriebes erfolgenden starken Ausdehnung in der Weißglut vorzubeugen, die der Natursandstein zeigt, und die eine Folge der bei diesen Temperaturen erfolgenden Umwandlung des Quarzes in Cristobalit und Tridymit ist, werden die Silicasteine entsprechend vorgebrannt. Die gefährliche Volumenzunahme soll vor dem Einbau in die Öfen bereits geschehen sein. Es läßt sich nun grobkrystallinirscher Quarz (jedes Sandkorn stellt ein Krystallbruchstück dar) nur seh schlecht umwandeln. Die Umkrystallisation verläuft um so rascher, je feiner die Körner sind, und am allerraschesten geht eine amorphe Kieselgrundmasse (Basalcement), wie sie der sog. Findlingsquarzit besitzt, in Cristobalit und Tridymit über.

Als Maßstab für die Güte der Umwandlung der Silicasteine dient das spezifische Gewicht (das wirkliche, an der mehlfeinen Substanz bestimmte). Weil dieses für den Ausgangsquarz 2,65, für Cristobalit und Tridymit jedoch 2,33 bzw. 2,27 beträgt, kann man aus dem spezifischen Gewicht der Steine Rückschlüsse auf den Grad der stattgefundenen Krystallumwandlung ziehen. Für die Glasschmelzöfen sind stärker umgewandelte Steine zu empfehlen, als für die Martinstahlöfen. Die Gewölbe der ersteren sind im allgemeinen weiter gespannt und haben eine längere Hüttenreise auszuhalten. Besonders

[1] Siehe *E. Zschimmer*, Das System Kieselerde, Quarzgut, Quarzglas, Silikasteine. Coburg 1932, Verlag *Müller u. Schmidt*. — *R. B. Sosman*, Kieselerde als feuerfester Stoff. Iron Age, Bd. 123, Jhg. 1929, S. 1554. Siehe auch Glast. Ber. VII, S. 300.

unangenehm ist eine starke Ausdehnung dann, wenn Gewölbebrenner vorhanden sind. Ein spezifisches Gewicht von 2,38 bis 2,39 erfüllt alle Forderungen.

b) Verhalten der Silicasteine beim Antempern und Abkühlen der Öfen.

Gut gebrannte Steine bestehen in der Hauptsache aus Cristobalit, dann ist noch ein Rest nicht umgewandelten Quarzes und ein gewisser Prozentsatz an Tridymit vorhanden. Die Ausdehnung des Quarzrestes ist nicht mehr von Wichtigkeit, hingegen tritt jetzt bei einer zwischen 230 und 270° liegenden Temperatur (die Umwandlungstemperatur liegt nicht genau fest, sondern hängt von der Zusammensetzung und der vorhergehenden Erhitzung des Materials ab) infolge einer Umwandlung von β- in α-Cristobalit eine plötzliche lineare Ausdehnung um 1 Proz. ein. Infolgedessen sind die Steine in der Nähe dieser Temperatur sehr empfindlich gegen plötzliche Temperaturschwankungen, empfindlicher, als es schlecht gebrannte Steine sind (andererseits zeigen die Cristobalitsteine nicht mehr das gefürchtete Nachwachsen bei hoher Temperatur). Auch der Tridymit besitzt bei niederer Temperatur zwei Umwandlungspunkte, nämlich bei 117° (110 bis 130°) und 173°, die jedoch nur mit ganz geringen Volumenänderungen verbunden sind (0,15 Proz. linear nach *Fenner*[1] für die Umwandlung bei 117°).

Das Gleichgewicht zwischen Cristobalit und Tridymit bei hoher Temperatur ist ziemlich kompliziert. Jedenfalls nimmt durch langes andauerndes Erhitzen bis 1400° der Gehalt an Tridymit zu. Gänzlich tridymitische Silicasteine wären nicht mehr empfindlich gegen Temperaturschwankungen, man könnte sie jedoch in der Praxis nur mit außerordentlich großen Kosten herstellen.

Bei der Abkühlung geht die Cristobalitumwandlung gegen 230° wieder rückwärts vor sich, es tritt daher die Empfindlichkeit gegen Temperaturschwankungen erneut auf.

Um den Fährnissen mit den Silicasteinen auszuweichen, darf man bei der Inbetriebnahme die Glasschmelzöfen nur sehr langsam anwärmen. Die übliche Antemperzeit beträgt drei Wochen.

3. Die Schamottesteine.

Als Ausgangsmaterial dient der feuerfeste Ton, von dem ein Teil vorgebrannt und dann mit rohem Ton gebunden wird. Für geringere Qualitäten werden Steinabfälle oder Quarz mit verarbeitet. Bei den Schamottesteinen höchster Feuerfestigkeit verwendet man Tonschiefer (Neuroder und Rakonitzer Schieferton), die zur Kohlenformation gehören, zum Vorbrennen. Außer einem Gehalt an Verunreinigungen von 2 bis 3 Proz. bestehen die guten feuerfesten Tone aus Gemischen der sog. Tonsubstanz $Al_2O_3 \cdot 2 \cdot SiO_2 \cdot 2\,H_2O$, welche im gebrannten Zustand 45,8 Proz. Tonerde enthält, mit feinem Sand. Die zu der Schamottesteinherstellung verwendeten Tone stellen nun den ganzen Bereich von 18 bis 43 Proz. Tonerde dar. Der Tonsubstanz selbst

[1] Siehe *W. Steger*, Stahl u. Eisen 1925, S. 252.

entspricht, abgesehen von einer geringen Menge von Verunreinigungen, der oben erwähnte Schieferton.

Die Eigenschaften der Schamottesteine hängen nun mit einer sehr großen Anzahl von Faktoren zusammen. Auf die Feuerfestigkeit sind die vorhandenen Verunreinigungen von großem Einfluß, besonders ist der Eisengehalt schädlich, und man läßt nur bis höchstens 2 Proz. Fe_2O_3 bei guten Steinqualitäten zu. An andern Verunreinigungen sind noch gewöhnlich einige Zehntel Prozent Kalk und bis zu $1^1/_2$ Prozent Natron vorhanden.

Den Hauptausschlag bei der Verwendung für viele Zwecke der Glasindustrie gibt der Tonerdegehalt der Steine. Für hochfeuerfestes Material, das nicht mit dem fertigen Glasgut in Berührung steht, also z. B. für die Herdplatten der Hafenöfen, benutzt man am besten hohen Tonerdegehalt über 40 Proz. Das Steinmaterial widersteht dann der Hitze und dem Angriff des Abfallglases am besten. Der höchstzulässige Wert der Gesamtporosität beträgt 25 Proz., berechnet aus dem Raumgewicht und dem wahren, an mehlfeiner Substanz bestimmten spezifischen Gewicht. Ungenügend gebrannte Steine sind übermäßig porös und schwinden im Feuer stark nach. Die Wahl eines nicht oder doch nur wenig nachschwindenden Materials ist auch für Herdplatten wichtig.

Eine große Sorge bildet in den Glashütten die Haltbarkeit der Wannenblöcke, welche dem Angriff des Glasbades ausgesetzt sind, dieses jedoch nicht durch Tonreste verderben dürfen. Bis vor einigen Jahren bevorzugte man die Steine mit Tonerdegehalten von 20 bis 25 Proz. (heute 27 bis 30 Proz.), weil dieselben sich immer glatt, ohne Rückstände zu geben, im Glase auflösen. Geht man mit dem Tonerdegehalt in die Höhe, so nimmt die Gefahr der Rückstände im Glase allmählich zu, und zwar dadurch, daß Körnchen des vorgebrannten Materials sich loslösen, weil dessen Bindemittel vom Glase aufgezehrt ist. Solche Körnchen lösen sich dann mit steigendem Tonerdegehalte immer schwer auf, natürlich auch mit Zunehmen der Korngröße. Hier treten nun zwei neue Faktoren in Erscheinung, nämlich die Festigkeit der Bindung[1] und die Körnung der verwendeten Schamotte. Mit der letzteren kann man nun für die Wannenblöcke nicht unter 2 bis $2^1/_2$ mm heruntergehen, weil die Steine sonst zu empfindlich werden gegenüber plötzlichen Temperaturschwankungen. Erhöht man den Tonerdegehalt der Wannensteine auf 35—40 % usw., so nimmt die Beständigkeit gegen Kalknatronglas und Soda zu, jedoch nicht gegen Sulfat. Ein gegen Glasangriff widerstandsfähiger Stein muß in erster Linie sehr dicht sein.

4. Die Verwendung von Steinen von 60 bis 70 Proz. Tonerde für Wannenblöcke, Corhart- und Sillimanitsteine.

Sehr interessant ist das amerikanische Corhartverfahren, bei welchem die Wannenblöcke aus geschmolzenem Mullit gegossen werden. (Mullitkrystalle

[1] Damit der Bindeton, welcher die Grundmasse des Steines bildet, nicht rascher aufgelöst wird wie die vorgebrannten und daher dichteren Magerungskörner, nimmt man denselben nach alter Erfahrung etwas fetter als den zum Brennen verwendeten Ton.

mit 71,8 Proz. Tonerde bilden sich bei hoher Temperatur in allen Wannensteinen.) Dieses Material gibt im Glase wenig Rückstände, weil seine Angreifbarkeit sehr gering ist[1]. Betreffs der erzielten Haltbarkeit sind die Ergebnisse nicht ganz gleichmäßig, etwas enttäuscht war man teilweise, besonders weil diese Steine ein Mehrfaches gegenüber den üblichen kosten. Wannenblöcke, mittelst Tonbindung aus indischem Cyanit, der sich in der Hitze in Sillimanit umwandelt, hergestellt, sind, wenn sie nicht außerordentlich hart gebrannt und dicht sind, etwas gefährlich, weil aus diesem Material stammende Steinchen und Schlieren sich wegen seines hohen Tonerdegehaltes nur sehr langsam im Glase auflösen. Es ist übrigens heute durch das *Scheidhauer-Gießing*-Spezialverfahren, welches besonders dichte und widerstandsfähige Steine ergibt, möglich, aus inländischen Tonen Wannenblöcke herzustellen, welche gegenüber den bisherigen eine sehr große Haltbarkeit besitzen. Der erwähnte Sillimanit bildet übrigens einen vorzüglichen Baustoff für die Brenner der Glasschmelzöfen, hauptsächlich für die Büttenöfen.

X. Die Hafenöfen.

1. Die Hafenöfen mit direkter Feuerung und mit Halbgasfeuerung.

a) Allgemeines.

Von den früheren, mit direkter Feuerung oder mit Halbgasfeuerung arbeitenden Glasschmelzöfen (s. Abschnitt I über die Entwicklung der Glasschmelzöfen) hat sich die Bauart des Rundofens mit Zentralbrenner noch bis heute erhalten und ist für die Beheizung mit Steinkohlen in England, Frankreich, Spanien, Holland noch in größerer Menge in Verwendung, als man allgemein annimmt, in Deutschland wohl nur mehr ganz vereinzelt.

b) Die Hafenöfen mit direkter Feuerung.

Fig. 1 stellt nach *Cobb*[2] einen alten englischen Hafenofen mit direkter Feuerung ohne Sekundärluftzusatz dar. Man erkennt auf dem Bild bereits die charakteristischen Konstruktionseigenheiten der ganzen Ofengruppe: das Feuer des vertieft angeordneten Rostes steigt durch einen zwischen den Häfen liegenden Zentralbrenner in dem runden Ofenherd empor, streicht über die Häfen, und die Abgase werden dann durch am Ofenumfang angebrachte Pfeilerschornsteine über das Ofengewölbe geleitet, um in einer Art großer Schmiedeesse abgeführt zu werden. In ihrer Urform benötigten diese Öfen zwischen 3 und 7 kg Steinkohlen für 1 kg insgesamt geschmolzenes Glas[3], also ein Vielfaches gegenüber den modernen Öfen. Eine Erleichterung

[1] Trotzdem ist die Menge der im Glase zurückbleibenden Rückstände mitunter reichlich für die Fensterglasfabrikation, besonders wenn Sulfat angewandt wird, das die Corhartsteine stärker angreift, als Soda.

[2] *J. W. Cobb*, J. Soc. Glass Technol. 1917, S. 223; s. auch *F. W. Hodkin* u. *A. Cousen*, A Textbook of Glass Technology, S. 330, London 1925 (Constable Co.).

[3] *F. W. Hodkin* u. *A. Cousen*, ebenda S. 331.

der schwierigen Arbeitsbedingungen brachte in England die Einführung einer mechanisch betätigten Unterschubfeuerung, der „frisbie-feed“-Feuerung, bei der der Brennstoff von unten her durch die Roststäbe emporgedrückt wird. Auf diese Weise war wenigstens die Brennstoffzufuhr gleichmäßig gestaltet (es ist übrigens sehr interessant, daß Unterschubfeuerungen neuerdings bei amerikanischen Walzwerköfen[1] in zunehmendem Maße eingeführt werden, hier allerdings in Verbindung mit Sekundärluftzusatz). Von den erwähnten „frisbie-feed“-Glasschmelzöfen war 1927 noch in England eine gewisse Anzahl in Verwendung (vgl. Zahlentafel 18). Nach *Teisen*[2] rechnet man in England mit folgenden Kohlenverbrauchsziffern (für 1 kg Glas):

Direkte Feuerung . . .	2,0 bis 2,5 kg
Boetiusofen	1,5 „ 1,75 kg
Siemensofen	0,8 kg.

c) Die Glasschmelzöfen mit Halbgasfeuerung. Die Boetiusöfen.

Die bekannten, mit Halbgasfeuerung versehenen „Boetiusöfen“ arbeiten noch verhältnismäßig günstig, solange die Öfen neu und die Zentralbrenner noch nicht ausgebrannt sind.

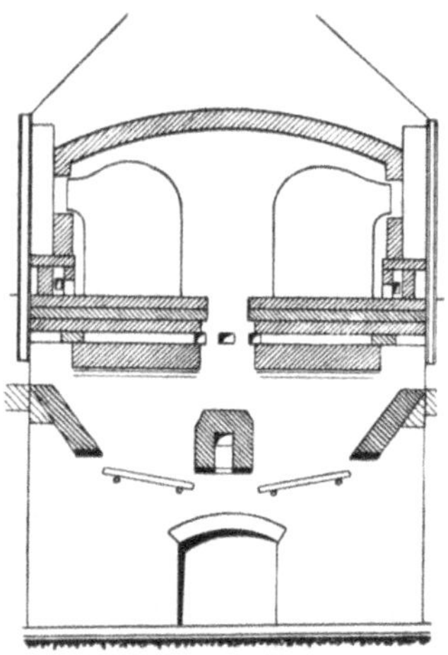

Fig. 51. Boetiusofen mit Halbgasfeuerung.

Besonders für Krystallglas und andere teuere Glassorten, wo es auf einen gewissen Mehrverbrauch an Kohle weniger ankommt, findet man heute noch diese Öfen. Es werden in der Regel gedeckte Häfen verwendet, um das Glas vor der Verunreinigung durch den Flugstaub zu schützen, was von vornherein gegenüber den mit offenen Häfen arbeitenden modernen Öfen einen Mehrverbrauch an Brennstoff zur Folge hat. Wegen knapper Hitze muß dazu noch die Glasmischung weicher eingestellt werden, als bei modernen Öfen üblich ist.

Fig. 51 stellt die bekannte Bauart des Boetiusofens mit einem großen runden Zentralbrenner in der Mitte des Herdes dar. Gewöhnlich sind zwei gegenüberliegende Feuerungen vorhanden. Diese Konstruktion wurde auch gelegentlich in ovaler Form und mit zwei Herdbrennern ausgeführt[3].

Die Sekundärluft wird in Kanälen im Herd, manchmal auch in den Wänden der Feuerung schwach vorgewärmt und tritt eine kurze Strecke unterhalb der Brennermündung zu dem aufsteigenden Feuer. Vielfach wird Gebläseluft benutzt, weil sonst im allgemeinen leicht Luftknappheit eintritt. Es ist z. B.

[1] Nach *H. Bleibtreu*, Über neuzeitliche industrielle Feuerungen. Mitt. d. Wärmestelle des V. d. Eisenh. 74, S. 4.

[2] J. Soc. Glass Technol. **1** (1917), 74.

[3] Vgl. die Beschreibungen eines solchen Ofens in *R. Dralle*, Die Glasfabrikation. 2. Aufl., Bd. I, S. 436.

vorgekommen, daß die Gase des etwas unter Druck befindlichen Ofens in die Sekundärluftkanäle eindrangen.

Die Boetiusöfen sind entschieden als veraltet zu betrachten, nichtsdestoweniger dürften als Vergleichswerte einige Betriebsergebnisse heute noch vorhandener Öfen dieser Art Interesse bieten.

Delorme[1] berichtete 1923 über die Ergebnisse von Messungen an drei Boetiusöfen sehr verschiedenen Alters. Nachstehend sind die wichtigsten seiner Messungen wiedergegeben:

Zahlentafel 17. Ergebnisse französischer Boetiusöfen.

	Ofenalter 3½ Monate	Ofenalter 1½ Jahre	Ofenalter 2 Jahre u. 2 Monate
Steinkohlenverbrauch für 1 kg Glas . . .	1,19 kg	1,445 kg	1,40 kg
Höchste Temperatur am Ofengewölbe . .	1450°	1410°	1335°
Temperatur am Kaminfuß	1268°	1278°	1190°

Delorme stellte Kohlenoxydgehalte der Rauchgase von 1 bis 5 Proz. bei Kohlensäuregehalten von 15 bis 16,5 Proz. fest.

H. Xignesse[2] gibt folgende Abgasanalysen, die an zwei französischen Boetiusöfen am Kaminfuße entnommen wurden:

	Ofen A	Ofen B
CO_2	16,5 Proz.	15,3 Proz.
O_2	1,1 „	0,2 „
CO	0,9 „	4,5 „

Die Ergebnisse der Messungen von *Delorme* sind in bezug auf die Wärmeausnutzung sehr ungünstig, und es ist zu verwundern, daß die Ziffern des Kohlenverbrauches noch halbwegs erträglich sind. Viel ungünstiger sind die meisten der von *Turner*[3] für englische Boetiusöfen und andere Öfen ähnlicher Konstruktion, wie „frisbie feed“-Öfen, gegebenen Brennstoffzahlen (s. Zahlentafel 18). Er stellte allerdings sehr unterschiedliche Ergebnisse fest. Am günstigsten sind die Ziffern der größeren Öfen, wo als bester Wert ein Verbrauch von 1,25 kg Steinkohle für 1 kg Glas verzeichnet wird.

Die Halbgasfeuerungen ergeben, wie auch die alten Siemensgeneratoren, sehr hohe Verluste durch Unverbranntes in den Aschen. Dies mag nun dadurch wettgemacht werden, daß die Feuerungen in das Ofenmassiv eingebaut sind, was einen Gewinn auf den Ausstrahlungsverlusten zur Folge hat. In dieser Hinsicht ist auch die zentrale Lage des Feuers und der Abzug der Rauchgase ringsum am Ofenumfang günstig; denn hierdurch werden die Ausstrahlungsverluste des Oberofens zu einem großen Teile durch die Abgase gedeckt.

---

[1] *Delorme*, Essais comparatifs de trois fours Boetius, „Le Verre“ Charleroi 1923, Nr. 10; s. auch Glastechn. Ber. **1**, 150.

[2] *H. Xignesse*, Conditions de marche des fours Boetius dans les verreries, Chaleur et Ind. Nr. 67 (Nov. 1925); s. auch Glastechn. Ber. **1**, 150.

[3] *W. E. S. Turner*, J. Soc. Glass Technol. **12** (1927), 305.

Zahlentafel 18. Ergebnisse englischer Boetiusöfen und ähnlicher Öfen mit Halbgasfeuerung für Hohlglas (nach *Turner*).

Ofen-Nr.	Ofenbauart	Zahl und Art der Häfen	Hafeninhalt	Hergestelltes Glas	Geschmolzenes Glas. Tagesleistung	Steinkohlenverbrauch für 1 kg geschmolzenes Glas
1	Tiefbrennerofen (deep eye)	12 gedeckte Häfen	1000 kg	Preßglas	5,14 t	1,25 kg
2	Boetiusofen	14 ovale Häfen	1000 „	„	2,71 t	2,16 „
3	Tiefbrenneröfen	12 ovale gedeckte Häfen	1000 „	Geblasenes Hohlglas (Natronkalkglas, z. T. Natronkali-Bleiglas	1,86 t	3,30 „
4	Desgl. mit mechanischer „Frisbiefeed“-Feuerung	12 ovale gedeckte Häfen	760 „	Krystallglas (Kalibleiglas)	1,07 t	3,30 „ bei neuen Öfen 4,60 „ bei alten Öfen
5	Desgl.	10 ovale gedeckte Häfen	635 „	Kolben und Röhren	1,43 t	3,20 „
6	Tiefbrennerofen mit eingeblasener Sekundärluft	6 runde gedeckte Häfen	760 „	Krystallglas (Bleiglas)	0,72 t	2,70 „

d) Die Modernisierung der Boetiusöfen.

Es sind in den letzten Jahren im Ausland die Boetiusöfen vielfach einer summarischen Modernisierung unterzogen worden (vgl. Abschnitt X 6 über die Rekuperativhafenöfen). Die Hauptumänderung bestand darin, daß man für die Vorwärmung der Sekundärluft Rekuperatoren einbaute, wodurch dann auch die Aufstellung eines regelrechten Kamins nötig wurde. Im allgemeinen sind die Herdbrenner dieser ganzen Ofengruppe einem sehr starken Verschleiß ausgesetzt und brennen rasch aus, wobei der Brennstoffverbrauch dauernd ansteigt. Es ist hier vielfach noch die Anwendung von Natursteinplatten gebräuchlich, die in bezug auf die Feuerfestigkeit an Silicaplatten erinnern, im übrigen jedoch sehr unvorteilhafte Eigenschaften zeigen (vgl. Abschnitt IX über die feuerfesten Baustoffe). Am besten ersetzt man sie heute durch Spezial-Chamotteplatten und verwendet für die Umrahmung des Brenners Sillimanit.

2. Einteilung der Regenerativhafenöfen in Büttenöfen, Schlitzöfen und Oberflammöfen. Vergleich dieser Bauarten.

Die Regenerativhafenöfen werden bekanntlich nach der Anordnung der Brenner eingeteilt, und zwar in die Oberflammhafenöfen, bei denen das Feuer hoch liegt und über die Häfen hinwegstreicht, und in die Büttenöfen und Schlitzöfen, bei denen die Brenner im Herde liegen. Die beiden letzteren Bauarten unterscheiden sich dadurch, daß bei den Büttenöfen die Sekundärluft bereits im Brenner selbst, in der sog. „Bütte“, mit dem Gase zusammentrifft, während bei den Schlitzöfen Gas und Luft getrennt zugeführt werden und sich erst im Herdraum selbst treffen. Es gelangen auch gelegentlich Übergangsstufen zwischen beiden Herdbrennerarten zur Anwendung.

Die Oberflammöfen können mit höherer Temperatur betrieben werden und sind in bezug auf Leistung und Brennstoffverbrauch wirtschaftlicher als die Büttenöfen und Schlitzöfen. Trotzdem sind sie als kleine und mittelgroße Öfen nicht allgemein beliebt, weil sie eine schlechtere Grundwärme geben als die Herdbrenneröfen, so daß das Glas in der Läuterperiode für den gleichen Reinheitsgrad viel stärker gerührt (geblasen) werden muß, damit das Bodenglas nicht zurückbleibt. Für sehr niedrige Häfen fällt dieser Einwand fort. Solche sind jedoch wegen ihres verringerten Inhaltes nur selten anwendbar. Die Oberflammöfen besitzen für die Ausarbeitung des Glases mit der Pfeife auch noch den Nachteil, daß bei einer lange andauernden Arbeit der Bläser das Glas unten in den Häfen zu kalt wird und dann eine Unterbrechung zum Aufheizen stattfinden muß. Ferner werden auch die Bläser durch Qualm stärker belästigt.

Nimmt man die beschriebenen Unbequemlichkeiten in Kauf und richtet sich im Betriebe danach ein, so bewähren sich die Oberflammöfen für alle Glassorten. Nur für das allerbeste optische Glas sind Herdbrenneröfen vorzuziehen, wenn auch in hierauf eingestellten Betrieben die Oberflammöfen ebenfalls Erfolge geben. Von einigen Wannen abgesehen wird das Gußspiegelglas ausschließlich in großen Oberflammöfen erschmolzen. Das Anwendungsgebiet der Herdbrenner stellen die kleineren und mittleren Öfen für die Ausarbeitung des Glases von Hand dar, und zwar benutzt man bei Herdgrößen bis zu etwa 20 qm besser Büttenbrenner und bei solchen über 20 qm besser Schlitzbrenner. Die Öfen für Hohlglas, Beleuchtungsglas usw. sind in der Regel kleiner und werden daher mit Bütten ausgerüstet, während die heute kaum noch vorhandenen etwas größeren Öfen für die Erzeugung von geblasenem Fenster- und Spiegelglas mit Schlitzbrenner versehen werden.

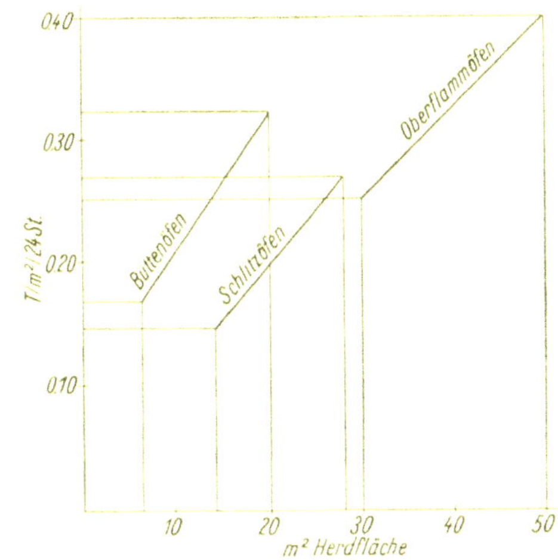

Fig. 52. Spezifische Herdleistung der Hafenöfen (insgesamt geschmolzenes Glas).

Für einen längeren Flammenweg ist die verhältnismäßig starke Vormischung von Gas und Luft, wie sie in den Büttenbrennern stattfindet, nicht günstig. Umgekehrt ist das Schlitzbrennerprinzip für einen kurzen Weg der Flamme nicht geeignet, weil dieser wegen ihrer späten Bildung nicht mehr genügend Zeit zum Ausbrennen bleibt.

Leistung und Kohlenverbrauch der verschiedenen Bauarten des Regenerativhafenofens. Fig. 52 gibt für alle drei Bauarten eine

Zahlentafel 19. Eckpunkte von Leistung und Kohlenverbrauch der Regenerativhafenöfen. (Die Leistung gilt brutto für das insgesamt geschmolzene Glas, der Kohlenverbrauch als Gesamtziffer für Schmelzofen, Kühlofen und Nebenöfen, und zwar ausgedrückt in kg Steinkohlen von 7000 WE.)

	Herdfläche in qm	Leistung in t/qm · 24 St.	Kohlenverbrauch in kg für 1 kg Glas
Büttenöfen	6	0,17	2,57
	20	0,32	1,36
Schlitzöfen	14	0,145	2,85
	28	0,27	1,57
Oberflammöfen	30	0,25	1,70
	50	0,40	1,05

Zusammenstellung von Durchschnittslinien der Leistung und Fig. 53 eine solche von Durchschnittslinien des Kohlenverbrauches für wachsende Herdgrößen. Die betreffenden geraden Linien ergeben sich aus der Verbindung der in Zahlentafel 19 zusammengestellten, von der *WBG.* Frankfurt als Durchschnitte ermittelten Eckpunkte[1]: Die *WBG.* stellt diese Werte wohl nur als jeweilige Durchschnitte für die drei Glasgruppen: Hohlglas, Tafelglas und Spiegelglas fest. Jedoch entspricht diese Art der Trennung nach der Art der benutzten Öfen praktisch auch der Einteilung in Bütten, Schlitz- und Oberflammöfen.

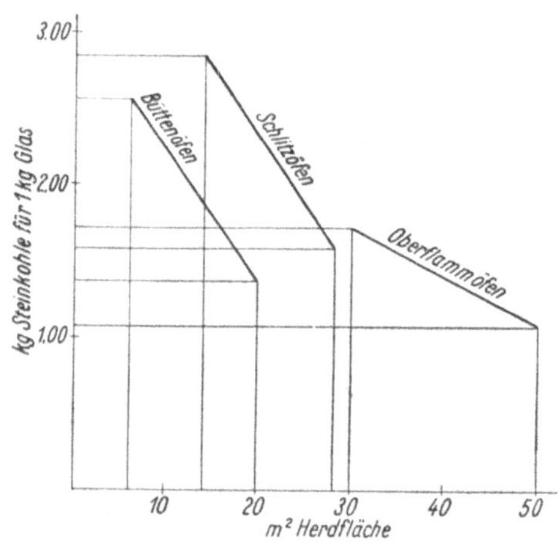

Fig. 53. Brennstoffverbrauch der Hafenöfen (ausgedrückt in Steinkohlen von 7000 WE für 1 kg Glas, Verbrauch der Kühl- und Nebenöfen einbegriffen).

Vergleicht man auf Fig. 52 die Leistung der drei Ofenbauarten, so ergibt sich, daß diese mit wachsender Herdgröße rasch zunimmt, und zwar zeigen alle drei Diagrammlinien annähernd die gleiche Steigung. Die beiden Linien der Schlitzöfen und Oberflammöfen entsprechen sogar, mit verschwindender Abweichung, einer einzigen, durch den Nullpunkt gehenden Linie. Die der Büttenöfen ist merklich günstiger. Es kann aber hieraus nicht ohne weiteres auf eine Überlegenheit dieser Öfen geschlossen werden, weil zu berücksichtigen ist, daß von allen drei Bauarten bei den Büttenöfen im allgemeinen mit dem weichsten Glassatz und dem höchsten Scherbenzusatz geschmolzen wird. Eine Überlegenheit der Oberflammhafenöfen bei gleichen Herdgrößen ergibt sich nicht aus dem Diagramm; dennoch ist eine solche, wie die Praxis ergibt, vorhanden, denn die betreffenden Öfen werden

[1] *WBG.* Frankfurt, Hafenöfen mit Regenerativfeuerung, S. 16 u. 19.

für die Erzeugung von Gußspiegelglas benutzt, bei dem der Glassatz sehr hart eingestellt ist und die Ansprüche an die Glasläuterung sehr groß sind.

Für den auf Fig. 53 in Abhängigkeit von der Herdgröße dargestellten, auf 1 kg Glas bezogenen Kohlenverbrauch ergibt sich ein dem Leistungsdiagramm entsprechendes Bild. Man kann den Verbrauch der Oberflamm- und Schlitzöfen durch eine einzige Kurve darstellen, die in ihrem Verlaufe an einen Hyperbelbogen erinnert.

Die zugrunde gelegten Kohlenverbrauchsziffern der *WBG.* begreifen auch den Verbrauch der Kühlöfen und aller anderen Nebenöfen ein. Für die Bütten- und Schlitzöfen können die kleinen Hüttenwerke nur in sehr wenigen Fällen den Verbrauch der Schmelzöfen gesondert angeben, weil meistens sämtliche Öfen von der gleichen Generatoranlage gespeist werden (und eine direkte Mengenmessung bei ungereinigtem Gase sehr schwierig ist). Die *WBG.* Frankfurt rechnet bei Hohlglas für Schmelze und Läuterung allein 40 bis 55 Proz., bei Tafelglas 45 bis 60 Proz. und bei Spiegelglas 55 bis 70 Proz. der Gesamtverbrauchsziffern.

Getrennte Kohlenverbrauchsziffern der Schmelzöfen sind nur für die Oberflamm-Spiegelglasöfen bekannt, und zwar ergibt sich aus einer Zahlentafel der *WBG.*:

Große Öfen von 44 bis 51 qm Herdfläche: für 1 kg Glas 0,82 bis 0,89, in einem Falle 0,97 kg Steinkohlen.

Mittlere Öfen von 15 bis 30 qm Herdfläche: für 1 kg Glas 0,96 bis 1,27 kg Steinkohlen.

Die nach obigem günstigste Ziffer von 0,82 kg Steinkohlen für 1 kg Glas wird indessen bei großen rheinischen Öfen von 53 qm Herdfläche belgischer Bauart (vgl. Fig. 60), mit starkem Unterbau und Brennerwänden, wesentlich unterschritten. Es ergeben sich rein netto nur etwa 0,90 kg Steinkohle für 1 kg fertig geschnittenes Glas, was rund 0,70 kg für 1 kg insgesamt geschmolzenes Glas ausmacht. Hiernach sind die großen Hafenöfen den mittleren Wannenöfen in bezug auf den Brennstoffverbrauch nicht unterlegen.

3. Die Büttenöfen.

Die heutigen deutschen und böhmischen ovalen Büttenöfen, die fast ausschließlich für die Hohlglasfabrikation dienen, sind durch Anwendung des Regenerativsystems auf frühere Öfen mit direkter Feuerung (längliche deutsche Öfen und böhmische Holzöfen) entstanden. In England, Frankreich und Amerika wird diese Bauart seltener angetroffen. In England und Frankreich ist die Anwendung einfacher Rekuperatoren auf Rundöfen häufiger, und in Amerika gibt es überhaupt wenig kleine und mittlere Hafenöfen, sondern mehr größere Oberflammöfen (und Wannen!).

A. Die üblichen Hohlglasbüttenöfen.

Fig. 54 und 55[1] zeigen, abgesehen von den seltener angewandten stehenden Kammern, die normale Bauart eines ovalen Hohlglasbüttenofens mit zwölf

[1] Diese Bilder eines Osram-Ofens verdanke ich der Liebenswürdigkeit von Herrn Professor *Gehlhoff*.

Häfen und einem im Herde liegenden Büttenbrennerpaar. An jedem Ofenkopf steht ein sog. „Bockhafen oder Sätzel". Meistens sind diese kleiner als die anderen Häfen und werden dann gerne für die Häfen stark an-

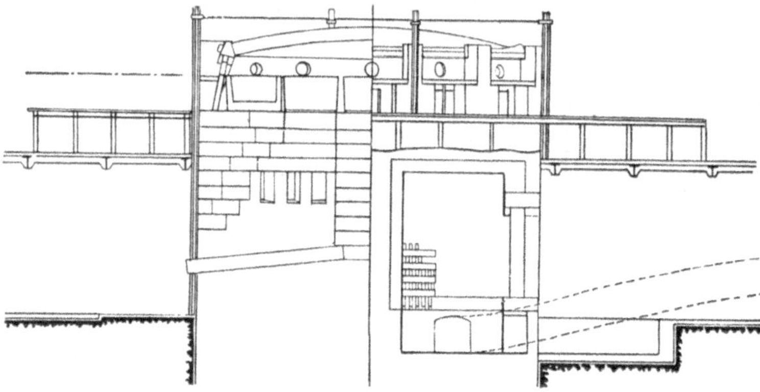

Fig. 54. Ovaler schlesischer Büttenofen (Längsschnitt). Osram-Glühkolbenofen.

greifendes, fluorhaltiges Glas oder für Farbglas zum Überfangen verwendet. An jedem Kopfende des Ofens befindet sich ein Hafentor, und die Sätzel können daher besonders leicht ausgewechselt werden. Mitunter wird in der Ecke zwischen Kopfhafen und erstem Satzhafen, und zwar erhöht auf einem Sockel, ein besonders kleines Sätzel von 30 bis 40 cm Durchmesser angeordnet.

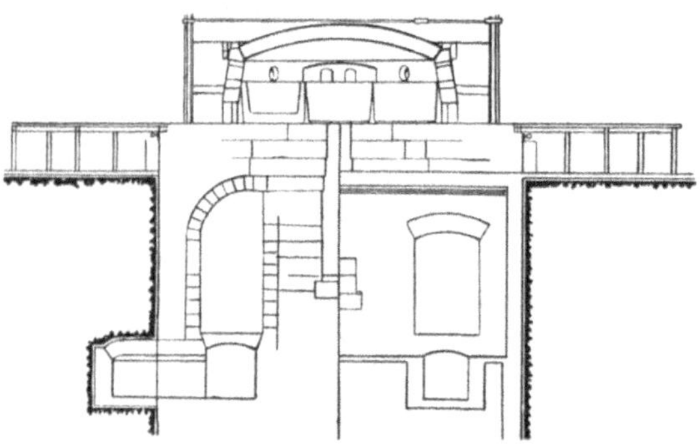

Fig. 55. Ovaler schlesischer Büttenofen (Querschnitt).

Die ovalen Büttenöfen können, ohne das Bild zu stören, für 12, 10, 8 oder 6 Häfen eingerichtet werden. Für 14, 16 und mehr nähert sich der Ofen allmählich immer mehr einem runden Ofen. Der Brennstoffverbrauch muß hierdurch ungünstig beeinflußt werden, weil die Größe des freien Raumes in der Ofenmitte zunimmt. Runde Öfen mit einer großen Anzahl Häfen und mit vier Bütten wurden früher viel verwendet.

Büttenöfen mit vier Häfen führt man rechteckig aus, im übrigen wird das rechteckige Profil bei Büttenöfen selten angewandt, weil man bei Hohlglas auf die Anordnung eines Sätzels an jedem Ofenkopf nicht verzichten will. Im Gegensatz hierzu werden die Schlitzöfen alle rechteckig gestaltet. Hier wird der Sätzel fortgelassen, weil er an einen Luftschlitz zu stehen käme, und es eignet sich dann die rechteckige Form gut für den Anbau von Anwärme-Trommelöfen.

B. Die Konstruktion des Büttenbrenners.

Durch das verhältnismäßig frühe Zusammentreffen von Gas und Luft in der Bütte brennt diese bei Verwendung von Material ungenügender Feuerfestigkeit ziemlich rasch aus und nimmt dann während einer längeren Hüttenreise (2 Jahre sollen die Öfen mindestens halten, am besten 3) oft eine kraterähnliche Form an. An dieser raschen Zerstörung ist auch das Herdglas beteiligt, das durch den Brenner in die Glastasche fließt. Die Vormischung von Gas und Luft im Brenner soll ein gewisses Maß nicht überschreiten. Außer einer geeigneten Art der Zusammenführung von Gas und Luft ist es daher (nach Abschnitt IV über die Verbrennung in den Ofenherden) wichtig, den Brennerquerschnitt nicht zu groß zu gestalten. Als geeignetes feuerfestes Material (s. Abschnitt IX) für die Büttenumrandung bewährt sich Sillimanit.

Zusammenführung von Gas und Luft im Brenner. Die Art der Zusammenführung von Gas und Luft hat nicht allein einen Einfluß auf den Grad der Vormischung bzw. Vorbrennung, sondern auch auf die Gestaltung der in den Ofen hineinzuziehenden Flamme.

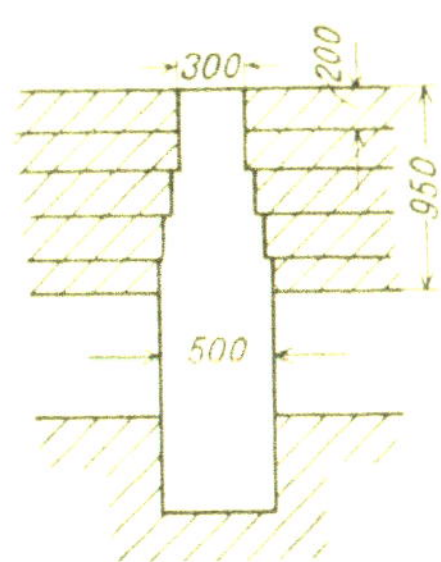

Fig. 56.

Jede Bütte endigt nach unten hin in einer Glastasche (s. Fig. 54 bis 56) und liegt zwischen einer Gas- und einer Luftkammer, von denen aus Gas und Luft zu den Flachseiten her durch Schlitze eintreten. Es ist nun zu unterscheiden zwischen den sich gegenüberliegenden, den voll versetzten und den teilweise versetzten Schlitzen.

Bei den sich gegenüberliegenden Schlitzen (gewöhnlich handelt es sich um zwei Gas- und zwei Luftschlitze) durchdringen sich nun Luft und Gas zunächst nur verhältnismäßig wenig und ziehen in zwei Schichten aneinanderliegend (die allmählich ineinander diffundieren und zunehmende Vorverbrennung geben) nach oben. Die Folge ist, daß oben im Herd die eine Seite zu Luftüberschuß und höherer Temperatur und die andere zu Luftmangel und niederer Temperatur neigt. Nach der *WBG.*[1] wurde festgestellt, daß der erste Hafen an der Bütte zur Luftseite hin z. B. 1520° Randtemperatur zeigte, während der betreffende Hafen an der Gasseite nur 1400° aufwies. Dieser Unterschied gleicht sich bis zum Abzug hin allmählich aus, wenn auch nicht immer vollständig. Ein gutes Mittel gegen diese Störung besteht darin, daß man die Breite der Bütte bei der Mündung in den Herd beschränkt, allerdings darf man hierin nicht allzuweit gehen, weil sonst die Vormischung zu stark wird. Es gibt Hütten, die bei einer Büttenbreite von 30 cm von der erwähnten Störung so gut wie gar nichts merken. Fig. 56 gibt für einen solchen Fall geeignete Maßverhältnisse. Einen gewissen, wenn auch nicht sehr großen Ausgleich gibt das Anordnen der Kammern über Kreuz, d. h. an dem einen Ofenkopf Luft links und Gas rechts und an dem andern umgekehrt.

[1] *WBG.* Frankfurt, Glasschmelzhafenöfen mit Regenerativfeuerung, S. 50.

Bei den voll versetzten Schlitzen wird entweder ein Gasschlitz gegenüber zwei Luftschlitzen oder zwei Gasschlitze gegenüber drei Luftschlitzen so angeordnet, daß die Gasströme im Brennerschacht genau zwischen die Luftströme zu liegen kommen. Hierdurch wird nun die Verteilung von Gas und Luft in der Flamme gleichmäßiger, bis zu einem gewissen Betrag tritt jedoch infolge der Fliehkraft die entgegengesetzte Störung auf, d. h. es legt sich ein leichter Gasüberschuß zur Luftseite und umgekehrt (das gleiche ist auch bei den Schlitzöfen der Fall).

Die günstigsten Ergebnisse erhält man bei den teilweise versetzten Schlitzen, wie sie auch die *WBG.*[1] empfiehlt.

Teilung der Bütte durch eine Zunge in zwei Teile. Eine solche Teilung der Bütte mit gegenüberliegenden Schlitzen geschieht zur Verringerung des Verschleißes der Bütte. Es bilden sich dann beim Ausbrennen zunächst zwei kleinere Teilkrater, anstatt eines einzigen größeren. Diese Einrichtung (s. Fig. 57) trifft man gelegentlich bei gegenüberliegenden Schlitzen, sowohl bei schlesischen als auch bei bayrischen Hohlglasöfen. In dem Maße, wie die Zunge wegbrennt, nimmt natürlich die Schutzwirkung ab.

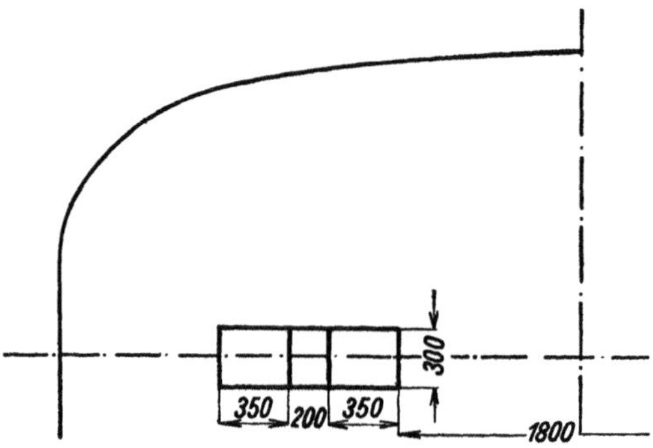

Fig. 57. Herdgrundriß eines Büttenofens mit geteilten Bütten.

Beim Vielflammofen von *Knoblauch*[2] befindet sich überall seitlich zwischen zwei Häfen eine Bütte, die mit der gegenüberliegenden in Wechselschaltung steht. Die Unterteilung hat den Zweck, die Beheizung gleichmäßiger zu gestalten. Diese Idee ist zweifellos interessant; es darf jedoch nicht aus dem Auge verloren werden, daß der Unterbau, den diese Bauart ergibt, nicht so stabil sein kann wie derjenige der üblichen Ofenkonstruktion.

Konstantkanal. Bei der Ausarbeitung des Glases stehen, um die Temperatur der einzelnen Häfen gleichmäßig zu halten, in der Regel gleichzeitig beide Bütten unter Feuer, und die Gase schlagen dann zu den Arbeitslöchern hinaus. Um den Qualm zu beseitigen, wird vielfach die Einrichtung des Konstantkanales getroffen (zuerst bei den „Siebertöfen" angewandt). In den Pfeilern zwischen den Häfen sind dann kleine Abzüge vorgesehen, die während der Arbeit die Abgase in den mit dem Schornstein in Verbindung stehenden Konstantkanal leiten.

Wenn beide Bütten bei der Ausarbeitung gleichzeitig unter Gas stehen, so ergibt sich eine starke Abkühlung der Kammern, so daß sie später beim Wiederanwärmen des Ofens längere Zeit brauchen, um wieder auf Temperatur

[1] *WBG.* Frankfurt, Hafenöfen mit Regenerativfeuerung, S. 52.
[2] Siehe die Beschreibung: Glastechn. Ber. **3**, 39.

zu kommen. Dies fällt besonders auf[1], wenn ein Konstantkanal benutzt wird. Scheinbar benötigt man bei dieser Abzugstellung während der Ausarbeitung etwas mehr Feuer.

C. Ermittlung des Büttenquerschnittes.

Bemessung als Verhältniszahl zur Herdfläche. Es ist dieses Verfahren das einfachste und ist dann das allein anwendbare, wenn man über die während der Schmelze durchzusetzende Wärmemenge keine Unterlagen besitzt. Weil die Wärmebelastung eines Quadratmeters Herdfläche nur in gewissen Grenzen schwankt (vgl. Abschnitt XVI), kann man für ähnliche Verhältnisse den Büttenquerschnitt direkt auf die Herdfläche beziehen. Die *WBG.*[2] stellte bei ihren Untersuchungen Büttenquerschnitte von 1,5 bis 2,5 Proz. der Herdfläche fest und empfiehlt für neue Öfen 1,8 Proz. unter Berücksichtigung aller dabei mitwirkenden Umstände. Bei der Benutzung von Steinkohlen soll man sinngemäß den Büttenquerschnitt der unteren und bei der von Rohbraunkohlen höheren Wassergehaltes der oberen Grenze anpassen.

Berechnung auf Grund der Gasgeschwindigkeit. Kennt man den stündlichen Brennstoffdurchsatz während der Schmelze, so ist in jedem Falle eine Nachrechnung der Flammengeschwindigkeit in der Brenneraustrittsöffnung zu empfehlen, und zwar ist eine Geschwindigkeit von 10 m/sek. anzustreben, bei Steinkohlen etwas mehr, bei Rohbraunkohlen etwas weniger. Man kann 1200° zugrunde legen, und irrt man sich dabei um 100°, so ergibt dies in der Geschwindigkeit immer erst einen Fehler von 6 Proz.

Bemessung des Büttenquerschnittes nach dessen Wärmebelastung. Die *WBG.*[2] stellt während der Schmelze für 1 qm Brennerquerschnitt eine Wärmebelastung von insgesamt 5000000 bis 13000000 und normal von 6000000 bis 8000000 WE/St. fest. Man kann nun auch, anstatt die Flammengeschwindigkeit direkt zu kontrollieren, die Wärmebelastung des Brennerquerschnittes mit obigen Werten vergleichen unter Berücksichtigung der Brennstoffart.

4. Die Schlitzöfen.

Nach *Baldermann*[3] geht die erste Konstruktion der Schlitzöfen auf Friedrich Siemens selbst zurück. Die Schlitzöfen waren für geblasenes Fenster- und Spiegelglas, und zwar in der Bauart des rechteckigen Ofens mit 6 oder 8 großen Häfen, sehr gebräuchlich, weniger für Hohlglas, für dessen Herstellung die Büttenöfen, wie ausgeführt, geeigneter sind. Die statistischen Angaben der *WBG.*[4] stellten 1925 unter 17 Schlitzöfen 5 Hohl-

[1] Vgl. *K. Hesse* u. *W. Friedmann*, Die Flamme im Glasschmelzofen. Glastechn. Ber. **3**, 55.

[2] *WBG* Frankfurt, Hafenöfen mit Regenerativfeuerung, S. 60.

[3] *Baldermann*, Der praktische Glashüttentechniker (Selbstverlag).

[4] Glasschmelzhafenöfen mit Regenerativfeuerung, Zahlentafel II, Frankfurt 1926 (Selbstverlag der *WBG.*).

glasöfen und 12 Öfen für geblasenes Spiegel- und Tafelglas fest. Durch die Rationalisierung auf dem Gebiete des Fenster- und Spiegelglases sind nun in den letzten Jahren die letzteren fast alle stillgelegt worden.

Größe der Öfen und Häfen. Kleinste Einheiten mit weniger als 10 qm Herdfläche, wie bei den Büttenöfen, gibt es als Schlitzöfen nicht, weil dann der Weg der Flamme zu kurz wird.

Die für Spiegel- und Tafelglas benutzten Schlitzöfen sind mit runden Häfen ausgerüstet, deren Durchmesser sich etwas nach unten verringert. Im allgemeinen beträgt die Fassungskraft der Häfen 500 bis 700 Liter bei einem oberen äußeren Durchmesser von 108 bis 133 cm und einer Höhe von 75 bis 87 cm.

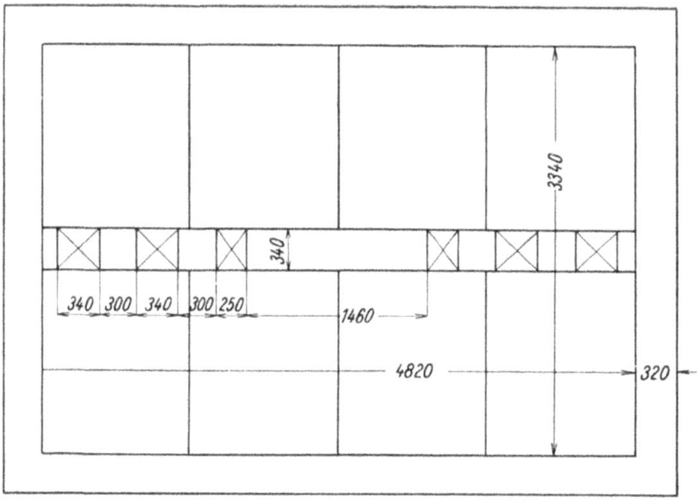

Fig. 58. Herdgrundriß eines bayrischen Schlitzofens.

Der größte, von der *WBG.* festgestellte Schlitzofen für Tafelglas besaß eine Herdfläche von 33 qm und war mit 8 Häfen zu 948 Liter Fassungskraft versehen (1,60 äußerer oberer Durchmesser und 75 cm Höhe), deren Größe auch durch die Gußspiegelglasöfen kaum überflügelt wird.

Brennerkonstruktion. Die Schlitzbrenner der mittleren Öfen bestehen aus einem Gas- und zwei Luftschlitzen, die von größeren aus zwei Gas- und zwei Luftschlitzen, zum Teil sind auch drei Luftschlitze vorhanden. Wie bei den Büttenöfen wird die Breite der Schlitze ziemlich gering gehalten, um der durch die Fliehkraft verursachten Ungleichmäßigkeit der Flamme vorzubeugen. Die Ungleichmäßigkeit ist übrigens im Vergleich zu den Büttenöfen merklich geringer. Einen weiteren Ausgleich kann man durch ein geringes Versetzen der Luftschlitze zur Luftkammerseite und der Gasschlitze zur Gaskammerseite hin erzielen. Die übliche Breite der Schlitze beträgt 30 bis 35 cm.

Fig. 58 stellt den Herdgrundriß eines mit böhmischen Braunkohlen des Falkenauer Reviers (mit durchschnittlich 35 Proz. Wasser) betriebenen bayrischen Schlitzofen für geblasenes Spiegelglas dar.

Fig. 59 gibt den Schnitt eines englischen „Simon-Carves"[1]-Schlitzofens wieder. Die Brenner liegen etwas erhöht, um das Hineinlaufen von Herdglas zu verhindern. Dieses wird gegen die Herdmitte geleitet, wo im Unterbau zwischen den Kammern eine Glastasche angeordnet ist. Der Schutzrand der Brenner wird wohl meistens ziemlich rasch fortschmelzen, und es treten dann, wie bei den deutschen Öfen von vornherein, Brennerglastaschen in Wirksamkeit. Es ist noch zu erwähnen, daß der Oberbau nicht auf dem Kammerblock ruht, sondern durch Eisenwerk getragen ist, wie bei den Martinöfen, wenn auch auf einfachere Art. Es sei auch auf die stehenden Kammern hingewiesen. Nach Angaben der Baufirma werden Häfen mit einem Inhalt von 1750 kg in 19 Stunden vollgeschmolzen.

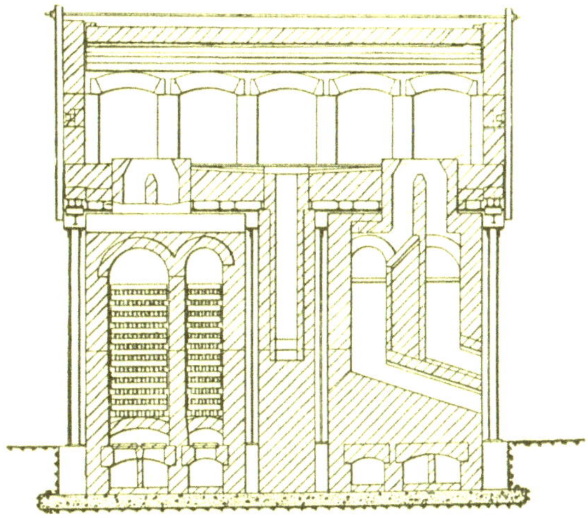

Fig. 59. Englischer Schlitzofen nach *Simon-Carves*.

5. Die Oberflammhafenöfen (mit Regenerativbeheizung).

Bei dieser Bauart (s. Abb. 60) wird der längliche Herd zu jeder Seite durch den Ofenkopf mit dem hochliegenden Brenner begrenzt, dessen Flamme etwas höher als die Hafenränder liegt (bei den großen Gußspiegelglasöfen um etwa 60 cm).

Das Gewölbe ruht auf Pfeilern, die durch Arkadenbogen verbunden sind. Die Häfen können durch die großen, zwischen den Pfeilern angebrachten Seitentore bequem aus dem Ofen herausgeholt werden. Die Herde der größeren Öfen sind stets mit Kühlzügen versehen (s. Abschnitt X 8 über konstruktive Besonderheiten der Hafenöfen).

Die Brenner der Oberflammöfen. Verwandt werden mit seltenen Ausnahmen sog. „zungenlose Brenner". Ein solcher ist auf Fig. 60 zu erkennen. Bei der Verwendung von Zungen zwischen Gas und Luft bleiben die ersten Häfen an der Brennerbank in der Schmelze etwas zurück, die Flamme wird jedoch länger.

Die Brennerbank ist bei zungenlosen Brennern stark dem Verschleiß ausgesetzt. Das aus dem Brenner herausschießende Flammenbündel frißt

[1] Nach *F. W. Hodkin* u. *A. Cousen*, A Textbook of Glass Technology, S. 339.

im Laufe der bis zu drei Jahren betragenden Ofenreise einen allmählich immer tiefer werdenden Graben, wodurch das Feuer nach einer gewissen Zeit zu tief fällt und die Häfen angreift, so daß die Bank ausgeflickt werden muß. Im allgemeinen halten Silicaplatten etwas über ein Jahr, bis dann die Reparaturen beginnen. Schamotteplatten halten schlechter als Silica. Trotzdem werden in Belgien fast ausschließlich Schamotteplatten benutzt, allerdings zum Teil Riesenplatten von der ganzen Brennerbreite von 1,60 bis 2 m bei den Gußspiegelglasöfen. Nach unserer heutigen Kenntnis des feuerfesten Materials wäre für diese Zwecke Sillimanit oder eisenarmer Magnesit zu empfehlen.

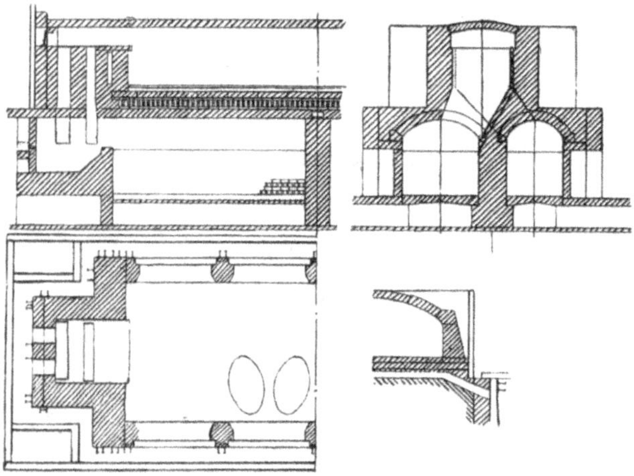

Fig. 60. Großer Spiegelglas-Oberflammhafenofen.

Auch bei den Brennern der Oberflammöfen ist die für die Bütten- und die Schlitzöfen beschriebene, durch die Fliehkraft verursachte Ungleichmäßigkeit in der Mischung von Gas und Luft zu beobachten. Dadurch, daß die Gaskammern z. B. an der linken und die Luftkammern an der rechten Längsseite des Herdes liegen, erhält das Gas im Brenner einen kleinen Schub nach rechts und die Luft einen solchen nach links. Dieser Ungleichmäßigkeit ist bei den Oberflammöfen eine besondere Beachtung zu schenken, nicht allein, weil die Glasschmelze dadurch aus Gasüberschußseite behindert wird, sondern auch, weil bei der hohen Flammentemperatur bei ungleichmäßiger Mischung von Gas und Luft das Gewölbe leicht durch Stichflammen angegriffen und das Glas durch in die Häfen hineinfallende Silicatropfen verdorben wird.

Die erste Bedingung für die Möglichkeit eines Ausgleiches der beschriebenen Ungleichmäßigkeit ist, daß die Gas- und Luftwege von der Glastasche herauf zum Brenner in schlankem Bogen (s. Fig. 60), ohne scharfe Ecke verlaufen. Es wird dann durch eine Versetzung des Gasschlitzes gegen den Luftschlitz von etwa 10 cm bei den großen Öfen ein praktisch vollständiger Ausgleich erzielt. Desgleichen wirkt ausgleichend, wenn man die Länge des Gasschlitzes etwas geringer nimmt als die des Luftschlitzes. Beim allmählichen Ausbrennen der Brennerschächte wird die bei neuem Ofen gleichmäßige Mischung von Gas und Luft schließlich wieder etwas ungleich, und auf sehr einfache Weise kann dann die Regulierung durch Aufsetzen von Steinen auf die Brennerbank an der kritischen Ecke des Gas- und des Luftschlitzes korrigiert werden. Ein weiteres, seltener angewendetes Mittel besteht in dem Auflegen von Steinen auf den nach außen liegenden Teil der

Kammerbank zwischen Kammer und Glastasche. Alle diese Kunstgriffe nutzen jedoch nichts, wenn die Brennerschächte von unten herauf mit scharfem Bug geführt werden.

Große Oberflammöfen. Die Gußspiegelglasöfen. Hafenöfen sehr großer Abmessungen, mit Herden über 30 qm, bewähren sich nicht in der Ausführung als Bütten- oder Schlitzöfen wegen deren dem Verschleiße so sehr stark ausgesetzten Herdbrennern. Hier sind nur Oberflammhafenöfen brauchbar. Das in Europa am meisten benutzte Modell besitzt eine Herdlänge von etwa 12 m und ist mit 16 Häfen von etwa 750 l Inhalt (1875 kg Glas) versehen (s. Fig. 60). Größere Häfen mit 800 bis 900 und gelegentlich bis 1000 l Inhalt werden nur in vereinzelten Hütten verwendet.

900 l fassen auch die Häfen der amerikanischen Pittsburgh Plate Glass Co[1].

In Amerika scheinen Öfen mit 20 Stück der beschriebenen großen Häfen bereits typisch zu sein[2], während in Europa nur ganz vereinzelt Öfen dieser Länge vorhanden sind.

Wird nun der Gußspiegelglasofen mit 20 Normalhäfen versehen, anstatt mit 16, so steigt seine Herdlänge auf etwa 15 m, was unbedingt einen etwas günstigeren Brennstoffverbrauch zur Folge haben muß. In Kauf muß jedoch hierbei genommen werden, daß eine genügend gleichmäßige Beheizung der verschiedenen Häfen und im großen ganzen die Glasläuterung etwas schwieriger wird.

Die großen Oberflammöfen besitzen, wie bereits ausgeführt, einen für Hafenöfen sehr günstigen Brennstoffverbrauch. Deshalb werden sie in Amerika nicht allein für Gußspiegelglas, sondern auch für andere Glassorten benutzt. Für den Spiegelglasgießprozeß besitzt die mangelhafte Grundwärme der Oberflammöfen auch eine günstige Seite. Beim Abstehenlassen des Glases über Nacht kühlt das Bodenglas im Hafen nicht so rasch ab, wie das Oberflächenglas, und weil für den Guß die Glastemperatur unbedingt im ganzen Hafen nur geringe Temperaturunterschiede aufweisen darf, ist es sehr willkommen, wenn beim Wiederanwärmen des Glases für den Guß die Hitze stärker von oben wirkt. Wie groß die Temperaturunterschiede in der Glasmasse des Hafens sein können, und wie langsam sie sich ausgleichen, ergibt sich aus den Messungen, die *G. Gehlhoff* und *M. Thomas*[3] in einem einhäfigen Büttenofen ausführten. Sie stellten mittelst Thermoelement die Temperatur an der Oberfläche des Glases, bei halber Höhe und am Boden des Hafens fest. Zahlentafel 20 zeigt die Ergebnisse der größten der vorgenommenen Versuchsreihen.

Mittelgroße Oberflammöfen. In der deutschen Glasindustrie war bis vor einigen Jahren für Tafelglas und für dünnes gegossenes Spiegelglas

[1] Glass Ind. **9** (1928), 268.

[2] Siehe: Glass Ind. **8** (1927), 3.

[3] *G. Gehlhoff* u. *M. Thomas*, Temperaturmessungen an Glasöfen. Glastechn. Ber. **4** (1926).

Zahlentafel 20. Messung der Temperaturverteilung in der Glasmasse eines im Ofen abstehenden Hafens durch *Gehlhoff* und *Thomas*.

Abstehzeit nach beendeter Schmelze (Glas mit 1400° abstehen lassen)	3 St.	4½ St.	7 St.
Temperatur an der Oberfläche des Glases	1007°	962°	990°
In halber Höhe des Hafens	1075°	1032°	1010°
Am Boden des Hafens	1138°	1078°	1018°

eine größere Reihe von Oberflammhafenöfen mittlerer Größe von 10 bis 25 qm Herdfläche in Benutzung. Diese sind jedoch infolge der fortschreitenden Rationalisierung der Glasfabrikation fast überall gelöscht worden, genau wie die Schlitzöfen für Tafelglas und geblasenes Spiegelglas.

In Frankreich scheinen die Oberflammhafenöfen kleineren und mittleren Formates zur Zeit eine größere Rolle zu spielen als in Deutschland („Permanentöfen" von Schwaller). Es sind bei der Verwendung guten, feuerfesten Materiales mittlere und kleine Oberflammöfen ziemlich unverwüstlich.

Eine Besonderheit von österreichischen und französischen Oberflammöfen bildet die Anordnung eines Herdglasabflusses in Herdmitte, durch den das Herdglas kontinuierlich abfließt in eine zwischen den Wärmespeichern vorgesehene Glastasche.

Kleine Oberflammöfen mit 5 bis 10 qm Herdfläche. Solche finden gelegentlich sowohl für Glasstäbe und Perlen, als auch für Hohlglas Verwendung. Bei kleinen Öfen dieser Art wird der Aufbau sehr einfach gestaltet. Senkrechte Brennerschächte sind nicht nötig, die Regenerativkammern werden hinaufgezogen bis an die Brenner, die Luftkammer höher als die Gaskammer. Es entspricht dies der Ausführung, wie sie *Moll*[1] für Martinöfen hat patentieren lassen, und wie sie auch bei kleineren Wannen gelegentlich angetroffen wird.

Erwähnt sei ferner die für optisches Glas benutzte Konstruktion eines einhäfigen Oberflammofens, bei der die Brenner in der Rückwand angeordnet sind und eine Hufeisenflamme über dem Glasspiegel angewandt wird.

Größere Öfen mit der Anwendung dieses Heiz-Prinzipes beschreibt *H. Schnurpfeil*[2].

6. Die Rekuperativhafenöfen.

a) Allgemeines. Einteilung der Rekuperativ-Hafenöfen.

Rekuperativ-Hafenöfen sind in Deutschland nur wenig anzutreffen, das gleiche gilt für die böhmische Glasindustrie. In England und Frankreich, auch in den skandinavischen Staaten, scheint jedoch bei den Hafenöfen die Rekuperativausführung zu überwiegen.

Im allgemeinen kann man sagen, daß diese, abgesehen von den hochwertigen Brennstoffen wie Koksofengas, Erdgas und Teeröl, nur dort zur Entwicklung gelangen konnte, wo gute Steinkohlen den normalen Brenn-

[1] Vgl. *E. Cotel*, Der Siemens-Martin-Ofen.

[2] *H. Schnurpfeil*, Der Glasmacher. Chur 1923. (Selbstverlag.)

stoff bilden, weil dann die Gasvorwärmung leichter entbehrt werden kann als z. B. bei Braunkohlen.

Andererseits mußte das Regenerativsystem in den Bezirken der deutschen und böhmischen Braunkohlen unbedingt die Oberhand behalten, weil für stark wasserhaltige Brennstoffe die Rekuperativöfen wirklich nicht geeignet sind.

Dralle[1] teilt die Rekuperativ-Hafenöfen nach ihrer Flammenführung in folgende 6 Typen ein:

1. Oberflammöfen mit
   a) nach innen niederschlagender Flamme,
   b) nach außen niederschlagender Flamme,
   c) niederschlagender Prallflamme, von außen ausgehend und nach außen zurückkehrend.
2. Unterflammöfen mit
   a) nach innen überschlagender Flamme,
   b) nach außen überschlagender Flamme,
   c) aufsteigender Prallflamme, von außen ausgehend und nach außen zurückschlagend.

Die wichtigste dieser Bauarten ist der Unterflammofen mit nach außen überschlagender Flamme. Weniger wichtig sind dann die drei Gruppen der Oberflammöfen. Für die übrigbleibenden beiden Gruppen der Unterflammöfen ist keine praktische Ausführung bekannt geworden.

b) Unterflammöfen mit nach außen überschlagender Flamme.

Besonders in England und Frankreich werden diese Öfen viel verwendet. Sie sind hier durch die Modernisierung der alten Rundöfen entstanden. Es handelt sich um kleinere und um mittelgroße Öfen. Fig. 61 stellt einen solchen Ofen, Bauart Teisen[2], mit zehn Häfen dar. Man erkennt auf dem Bilde den beibehaltenen Hauptaufbau des Boetiusofens. Die Flamme wird in dem großen Zentralbrenner, einer Art Zentralbütte, entwikkelt, schlägt über die den Brenner im Kreise umgehenden Häfen hinweg und zieht durch Öffnungen in den Pfeilern ab. Die Gaserzeuger, die noch immer an Halbgasfeuerungen erinnern, sind in das Ofenmassiv

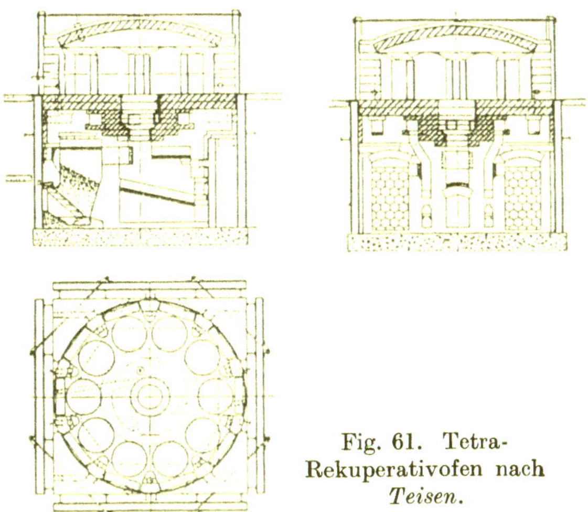

Fig. 61. Tetra-Rekuperativofen nach *Teisen*.

[1] *R. Dralle*, Die Glasfabrikation, 2. Aufl., Bd. I, S. 472.
[2] J. Soc. Glass Technol. **11** (1927), 273 Trans.

eingebaut. *Teisen* sieht für die größeren Öfen vier Rekuperatoren vor (Tetra Recuperator Furnace), um die Konstruktion besser meistern und auch um die Rekuperatoren im Betriebe besser reinigen und instand halten zu können. Hinzugekommen ist bei den neuen Öfen auch eine bequeme Glastasche.

Im übrigen sind zahlreiche Konstruktionen des Rekuperativ-Rundofentyps in England und Frankreich verbreitet (auch in Holland usw. vorhanden), die sich nur in einigen Einzelheiten unterscheiden.

Zu der Konstruktion von *Teisen* ist noch hinzuzufügen, daß die Glastasche heizbar angeordnet ist, und daß die Rekuperatoren durch Kühlkanäle von allen Seiten gegen etwa durch das Mauerwerk eindringendes Glas geschützt sind. Außerdem führt *Teisen* zum Schutze der Brennerwände die Sekundärluft aus zwei oder vier Seitenkanälen tangential in den Brennerschacht ein. Bei dieser Anordnung sollen die Wände durch die sich drehende Luftschicht geschützt werden, was in der Tat günstig zu wirken scheint[1] (s. Fig. 62).

Fig. 62. Tangentialbrenner nach *Teisen*.

Bei dem Ofen von *Stein* und *Atkinson*[2] werden die Rekuperatoren fast ganz aus dem Unterbau herausgezogen, um vor eindringendem Herdglas gänzlich gesichert zu sein.

Der Simon-Carves-Ofen[3] besitzt in jedem Pfeiler zwei Abzüge, einen für jeden Hafen. Es ist auf diese Weise möglich, den Gang jedes Hafens nach Wunsch einzustellen.

Die Öfen dieser Ofengruppe werden auch länglich (oval) ausgeführt mit zwei Herdbrennern, z. B. von *Hermansen* (Ifögesellschaft), und gleichen dann sehr den deutschen Büttenöfen.

Unterteilung der Öfen in Einheiten zu 1—2 Häfen. Damit die Ofenanlagen sich dem Bedarf besser anpassen können, besonders für die Zwecke der Herstellung des optischen Glases, teilen *Stein* und *Atkinson* im „Unit"-Ofen[4] den Herd durch Zwischenwände in einzelne Abteilungen zu je zwei Häfen. Jede dieser Zellen besitzt im Herde zwischen beiden Häfen ihren eigenen „Büttenbrenner".

Einzelzellen für nur je einen einzigen Hafen werden übrigens für optisches Glas viel verwendet, sowohl als Regenerativ-Oberflammöfen (siehe Abschnitt X 5) als auch als Rekuperativofen mit Führung des Feuers von oben nach unten. *Gehlhoff* und *Thomas* haben die beschriebenen Versuche

---

[1] Vgl. *F. W. Hodkin* u. *A. Cousen*, A Textbook of Glass Industry, S. 371.
[2] Desgl. S. 365.
[3] Desgl. S. 364.
[4] J. Soc. Glass Technol. **9** (1925), 73 Trans.

(siehe V) in einem einhäfigen Regenerativ-Büttenofen vorgenommen.

Kohlenverbrauch der Rekuperativ-Rundöfen. Zahlentafel 21 gibt die Zusammenstellung von Ergebnissen englischer Rekuperativöfen nach einer Veröffentlichung von *Turner*[1]. Beim Vergleich dieser Ziffern mit den von der *WBG.* Frankfurt für die deutschen Regenerativ-Büttenöfen gegebenen Werten kam *Turner* zu der Schlußfolgerung, daß die englischen Rekuperativöfen scheinbar etwas weniger Brennstoff verbrauchen als die deutschen Büttenöfen. Er hat jedoch dabei übersehen, daß in den von der *WBG.* angegebenen Ziffern der Brennstoffverbrauch sämtlicher Nebenöfen mit einbegriffen ist. Reduziert man zur Berücksichtigung dieses Umstandes die von der *WBG.* gegebenen Ein-

Zahlentafel 21. Ergebnisse englischer Rekuperativ-Hafenöfen für Hohlglas (nach *Turner*).

	Ofenbauart	Zahl und Art der Häfen	Hafeninhalt	Hergestellte Produkte	Geschmolzenes Glas (Tagesleistung)	Steinkohlenverbrauch für 1 kg geschmolzenes Glas
1	Rekuperativofen mit waagerechter Luftführung	8 gedeckte Häfen	1270 kg	Röhren und Stäbe (hauptsächl. Natron-Kali-Bleiglas)	6,29 t	0,57 kg
2	desgl.	?	?	Röhren (Alkalibleiglas)	3,50 t	0,94 „
3	desgl.	6 offene Häfen	455 „	Kolben (Natronbleiglas)	2,75 t	0,87 „
4	desgl. mit senkrechter Luftführung	12 ovale Häfen	1270 „	Preßglas	2,71 t	1,80 „
5	desgl. mit waagerechter Luftführung	10 ovale Häfen	635 „	Kolben und Röhren (Natronkalkglas)	1,80 t	1,20 „
6	Rekuperativofen mit mechanischer „Frisbiefeed“-Feuerung (Unterschubfeuerung)	8 ovale gedeckte Häfen	762 „	hauptsächlich geblasenes Glas (Natronkalk- und Resistenzglas)	1,43 t	1,20 „
7	desgl.	8 runde gedeckte Häfen	762 „	desgl.	1,43 t	1,45 „
8	Rekuperativofen mit senkrechter Luftführung	6 Häfen	762 „	Krystallglas (Kalibleiglas)	0,64 t	2,20 „

[1] *W. E. S. Turner*, The Development of Glass Melting Furnaces in Recent Times. J. Soc. Glass Technol. **11** (1927), 307 Trans.

zelwerte, z. B. die Fig. 53 entsprechenden Beträge mit 0,50 bis 0,55, so ist wohl auf eine Überlegenheit der Büttenöfen zu schließen, wenn auch ein ganz sicherer Nachweis wegen der Unsicherheit in der Bemessung des Anteiles der Nebenöfen im Kohlenverbrauch nicht möglich ist. Zugunsten der Büttenöfen spricht weiter, daß, worauf auch *Turner* aufmerksam macht, der Heizwert der für die Beheizung der Glasschmelzöfen in England und Amerika verwandten Steinkohlen in der Regel merklich höher ist als 7000 WE. Ferner wird bei den beschriebenen englischen Öfen in vier Fällen von acht Bleiglas geschmolzen.

c) Rekuperativ-Oberflammöfen mit von außen nach innen niederschlagender Flamme.

Es handelt sich um rechteckige Öfen, die den Regenerativ-Oberflammöfen sehr ähnlich sind. An jedem Ofenkopf befindet sich ein Oberflammbrenner, dessen Abgase durch Öffnungen abziehen, die bei der ursprünglichen Bauart im Herde zwischen den Häfen liegen (immer zwischen zwei Häfen ein Abzug). *Dralle*[1] baute diese Öfen. Fig. 3[2] stellt eine neuere amerikanische Ausführung dar. Gegenüber dem Ofen von *Dralle* ist als einziger Unterschied festzustellen, daß die zwischen den Häfen liegenden Abzüge weiter nach außen in die Türöffnungen gezogen sind.

Über eine besondere Ausführung dieser Bauart für Erdgas berichtet *D. Watschinger*[3].

Die Schwächung des Herdes durch die vielen kleinen Bütten ist jedenfalls ein Nachteil dieser Bauart.

d) Rekuperativ-Oberflammöfen mit von innen nach außen niederschlagender Flamme.

Diese Ofenbauart trifft man gelegentlich an. Meistens ist der Zentralbrenner des mit Rekuperator versehenen Rundofens zwischen den Häfen hochgezogen, wie auch mit Erfolg bei der Beheizung mit Ferngas ausgeführt. Bei einer Abart nach *Schwaller* geht die Flamme von einem Oberflammkopfbrenner aus, verteilt sich über die im Halbkreis stehenden Häfen, um dann durch die in den Pfeilern liegenden Austrittsöffnungen abzuziehen.

e) Rekuperativ-Hafenöfen mit niederschlagender Prallflamme.

Es handelt sich um eine eigenartige Anwendung des Hufeisenflammenprinzipes. Die Flamme jedes der beiden Köpfe eines rechteckigen Oberflammofens schlägt, in zwei Bogen geteilt, in zwei unterhalb des Brenners seitlich in der Brennerbank liegenden Abzugsöffnungen zurück. *Nehse* und

---

[1] Siehe *R. Dralle*, Die Glasfabrikation, 2. Aufl., Bd. I, S. 471 u. Tafel IV. München 1926.

[2] *E. W. Koering*, Design of a 14 Pot Recuperative Glassfurnace. Glass Ind. **5** (1924) 105.

[3] *Dante Watschinger*, Die neue Hohlglashütte der Vitromethau-Werke in Mediasch (Rumänien). Sprechsaal 1931.

Klattenhof bauten diese Öfen[1]. Man hört jedoch heute von dieser Bauart nichts mehr.

Andere Rekuperativöfen-Varianten beschreibt *H. Schnurpfeil*[2].

7. Öfen für das Doppelverfahren Hafenofen-Wanne.

Das Verfahren, die Glasmasse aus großen Häfen in kleinere überzuschöpfen, um sie in diesen fertig zu läutern, gehörte zur früheren Glastechnik. Es ergab sich damals, daß das übergeschöpfte Glas in den zweiten Häfen für seine fertige Läuterung verhältnismäßig viel Wärme verlangte. Das gleiche wurde in den letzten Jahren beobachtet, als man versuchte, das Glas in der Wanne vorzuschmelzen, um es dann in Häfen überzuschöpfen, die zum Fertigläutern, Abkühlen und Wiederanwärmen für den Spiegelglasguß durch einen Tunnelofen durchgefahren wurden (s. Abschnitt XV). Auch beim Lubbers-Walzenziehverfahren, wenn das Glas mit der Kelle in flache Ziehhäfen übergeschöpft wird, ist der Kohlenverbrauch unwirtschaftlich (s. Abschnitt XI 8). Das umgekehrte Verfahren, d. h. die Schmelze im Hafenofen und das Überschöpfen des Glases in eine Wanne, scheint viel günstiger zu verlaufen. *Warren*[3] berichtete 1923 über eine entsprechende Ofenanlage der Lemmington Glaswerke (Englische Osramgesellschaft), die mit dem Zwecke errichtet wurde, die Anwendung der automatischen Westlake-Glühlampenkolbenmaschine auf Bleiglas zu ermöglichen. Der entsprechende Ofen ist in Fig. 63 wiedergegeben. Sein mittlerer Teil besteht in einem länglichen Regenerativ-Hafenofen mit acht Häfen und mit Brennern nach Büttenart. An jede Schmalseite schließt sich eine halbrunde Arbeitswanne an, die von dem Hafenofen nur durch eine luftgekühlte Bank getrennt ist, über die hinweg die strahlende Wärme des Hafenofens das Glas der Arbeitswanne beheizt und bei der richtigen Temperatur von etwa 1200° hält. Dicht neben der Trennungswand

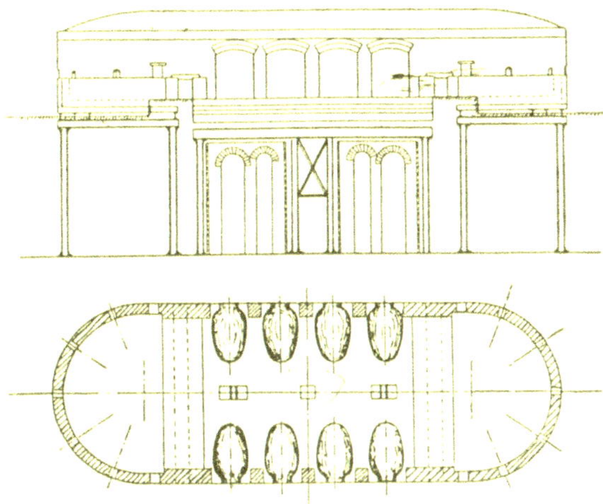

Fig. 63. Ofen für ein kombiniertes Verfahren: Hafenofen-Wanne (für Bleiglas, nach *Warren*.)

[1] Vgl. *R. Dralle*, Die Glasfabrikation, 2. Aufl., Bd. I, S. 473 u. 474. Es werden dort Zeichnungen mit den Hauptabmessungen eines solchen Ofens mit acht Häfen gegeben.

[2] *H. Schnurpfeil*, Der Glasmacher 1923 Chur. (Verlag von Schnurpfeils Review for Glassworks).

[3] *W. W. Warren*, Organising for Production from Pot Furnaces. J. Soc. Glass Technol. 7 (1923), 92 Trans.

befindet sich an jeder Ofenseite eine Öffnung zum Einbringen des aus den Häfen geschöpften Glases in die Wanne. Nach dem erwähnten Bericht von *Warren* soll dieser Doppelofen zufriedenstellende Ergebnisse liefern, und sein Betrieb soll auch ohne die Westlakemaschine dem reinen Hafenofenbetriebe überlegen sein.

Jedes Doppelverfahren dieser Art muß natürlich wärmetechnisch dem reinen Wannenbetrieb unterlegen sein und kann nur als ein Übergangsverfahren betrachtet werden, das nur so lange Wert besitzt, als es nicht gelingt, die betreffenden Glassorten im reinen Wannenbetriebe zu erschmelzen. Bei der Herstellung von Bleiglas im Wannenofen ist es bereits hinderlich, daß beim längeren Stehen eine Entmischung stattfindet und sich bleireiches Glas am Boden ansammelt. Man schmelzt jedoch hauptsächlich deshalb dieses Glas lieber im Hafenofen, weil bei reduzierender Wirkung der Flamme Blei ausgeschieden wird, welches das feuerfeste Material bedroht und natürlich bei Wannen gefährlicher wird als bei Häfen. Es heißt, daß die amerikanischen Corhart-Steine aus geschmolzenem Mullit in der Wanne dem Bleiglase standhalten.

Im Hüttenwerk Weißwasser der Osramgesellschaft geht man auf folgende Weise vor[1]: Das Bleiglas für jede Danner-Röhrenziehmaschine wird im Büttenofen geschmolzen und dann im fertigen Zustand in einen in besonderem Ofen befindlichen Stiefelhafen übergeschöpft, aus dem es kontinuierlich ausfließt und dabei sowohl im Stiefelhafen selbst, als auch beim anschließenden Durchfließen eines Läuterschiffes nachgeläutert wird.

8. Konstruktive Besonderheiten des Oberbaues der Hafenöfen.

a) Die Herde der Hafenöfen.

Der Herd bildet eine empfindliche Stelle jedes Hafenofens, besonders aber jedes Herdbrennerofens. Am stärksten gefährdet sind die Herde der Büttenöfen (und der Öfen nach Boetiusbauart), weil die Vormischung von Gas und Luft bereits im Brenner selbst eine hohe Hitze entstehen läßt.

Das nächstliegende ist, die Herde mit Kühlzügen zu versehen. In der Tat besitzt das Gesäß der großen Gußspiegelglasöfen ein dichtes Netz von Kühlzügen (s. Fig. 60), das meistens mit kleinen, an den Ofenoberbau angelehnten Kaminen in Verbindung steht. Während der Schmelze werden dann die Schieber dieser Kamine geschlossen, um während des Abstehens des Glases und gegebenenfalls bereits während der Läuterung gezogen zu werden.

Bei kleineren und mittleren Hafenöfen, wie sie für Hohlglas, Tafelglas und geblasenes Spiegelglas gebräuchlich sind, werden die Herde in der Regel ohne Kühlzüge ausgeführt, was natürlich für die Haltbarkeit ungünstig ist, so daß solche Herde leicht zu Durchbrüchen neigen (wobei dann das Herdglas hinunter in die Kammern läuft), falls die Materialstärke des Herdes nicht sehr groß ist. Zur Verminderung von Durchbrüchen bei ungekühlten Herden hat sich die Anordnung von vier 20 cm starken Schamotteplattenreihen über dem Kammergewölbe sehr bewährt. Man befürchtet bei solchen

[1] *G. Gehlhoff*, Die Massenerzeugung von Glühlampenkolben. Z. VDI 1923, S. 564; s. auch Glastechn. Ber. 1, 89.

kleineren Hafenöfen von einer Herdkühlung, daß sie der „Grundwärme" des Ofens schaden könnte. Etwas Wahres ist daran, aber bei den großen Hafenöfen ist es schlechthin unmöglich, ohne Herdkühlung auszukommen.

Bei den großen Gußspiegelglasöfen wird vielfach der Herd über der Abdeckung der Kühlung mit magerer Tonmasse ausgestampft, was sich bisher besser bewährte, als das Auslegen mit Platten, besonders wenn Druckluftstampfer dabei benutzt werden. Wie groß die Bedeutung ist, die man der Herdfrage beizumessen hat, kann man daraus ersehen, daß trotz der großen in Betracht kommenden Materialmenge bereits der hoch im Preise stehende Sillimanit als Stampfmasse Verwendung fand. Auf Fig. 60 erkennt man den ausgestampften Spiegelglasofenherd: auf den etwa 20 cm hohen Kühlzügen liegt zuerst eine Schicht von 8 bis 10 cm dicken Schamotteplatten, sodann kommt eine Schicht von etwa 15 cm starken Platten, die als Unterlage für die Tonstampfmasse dienen, welche in dünnen Schichten mit einer Gesamtstärke von 20 bis 25 cm nach und nach aufgetragen wird.

Die für die Hafenöfen benutzten Herdplatten müssen möglichst formgerecht sein und dürfen nur ein Minimum an Schwindung besitzen, damit das Glas sich nicht durch die sich auswachsenden Fugen Wege in das Herdmauerwerk hinein suchen kann. Deshalb sind für diesen Zweck z. B. die nach dem neuen Verfahren von Scheidhauer & Giessing hergestellten Platten sehr gut geeignet (über die Verwendung von Natursandstein für Herdplatten siehe den Abschnitt: „Das feuerfeste Material der Glasöfen").

b) Die Ofengewölbe.

Bei den Oberflammöfen wird ein einfaches Tonnengewölbe mittleren Stiches angewandt. Bei ovalen Bütten- und Schlitzöfen ist das Gewölbe jedoch meistens im ganzen Umkreis an den Seiten etwas hinuntergezogen. Es entsteht so die sog. „böhmische" Kappe (s. Abschnitt VI über die Gewölbe der Glasschmelzöfen).

Bei den Herdbrenneröfen haben die Gewölbe unter dem Feuer weniger zu leiden als bei den Oberflammöfen, weil die stärkste Hitzeentwicklung in der Tiefe zwischen den Häfen vor sich geht, anstatt, wie bei den Oberflammöfen, in der Nähe des Gewölbes. Im Verhältnis zu den letzteren werden die Gewölbe der Wannenöfen weniger beansprucht, weil die Flamme auf den Glasspiegel niedergedrückt wird.

Besonders sind es die Gewölbe der großen Gußspiegelglashafenöfen, welche von der Flamme gefährdet werden, weil die Temperatur hier sehr hoch steigt. Man kann die Maximaltemperatur des Flammenbündels als zwischen 1650 und 1700° liegend annehmen[1]. Bei der täglichen Temperaturspitze kann man bei abgestellter Flamme Temperaturen, die etwas über 1500° liegen, mit den optischen Apparaten auf den Hafenrändern messen. Die Qualität der Silicagewölbesteine (und der Häfen) muß daher hier eine besonders gute sein (s. Abschnitt IX über das feuerfeste Material der Glasschmelzöfen).

[1] Vgl. *J. Lamort*, Über die Anforderungen an das feuerfeste Material bei der Gußspiegelglas- und bei der Drahtglasfabrikation. Feuerfest 1927, S. 141.

Auch die Aufmauerung muß möglichst sorgfältig geschehen, ohne Fugen und ohne vorspringende Absätze. Die Steine mögen sonst die allerbesten Eigenschaften besitzen, wenn Fugen von einer gewissen Größe vorhanden sind, ist ein Tropfen unvermeidlich. Selbstverständlich darf beim Setzen der Steine nur so wenig Mörtel wie möglich verwendet werden, und zwar von hoher Feuerfestigkeit. Bei exakter Flammenführung ist bei den Gußspiegelglashafenöfen die Gewölbesteingefahr nicht so groß, als wenn kleine Stichflammen und Feuerwirbel nach oben schlagen. Diese treten häufig als eine Folge der Längsanordnung der Regenerativkammern auf (s. im Abschnitt X 5 die Ausführungen über die Brenner der Oberflammhafenöfen).

XI. Die Wannenöfen.

1. Entwicklung der Bauart.

Die ersten Herd- oder Flammöfen zum Glasschmelzen, von *Friedrich Siemens* mit „Wannenöfen" bezeichnet, wurden von ihm 1861[1] in der von seinem Bruder in Dresden gegründeten und später von ihm selbst übernommenen Glasfabrik erbaut.

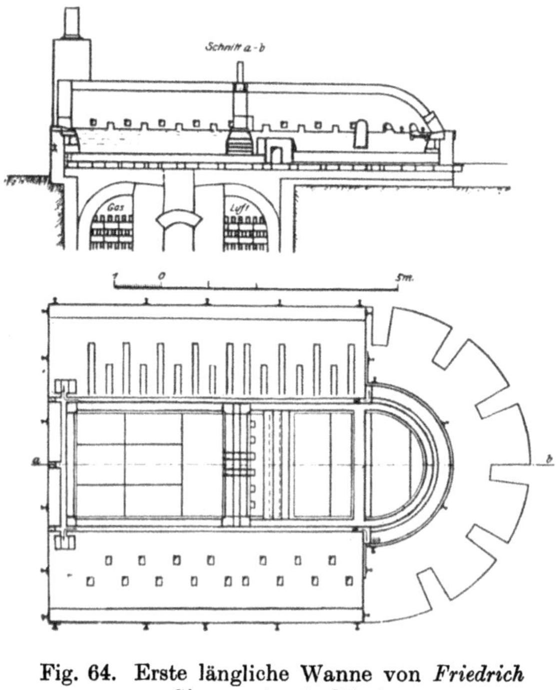

Fig. 64. Erste längliche Wanne von *Friedrich Siemens* (nach *Dietz*).

Schon vorher hatten *Denzel* in Lyon und *Chance* in Birmingham Flammöfen für das Schmelzen des Glases vorgeschlagen; jedoch ist von einer erfolgreichen Durchführung der damaligen Projekte nichts bekannt geworden.

Die ersten dieser Öfen waren „Tageswannen", die, wie die Hafenöfen, periodisch betrieben, d. h. nachts vollgeschmolzen und tagsüber ausgearbeitet wurden. Wenn auch *Siemens* selbst bald auf das kontinuierliche System überging, so blieben doch in kleineren Einheiten, seltener in großen, die Tageswannen weiterbestehen. Für größere Öfen ist das kontinuierliche System, bei dem fortwährend Mischung eingelegt und Glas ausgearbeitet wird, das gegebene. *Siemens* bildete zuerst eine läng-

[1] Siehe *R. Dietz,* Friedrich Siemens und das Glas. Beitr. Gesch. Techn. Ind. S. 58, Jb. VDI **10** (1920) (VDI-Verlag).

liche Wanne aus, die er mit vielen kleinen, im Gewölbe liegenden Brennern versah (s. Fig. 64).

Um auf einfache Weise eine selbsttätige Temperaturabstufung im Glasbad zu erzielen und der Flamme eine bessere Entwicklungsmöglichkeit zu geben (Prinzip der freien Flammenentfaltung, s. den Abschnitt: Übergang der Wärme auf das Glasbad), baute *Siemens* einige Jahre später seine bekannte Rundwanne (s. Fig. 64), die als Flaschenwanne weite Verbreitung fand. Bei dieser wurde eine horizontale U-Flamme zuerst angewandt. Es war nur ein einziges Brennerpaar vorhanden, und zwar lagen beide Brenner nicht weit voneinander entfernt, so daß die Flamme eine hufeisenförmige Gestalt annehmen mußte. In der Folge wurden beide *Siemens*schen Bauarten, sowohl der längliche Gewölbebrenner, als auch die runde U-Flammenwanne, unabhängig voneinander weiterentwickelt.

Die U-Flammenwannen. 1908 wurden noch bei der Siemens-Gesellschaft neue Öfen des Rundwannentyps von 12 m Durchmesser eingeführt. Im allgemeinen wurde diese Bauart jedoch nur mehr in etwas abgeänderter Form, und zwar als halbrunde Wanne, in Anwendung gebracht, die dann für die Fabrikation des Flaschengrünglases lange Jahre hindurch die normale Bauart darstellte. Waren nun zunächst bei diesen Wannen Länge und Breite nur wenig voneinander verschieden, so wurde bei der Anwendung für Glas besserer Qualität das Wannenprofil stark in die Länge gezogen, um dem Glasflusse die nötige Zeit für eine gute Läuterung zu geben.

Die Gewölbe- und Seitenbrennerwannen. Aus der *Siemens*schen länglichen Wanne mit Gewölbebrennern haben sich die heutigen Seitenbrennerwannen entwickelt. Zuerst herrschte das Bestreben weiter vor, die Brenner in das Gewölbe zu legen, und die bekannten deutschen Wannen nach *Klattenhof* sowie die belgischen Wannen nach *Gobbe* waren anfänglich mit sehr steilen Brennern versehen. Um die Beheizung des Glasbades gleichmäßiger zu gestalten, ging man dazu über, den Winkel der Brenner zu verringern (s. Abschnitt XI 13: „Die Brenner der Wannenöfen"). Spätere Gobbe-Wannen hatten größere Brenner wohl noch im Gewölbe liegen, jedoch nicht mehr „stechend", sondern mit geringem Winkel. Von dieser Anordnung war nur mehr ein Schritt bis zur heutigen Seitenbrennerwanne, bei welcher die Brenner tiefer als das Gewölbe liegen.

Die Gewölbebrennerwannen sind, abgesehen von den erwähnten späteren Gobbewannen, mit sehr kleinen Brennern versehen, die gruppenweise, meistens zu 4 oder 5, an größere Brennerschächte angeschlossen sind. Je nach der Wannengröße werden 2 oder 3 solcher Brennergruppen benutzt. Die Verteilung von Gas und Luft zu den Brennern geschieht von hochliegenden Kanälen aus, den sog. „Galerien" (s. Fig. 88). Hieraus folgte für diese Bauart die Bezeichnung „Galeriebrennerwannen".

Vergleich von U-Flammen und Seitenbrennerwannen. In die Fensterglasindustrie mit ihren großen Ofenanlagen haben sich die Hufeisenflammenwannen nicht eingeführt, weil es nicht leicht ist, mit einer einzigen Flamme große Ofenräume gleichmäßig zu beheizen. Die *WBG.* Frankfurt stellt auf 20 Tafelglaswannen keine einzige Wanne mit U-Flamme fest, sondern 8 Seitenbrennerwannen und 11 Galeriebrennerwannen (und eine Wanne mit Brennern besonderer Bauart). In dieser Beziehung ist es bemerkenswert, daß gerade für eine recht schwierige Fabrikation, die des Spiegelglases, die U-Flammenwanne sich zu bewähren scheint.

Im allgemeinen bleiben jedoch die U-Flammen auf die bei der Flaschen- und Hohlglasfabrikation üblichen mittleren und kleinen Wannen beschränkt. Die heutigen Rekuperativwannen sind stets mit U-Flammen ausgestattet.

Die modernen Halswannen. *Friedrich Siemens* selbst hatte bereits seine ersten, in kontinuierlichem Betriebe arbeitenden Wannen mit festen Zwischenwänden versehen, die am Wannenboden mit Glasdurchlässen versehen waren. Die Zwischenwände besaßen nun anfänglich wegen ihrer allzu primitiven Konstruktion und ungenügenden Kühlung nur eine sehr geringe Haltbarkeit[1], so daß sie in den europäischen Glashütten verlassen und an ihrer Stelle zum Zurückhalten des Oberflächenglases Schwimmer verwendet wurden. Seit einer Reihe von Jahren wurde jedoch die Zwischenwandbauart wieder aufgegriffen und von Amerika und England ausgehend für den Bau außerordentlich leistungsfähiger Wannen benutzt, die man unter der Bezeichnung „Durchlaß- oder Halswannen“ zusammenfaßt.

2. Die Tageswannen. Konstruktion der kleinen Wannen im allgemeinen.

Bei sehr kleinen Wanneneinheiten fällt es schwer, einen Schmelz-, einen Läuter- und einen Arbeitsraum hintereinander zu legen, falls man nicht, wie der Amerikaner *W. S. Williams*[2], Wannen in Kauf nehmen will, die für eine Länge von 7 m nur eine Breite von 1 m aufweisen (s. Fig. 65). Sehr kleine Wannen werden daher meistens als Tageswannen vorgesehen und in periodischer Arbeitsweise nach Art der Hafenöfen betrieben. Es ist dann nur mehr ein einziger Wannenraum nötig, der nachts vollgeschmolzen, geläutert und abgekühlt, dann tagsüber bis zu einer gewissen Glastiefe ausgearbeitet wird. Diese Öfen werden heute meistens nur mehr für Spezialsorten von Hohl- und Flaschengläsern verwendet (auch für Opalglas), worin eine große Produktion nicht in Frage kommt.

In manchen Hütten werden mittlere Tageswannen den kontinuierlichen Wannen deshalb vorgezogen, weil man bei der Ausarbeitung des Glases auf Tagschicht billigere Arbeitskräfte verwenden kann.

Die *WBG.* Frankfurt[3] gibt nähere Unterlagen über acht Tageswannen für Hohlglas und für Flaschenglas. Bei der kleinsten handelt es sich um eine am Arbeitsende abgerundete U-Flammenwanne von 6,6 qm Herdfläche, 2,4 m Breite und 3 m Länge, und bei der größten um eine solche von 20,3 qm

[1] *Siemens* teilte auch seine bekannte Rundwanne durch gekühlte Zwischenwände in drei Abteilungen (s. Fig. 2), die zur Herstellung verschiedener Glassorten verwandt werden sollten. Das runde Format ist nun für die Anordnung von Trennwänden nicht besonders geeignet.

[2] *W. S. Williams*, Glass Ind. **8** (1927), 54; s. auch: J. Amer. ceram. Soc. **10** (1927), 205; Glastechn. Ber. **6** (Juni 1928), 167.

[3] *WBG.* Frankfurt, Die Glasschmelzwannenöfen, Zahlentafeln II, IV, VI.

Herdfläche bei 4 m Breite und 5,5 m Länge. Im allgemeinen geht die Größe der Tageswannen selten über 10 qm Herdfläche hinaus. Es sind dann Dauerwannen am Platze. Wohl benutzt eine bekannte ausländische Glashütte Tageswannen von 12 m Länge und 4 m größter Breite, die täglich 12 t Hohlglas erzeugen.

Die Tageswannen werden in der Regel entweder als kleine Hufeisenwannen mit U-Flamme oder als Seitenbrennerwannen mit einem einzigen Brennerpaar ausgeführt (der Aufbau erinnert dann an den eines Oberflammofens). Nur ist der Grundriß gewöhnlich schwach oval. Die Brenner dürfen dann nicht zu schmal sein, weil sonst die Glasoberfläche zu ungleich erhitzt wird. Auch die erwähnten großen Tageswannen von ca. 40 qm Glasoberfläche sind nach diesem Prinzip gebaut.

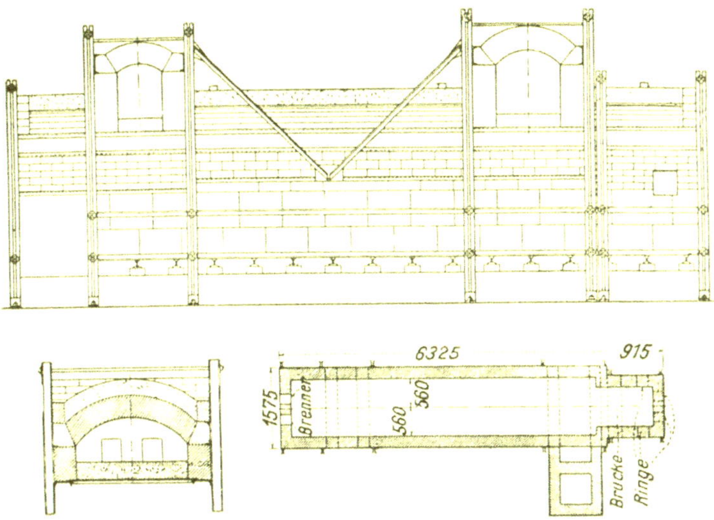

Fig. 65. Tunnelwanne von *Williams*. (Für Opalglas benutzt).

Brennstoffverbrauch der Tageswannen. Der periodische Betrieb der Tageswannen muß selbstverständlich eine gewisse Erhöhung des Brennstoffverbrauches gegenüber den Dauerwannen zur Folge haben, jedoch ist diese Erhöhung nicht so groß, wie man erwarten sollte. Sie beträgt nur 10 bis 15 Proz. Die von der *WBG.* beschriebenen Tageswannen zeigen einen durchschnittlichen Brennstoffverbrauch von 0,80 kg Steinkohle von 7000 WE auf 1 kg geschmolzenes Glas.

Schmelzleistung. Die Produktion muß ebenfalls etwas geringer ausfallen, als für unter den gleichen Bedingungen arbeitende kontinuierliche Wannen. Die Tageswannen der *WBG.* zeigen immerhin eine spezifische Leistung von durchschnittlich 0,35 t Glas in 24 Stunden auf 1 qm Gesamtherdfläche.

Glasstand der Tageswannen. Diese Öfen werden nicht so tief ausgearbeitet, wie man vielfach annimmt. 0,35 t Brutto-Glasproduktion in 24 Stunden auf 1 qm Herdfläche entsprechen einer Ausarbeitung von

0,14 cbm auf 1 qm Herdfläche, d. h. einer Glastiefe von 14 cm in 24 Stunden. Der Glasstand der Tageswannen wird, wie bei kleinen kontinuierlichen Wannen, im allgemeinen bei 65 bis 85 cm gehalten. Wenn bei Farbglas der Ton häufig gewechselt werden muß, wird die Tiefe geringer genommen, jedoch kaum unter 50 cm[1]. Das gleiche gilt für Opalglas, wo eine tiefe Ausarbeitung deshalb nötig ist, um die Entstehung von Schlieren durch aufsteigendes, ausgebranntes (stärker durchsichtiges) Glas zu verhindern.

Einige Einzelheiten über den Bau der kleineren Tageswannen und der kleinen Wannen im allgemeinen. Es bestehen hier nicht die Gefahrmomente, die sich bei den großen Wannen ergeben, und daher darf die Konstruktion einfacher sein. Bei den kleinsten Einheiten braucht das Gewölbe nicht freitragend angeordnet zu werden. Es kann auf die Seitenwände und diese sofort auf die oberste Wannensteinreihe aufgesetzt werden. Sobald dann die Wannen etwas größer werden, ist das nächste die Lagerung des Gewölbes freitragend auf Schienen, während die Seitenwände weiter auf der obersten Wannensteinreihe ruhen. Bei großen Wannen lagert man die Seitenwände auf Konsolen zusammen mit dem Gewölbe.

Auch sind große Zwischenräume unter den Brennerbänken nicht nötig, 45 bis 50 cm dürften im allgemeinen genügen.

Ferner ist es nicht nötig, unter dem Wannenboden einen hohen Kellerraum vorzusehen, wie es bei den großen Wannen unbedingt erforderlich ist. Es genügen geringere Kühlräume. Meistens benutzte man bisher nur eine einfache Kanalbodenkühlung, wie die der großen Hafenöfen, die dann an den Kamin des Ofens angeschlossen wird. Diese Bauart hat natürlich den Vorteil der Billigkeit, und trotzdem ist man in der Lage, den Wannenboden sehr energisch zu kühlen, falls ein geringer Glasstand diesen gefährdet. Es muß allerdings ein guter Kaminzug zur Verfügung stehen (man kann natürlich auch Gebläseluft zu Hilfe nehmen). In England werden auch die großen Flaschenwannen manchmal mit einer einfachen Bodenkühlung dieser Art versehen (s. Fig. 70), was bei Grünglas ohne Gefahr geschehen kann, weil dann das Bodenglas sehr zähflüssig ist. Bei der Herdkühlung ist darauf zu achten, daß die Kühlluft sich auf die Kanäle gleichmäßig verteilt[2].

Die U-Flamme wurde bisher bei kleinen und auch bei mittleren kontinuierlichen Wannen deshalb bevorzugt, weil sie eine Art selbsttätiger Temperaturabstufung gibt.

Unter den kleineren Wannen nehmen die Stiefelwannen einen besonderen Platz ein. Hier ist keine Temperaturabstufung im Glasbad selbst nötig, und die Wannen können wie die typischen Tageswannen, ähnlich Oberflammöfen gebaut, aber kontinuierlich betrieben werden.

3. Die thermischen Strömungen im Glasbad.

Bei Hafenöfen wurde man bisher nur wenig auf Strömungen thermischen Ursprungs innerhalb der Glasmasse aufmerksam. Hier können solche übrigens

[1] Vgl. Sprechsaal **61** (Nov. 1928), 881.

[2] Siehe *WBG*. Frankfurt, Glasschmelzwannenöfen, S. 67.

nur günstig wirken, weil sie dazu beitragen, eine gute Durchmischung des gesamten Hafeninhaltes herbeizuführen. Es dürfte dennoch nicht zu empfehlen sein, etwa mit Absicht die Häfen durch Lüften der Türen einseitig stark zu kühlen, um die Entstehung solcher Strömungen zu begünstigen.

Bei den Wannenöfen ist nun die Wirkung der thermischen Glasströmungen eine sehr schädliche. In den letzten Jahren ist durch zahlreiche Arbeiten Aufklärung über ihre Rolle geschaffen worden[1]. Sehr wichtige Ergebnisse wurden von *G. Gehlhoff*, *W. Schneekloth* und *M. Thomas*[2] erzielt.

Die festgestellten thermischen Strömungen sind zweierlei Art: Man unterscheidet die „Längsströmungen", welche an der Oberfläche das frisch erschmolzene Glas allzu rasch an die Entnahmestelle zu bringen drohen, und die auf die Wände zu gerichteten „Querströmungen" (die Zusammensetzung beider nach dem Kräfteparallelogramm ergibt dann auch schräge Strömungen). Die Entstehung beider Arten der thermischen Strömungen beruht nur auf Temperaturunterschieden innerhalb der Glasmasse. Besitzen zwei in der Tiefe als kommunizierende Röhren und an der Oberfläche verbundene Glassäulen verschiedene Temperatur, so ist ein Gleichgewichtszustand zwischen beiden nicht möglich. Für eine gleiche Höhe ist die kältere Glassäule schwerer; sie sinkt ab, so daß die heißere einen kleinen Höhenzuwachs erhält, der jedoch sofort bewirkt, daß an der Oberfläche Glas von der heißeren Säule zur kälteren überfließt. Es entsteht ein Kreislauf, der dadurch geschlossen wird, daß das Glas der kälteren Säule in der Tiefe zu der heißeren zurückkehrt und dort in die Höhe steigt.

Bei den großen Temperaturunterschieden zwischen der Glasschmelz- und Entnahmetemperatur können die thermischen Längsströmungen verhältnismäßig große Geschwindigkeiten erreichen, gegenüber denen, wie die Messungen von *Stumm* und von *König* gezeigt haben, die in der gleichen Richtung verlaufende Fabrikationsströmung kaum merklich ist.

Stumm[3] stellte folgende Werte fest:

In der Ziehwanne einer Fourcault-Anlage, und zwar in den Verteilungskanälen zu den Kanalarmen mit den Ziehmaschinen: v = 10, 10,5 und 5,5 m/St.

König[4] stellte fest:

Im Läuterraum einer Mundblasewanne	v = 12 m/St.
In der Ziehwanne entsprechend den *Stumm*schen Messungen	v = 9—11 m/St.

[1] Siehe die Literaturübersicht: Glastechn. Ber. **8** (1930), 329. Es wird besonders hingewiesen auf: *Jebsen-Marwedel*, Entglasungsisothermen. Sprechsaal **59** (1926), 787 u. 803; s. auch Glastechn. Ber. **4** (1926/27), 387; *Jebsen-Marwedel*, Strömungen des Glases in der Wannenschmelze. Glastechn. Ber. **5** (1927/28), 202; *O. Stumm*, Glasströmungen in der Ziehwannenanlage. Glastechn. Ber. **5** (1927/28), 252; *W. König*, Glasströmungen in der Ziehwannenanlage. Glastechn. Ber. **5** (1927/28), 417; *G. Oppermann* u. *H. Jebsen-Marwedel*, Homogenisierung des Glases. Ber. Fachausschüsse DGG. Nr. 10.

[2] *G. Gehlhoff*, *W. Schneekloth* und *M. Thomas*, Strömungen und Temperaturen in Glaswannen. Glast. Ber. **9**, 23.

[3] *O. Stumm*, Glasströmungen in der Ziehwannenanlage. Glastechn. Ber. **5** (1927/28), 262.

[4] *W. König*, Glasströmungen in der Ziehwannenanlage. Glastechn. Ber. **5** (1927/28), 420 u. 422.

In der Schmelzwanne einer Fourcault-Anlage . . . . v = 2 m/St.
Zwischen dem 1. und 2. Schwimmer . . . . v = 3,7 m/St.
Zwischen dem 2. und 3. Schwimmer . . . . v = 13,7 m/St.
Zwischen dem 3. Schwimmer und der 1. Zwischenwand v = 10 m/St.
bei einem Gesamttemperaturunterschied von 1400 — 1120 = 280° auf etwa 27 m Länge.

Sind nun in den Wannen keinerlei Sperrvorrichtungen gegen die Längsströmungen vorhanden, so tragen diese allzufrüh das frisch erschmolzene Glas zur Arbeitswanne hin, so daß entweder die Qualität des Glases oder dessen Mengenleistung eine geringere wird. Auch wird auf unerwünschte Weise die Temperatur nach vorne getragen. Fig. 66 zeigt nun (ein Bild von *Hausner*[1]), wie die Längsströmung durch einen Schwimmer abgefangen, oder besser, unterteilt wird. Der Hauptteil der an der Oberfläche der Schmelzwanne entstandenen Längsströmung wird durch den Schwimmer gezwungen, an den Ausgangspunkt zurückzukehren. Der Rest, dessen Betrag mit wachsendem Tiefgang des Schwimmers abnimmt, tritt dann unter dem Schwimmer durch und steigt an die Oberfläche, sich dort mit Glas der zweiten Wannenabteilung verstärkend zu einer neuen Längsströmung von der gleichen Art wie die erste. Bleibt das Temperaturgefälle weiter ein ähnliches, so erreicht auch die neue Glasströmung eine ähnliche Geschwindigkeit, wie die erste, es ist aber doch als Endergebnis in bezug auf das allzu rasche Vorfließen des frisch erschmolzenen Glases ein großer Vorteil erzielt.

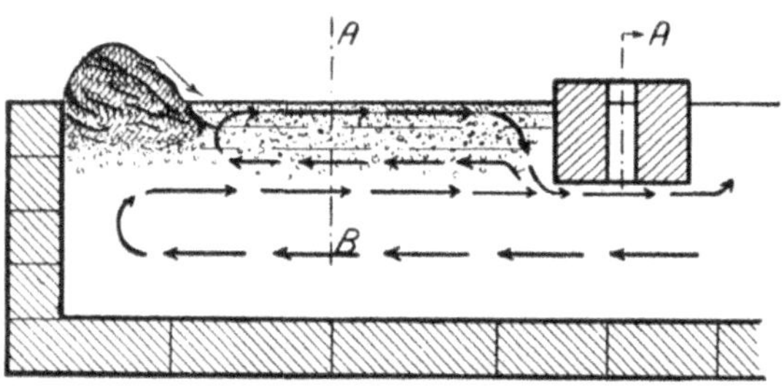

Fig. 66. Längsströmungen in einer Wanne bei der Verwendung eines Schwimmers (nach *Hausner*, Fachaussch. Ber. DGG.).

Besser als Schwimmer müssen hiernach Zwischenwände wirken, die nur am Wannenboden einen engen Durchfluß besitzen. Sogar hier noch tritt im unteren Teil des Querschnittes ein Teil des Glases zurück, wenn die auf übliche Weise dimensionierte Durchflußöffnung an der Unterkante mit dem Wannenboden abschneidet. Erst beim vollen Versenken des Durchflusses in den Boden scheint der Kreislauf praktisch gänzlich unterbrochen zu werden.

b) Die Querströmungen nun führen von der heißeren Wannenmitte den infolge der äußeren Abkühlung kälteren Wannenrändern Glas zu, das an den Randsteinen entlang absinkt und in der Tiefe zu seinem Ausgangspunkte zurückkehrt. Fig. 67 zeigt nach *Oppermann* und *Jebsen-Marwedel*[2] die Entwicklungen der Querströmungen (und der Längsströmungen). Diese sind in der Schwelzwanne dadurch schädlich, daß durch ihre Wirkung die

[1] *H. Hausner*, Schwimmer in kontinuierlich arbeitenden Glasschmelzwannen. Ber. Fachausschüsse DGG. Nr. 15, S. 3.

[2] *G. Oppermann* u. *H. Jebsen Marwedel*, Homogenisierung des Glases. Ber. Fachausschüsse DGG. Nr. 10, S. 9.

Gemengehaufen zu den kälteren Rändern abzuschwimmen drohen, wo die Schmelze ungünstiger verläuft, als in der Mitte. Das Mitabsinken von ungeschmolzener Glasmischung an der Wannenwand ist natürlich besonders ungünstig. Es darf daher die Glasmischung beim Einlegen nicht allzu nahe an die Seiten gelangen. Das Absinken des Glases an den Wannenrandsteinen bewirkt eine Verstärkung deren Verschleißes, so daß vorgeschlagen wurde (*Jebsen-Marwedel, Brownlee*[1]), zur Beschränkung der Querströmungen die Seitenwände zu isolieren (vgl. Abschnitt XVI).

Die von den Querströmungen erreichten Geschwindigkeiten sind geringer als die der beschriebenen Längsströmung. *Mc Cauley*[2] stellte an einer rasch gekühlten Pyrexwanne 1 m/St. fest. In einer annähernd quadratischen,

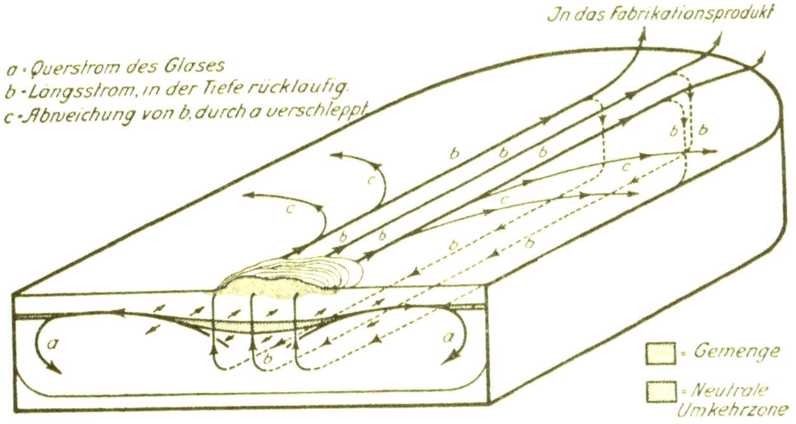

Fig. 67. Schema der Glasströmungen in einer Wanne (nach *Oppermann* und *Jebsen-Marwedel*, Fachaussch. Ber. DGG.).

durch Zwischenwand mit Durchfluß von der Entnahmewanne getrennten Schmelzwanne kann eine eigentliche Längsströmung nicht mehr unterschieden werden; vielmehr tritt eine Art Zentralströmungsbild in Erscheinung. Wie *Gehlhoff* festgestellt hat, befindet sich dann in der Wannenachse ein Quellpunkt, von dem zu allen Seiten hin auf die Wandungen gerichtete Strömungen ausgehen. In der Arbeitswanne von unregelmäßig elliptischem Querschnitt wurde 1 m/sec und in der 8,25 × 5,50 m großen Schmelzwanne 2 bis $3^1/_2$ m/sec Glasgeschwindigkeit gemessen, allerdings unter besonderen Verhältnissen auch 9 m/sec.

Nach den Feststellungen der *WBG.*[3] ist es nicht von günstiger Wirkung, wenn sich ein scharf ausgeprägtes Hitzezentrum in größerer Entfernung von der Rückwand befindet, an der die Glasmischung eingelegt wird. Denn es wird dann das Gemenge durch die rückläufige Strömung zurückgedrückt,

[1] *W. K. Brownlee*, Glass and Clay. Glass Ind. **9** (1928), 60.

[2] *McCauley*, J. Amer. ceram. Soc. **8** (1925), 493; s. auch Glastechn. Ber. **4** (1926/27), 387.

[3] *F. Jochim* (*WBG.* Frankfurt), Feuerführung von Wannen. Glastechn. Ber. **7** (1929/30), 553.

und frisch erschmolzenes Glas sinkt an der Rückwand ab. Andererseits ist auch ein allzu rasches Vorschießen der Mischungshaufen nicht erwünscht. Man hat es jedoch in der Hand, durch Einstellung der Temperatur regelnd einzuwirken. Beim Einlegen der Mischung können die merkwürdigsten Strömungsbewegungen beobachtet werden, wie z. B. *Wuromus* und *Guss*[1] von einer Flaschenwanne berichten. Bei Schwimmerwannen können leicht kleine Mischungsinseln andere Wege nehmen, als große Gemengehaufen, weil unter der vorwärtseilenden Oberflächenströmung in verhältnismäßig geringer Tiefe eine rückläufige liegt.

4. Trennung von Schmelz-, Läuter- und Arbeitswanne durch Schwimmer.

Wie in Abschnitt XI 1 über die Entwicklung der Wannen ausgeführt, hielten bei den ersten *Siemens*schen Wannen die Trennwände nicht, und man nahm dann seine Zuflucht zu Schwimmern für die Einteilung der größeren Wannen in drei Temperaturbereiche. Die Schwimmer lassen wohl den Weg frei für tiefliegende Konvektionsströme; es werden jedoch die schädlichsten Strömungen, die an der Oberfläche das frisch gebildete Glas sofort weiterzutragen drohen, abgesperrt.

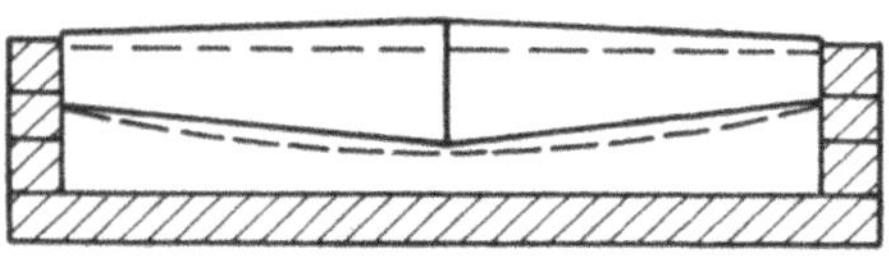

Fig. 68.

Die großen Fenster- und Spiegelglaswannen sind in der Regel mit zwei Schwimmerpaaren versehen, und es ist dann die Trennung in Schmelz-, Läuter- und Arbeitswanne durchgeführt. In manchen Betrieben wird noch Wert auf ein weiteres, drittes Schwimmerpaar gelegt. Bei kleinen Wannen, auch bei größeren Rohglaswannen, trifft man nur ein einziges Schwimmerpaar, soweit Schwimmer hier überhaupt verwendet werden. Jedenfalls sind solche bei Wannen ohne Trennwände immer von großem Vorteil. An jedem Schwimmer ergibt sich ein merklicher Temperatursprung an der Glasoberfläche.

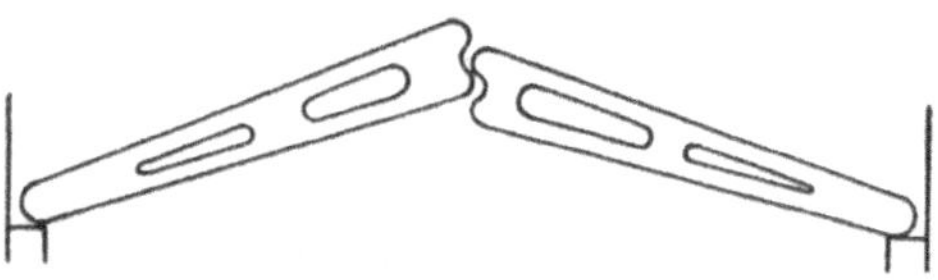

Fig. 69.

Hausner[2] berichtete über die Erfahrungen mit Schwimmern an einer Spiegelglaswanne von 100 qm Glasoberfläche. Die benutzten Schwimmer stellten Profilkörper von 10 bis 18 cm Wandstärke und von wechselnder Höhe dar.

Die Schwimmer sind natürlich um so wirksamer, je tiefer sie in das Glas eintauchen. In Fensterglaswannen werden Schwimmerhöhen bis 60 cm angewandt.

Weil das Glas am Wannenrande kälter ist als in der Mitte, ist es nach

---

[1] *A. F. Wuromus* u. *S. Guss*, Beitrag zur Strömungslehre in Wannen. Glastechn. Ber. 7 (1929/30), 99.

[2] *H. Hausner*, Schwimmer in kontinuierlich arbeitenden Glasschmelzwannen. Ber. Fachausschüsse DGG. Nr. 15.

Hausner zweckmäßig, die Höhe der Schwimmer zur Wannenrandseite hin zu verringern (s. Fig. 68). Am sichersten dichtet, nach seinem Bericht, auf die Dauer ein Schwimmerprofil entsprechend Fig. 69 ab.

Die Schwimmer werden durch das Glas rasch angegriffen, weil ihnen jede Kühlung fehlt, und es ist dann besonders die Gefahr der Steinchenbildung vorhanden (vgl. Abschnitt IX über die zu benutzenden feuerfesten Materialien).

Fig. 74 zeigt die Anwendung der Schwimmer bei den früheren böhmischen Fensterglashandwannen.

5. Trennung von Schmelz- und Arbeitswanne durch eine Zwischenwand mit tiefliegendem Glasdurchfluß. (Vergl. auch Allolio: Glastechn. Ber. 9 S. 88).

A. Allgemeines.

Wie bereits erwähnt, sind, von Amerika und England ausgehend, in den letzten Jahren Zwischenwände zur Trennung der Wannen in einen Schmelz- und einen Arbeitsraum wieder in Verwendung gekommen, und zwar in verbesserter Bauart, so daß eine genügende Haltbarkeit gesichert ist. Es zeigte sich, daß die auf diese Weise eingerichteten Wannenanlagen stärker belastet werden können, als die nur mit Schwimmern versehenen, ohne die Glasqualität zu beeinträchtigen. Auch die Homogenisierung des Glases wird begünstigt.

Die neuen „Halswannen“ blieben zuerst auf die Hohl- und Flaschenglasindustrie beschränkt, in der sie ebenfalls in Deutschland bei den in den letzten Jahren erbauten neuen Wannenanlagen Verwendung fanden. Aber auch in der Fensterglasindustrie wurde bereits vereinzelt die feste Trennung von Schmelz- und Arbeitsraum ausgeführt. So berichtet *W. E. S. Turner*[1] von der Verwendung an einer amerikanischen Fensterglaswanne. In Deutschland wurden bei mehreren mittelgroßen, mit dem Fourcault-Verfahren (s. den Abschnitt: Die Fensterglaswannen für mechanische Fabrikation) arbeitenden Anlagen Schmelz- und Läuterwanne auf diese Weise getrennt angeordnet.

B. Verschiedene Arten der Zwischenwandkonstruktion.

Es sind hier drei verschiedene Bauarten zu unterscheiden:

a) Wannen mit einfacher Zwischenwand. Die beiden unter dem gleichen Gewölbe liegenden Wannen besitzen auch die Unterwanne gemeinsam; nur ist die Zwischenwand eingezogen, deren Stärke so bemessen wird, daß ein hinreichend großer Kühlkanal Platz findet. Eine Abart dieser Ausführung bilden die Vorbauten, wie sie schon vor dem Kriege an einem Teil der Gußglasschöpfwannen (s. Abschnitt über die Gußglaswannen), Wasserglaswannen und neuerdings auch in Amerika an Hohlglaswannen benutzt werden.

b) Wannen mit doppelter Zwischenwand. Die beiden Wannen besitzen ein durchgehendes Gewölbe und einen durchgehenden Flammenraum. Die beiden Unterwannen sind jedoch getrennt und besitzen jede an der Trennzone ihre eigene Wand. Die beiden hier im geringen Abstand voneinander liegenden Wände sind mit Brückensteinen verbunden, die den Zwischenraum abdecken (s. Fig. 78a und 78c).

c) Schmelz- und Arbeitswanne sind räumlich gänzlich voneinander getrennt und nur durch den am Boden liegenden Glasübertrittskanal miteinander verbunden. Hierher gehören die meisten „Wespenwannen“.

[1] *W. E. S. Turner*, The progress of glassmaking in the States. Glass Ind. **10** (1929), Nr. 6, S. 131—135; s. auch Glastechn. Ber. **7**, 387.

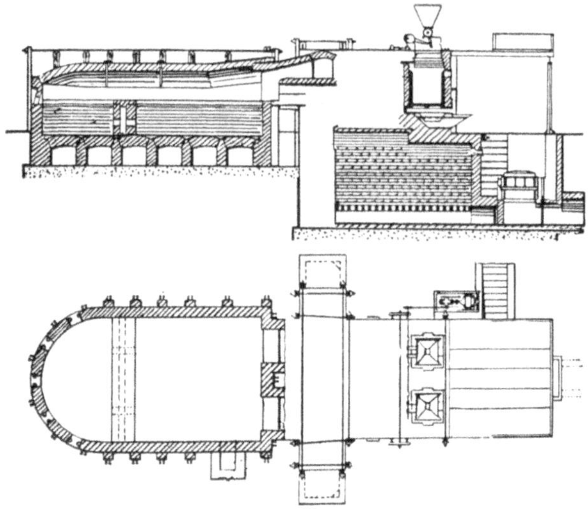

Fig. 70. Englische Flaschenwanne (nach *Harvey Siemens*).

a) Wannen mit einfacher Zwischenwand (s. Fig. 70). Die Trennwand muß stark gekühlt werden. Meistens wird wohl nur Luft durch den Kühlkanal hindurchgeblasen. Besser jedoch ist es, Wasserrohre hineinzulegen (gegen die heißere Wandseite) und dann noch Luft hindurchzublasen, soweit der Querschnitt frei ist. Auch wird gelegentlich, bis auf einen kleinen Spielraum, der ganze Querschnitt des Kühlkanals durch ein eisernes Wasserkühlstück ausgefüllt (besonders leicht bei kleineren Vorbauten auszuführen). Versuche, die Zwischenwand bzw. nur die Umrandung des Glasdurchlasses aus wassergekühltem Eisen herzustellen, sind fehlgeschlagen, weil sich in der Arbeitswanne die Qualität des Glases verschlechterte und sogar Entglasungserscheinungen auftraten.

Fig. 71. Wanne mit doppelter Zwischenwand, Brücke und durchgehendem Gewölbe.

In die Kühlkanäle direkt Wasser einzuführen, das unmittelbar in Berührung mit den Schamottesteinen steht, ohne Eisenzwischenlage, so wie es die amerikanische Patentschrift 1679295 vorsieht[1] (*A. W. Dodge*), ist natürlich verfehlt, weil Schamotte durch Wasser zermürbt wird.

Zwischenwände ganz ohne Kühlung zwischen Schmelz- und Arbeitswanne werden noch bei kleineren Wannen mit niedrigem Glasstand angetroffen[2].

b) Wannen mit doppelter Zwischenwand bei durchgehendem

[1] Siehe Glastechn. Ber. 1929, S. 623.

[2] Siehe „Crown Flues Preheat Glastank Air". Ceram. Ind. 1927, Februar, S. 170.

Gewölbe (s. Fig. 71, 72 und 78a, 78b, 78c). *Fr. Weckerle*[1] hat 1924/25 in den amerikanischen Maschinenglaswerken vornehmlich diese Wannen angetroffen.

Der freie Raum zwischen beiden unteren Wannenumrandungen beträgt gewöhnlich etwa 80 cm, und die obersten mit dem Glasspiegel in Berührung stehenden Wannensteinreihen beider Wände sind dann durch die Brückensteine, die den Zwischenraum abdecken, verbunden. Um die Zugänglichkeit des Durchflußhalses zu verbessern (die Länge des Glaskanals selbst, gewöhnlich etwa 1,30 m, darf man kaum vergrößern), werden in den letzten Jahren vielfach die Wände nach außen weiter auseinandergezogen, so daß eine „Wespenwanne" entsteht. Diese Bauart wurde 1924 ungefähr gleichzeitig von *Moorshead* und von *Teisen* vorgeschlagen. *Moorshead* verwandte in der Verengung zuerst einen schwimmenden Ring (s. Fig. 72), ersetzte jedoch diesen später durch eine feste Zwischenwand der üblichen Bauart. Um stagnierende Glasmassen zu vermeiden, schrägt er außerdem noch die Ecken an der Einlegeseite der Wanne ab. Die „Wespenwannen" werden besser nach der nachstehend beschriebenen Bauart c mit gänzlicher Trennung von Arbeits- und Schmelzraum ausgeführt.

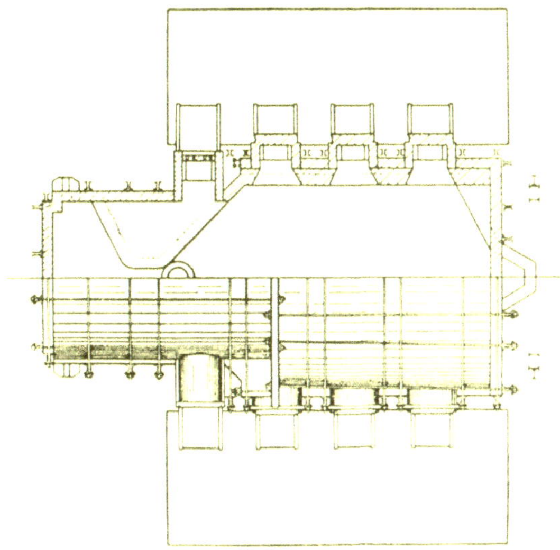

Fig. 72. Erste Wespenwanne nach *Moorshead* (Torpedowanne). Das Gewölbe ist durchgehend angeordnet.

Die Arbeitswanne wird in der Regel nur durch die über die Brücke hinüberstrahlende Wärme beheizt. Man ist in der Lage, durch Aufsetzen eines Steingitterwerkes auf die Brücke (vgl. Fig. 71) die Temperatur der Arbeitswanne einzustellen.

c) Schmelz- und Arbeitswanne gänzlich getrennt. Diese Bauart findet meistens nur als „Wespenwanne" Verwendung. Die stark abgeschrägte Anordnung der Trennwände ermöglicht dann eine sehr gute Zugänglichkeit des Glaskanals.

Es wird jedoch gelegentlich eine zu starke Kühlwirkung des Halses bei den Wespenwannen beanstandet und auf die unter b beschriebene Doppelwandkonstruktion zurückgegriffen.

C. Konstruktion des Glasdurchlasses (dog hole).

Die Nachrechnung vorhandener Anlagen ergibt Glasdurchflußgeschwindigkeiten von 0,60 bis 4 m in der Stunde. Es scheint am besten zu sein, eine solche

[1] Kühlung von Wannensteinen. Ber. dtsch. Glastechn. Ges. S. 5.

von etwa 2 m/St. zugrunde zu legen. In der Regel wird nur ein einziger Durchlaß vorgesehen, gelegentlich jedoch auch zwei[1]. Bei der Verwendung von zwei Durchlässen kommt es vor, daß infolge einer zunächst nur geringen Ungleichmäßigkeit einer von beiden den Hauptglasfluß an sich zieht und dann der andere allmählich einfriert. Fig. 78a und 78c lassen die übliche Konstruktion des Glaskanals erkennen.

Der Glasdurchlaß wird oft im Wannenboden vertieft angeordnet (submerged throat), bei Wannen geringen Glasstandes ist seine Wirkung in bezug auf das Abhalten von ungünstigen Glasströmungen dann eine bessere, das gleiche gilt auch für die Haltbarkeit der Decke des Glaskanals. (s. XI_3).

6. Vorhänge über dem Glasspiegel zur Abtrennung des Feuerraumes.

Jeder Schwimmer ergibt an der Glasoberfläche einen kleinen Temperatursprung, und die Durchflußkonstruktion kühlt noch entsprechend energischer.

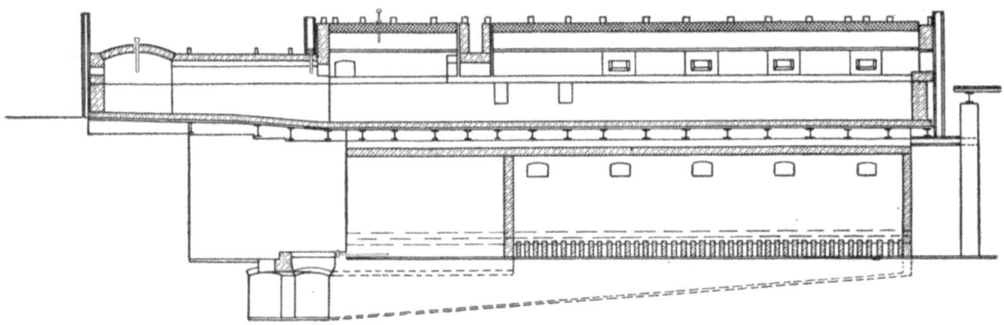

Fig. 73. Fourcaultwanne mit 6 Maschinen (nach *Müllensiefen*, Glastechn. Ber.).

Es gibt jedoch noch ein weiteres Mittel zur Abkühlung der Glasoberfläche, nämlich die Anordnung eines Trennvorhanges über dem Glasspiegel. Diese Einrichtung wird in Verbindung mit einem direkt unterhalb des Vorhanges oder doch in dessen Nähe angebrachten Schwimmer bei den Fourcaultwannen sehr häufig angewandt (s. Fig. 73[2], den Längsschnitt einer Fourcaultwanne mit sechs Maschinen darstellend). Die meist übliche Ausführung sieht einen tief gezogenen Silikabogen vor, auf den zwei dünne Wände mit einem dazwischenliegenden Kühlraum aufgebaut werden, oder auch ein Gitterwerk, das noch einen größeren Teil der Wärme übertreten läßt. Dieser Bogen kann bei Anwendung von profilierten Steinen unten glatt abschneiden. Man kann auch von oben her Platten einhängen, wobei ebenfalls Doppelwand und Kühlraum ausführbar sind. Ein amerikanisches Patent[3] sieht zur leichten Verstellbarkeit der Platten ein eisernes Traggerüst vor, das auf Säulen ruht, deren Füße mit Stellschrauben versehen sind.

---

[1] J. Soc. Glass Technol. **9** (1925), 75 Trans.

[2] Nach *W. Müllensiefen*, Wärmeflußuntersuchungen an einem mit Koksofengas beheizten Tafelglaswannenofen. Glastechn. Ber. **7** (1929/30), 191.

[3] USA. 1638737 Kutschka-Pittsburgh-Plate Glass Co. Siehe J. Soc. Glass Technol. **12**, 274 A.

Legt man den Schwimmer direkt unter den Vorhang, so wird etwa herunterfallender Schmolz durch diesen aufgefangen.

Man hat auch neuerdings vorgeschlagen[1], für die Hochleistungs-Hohlglaswannen die Anordnung der üblichen Halskonstruktion dadurch zu umgehen, daß man die Trennwand durch einen Vorhang ersetzt und dann für die Glasentnahme durch die Feeder kleine Vorbauten (s. Abschnitt XI/11 über die Rohglaswannen) an die Wanne anbaut.

7. Die älteren Fensterglaswannen für Handbetrieb.

Die Fensterglaswannen haben sich in ganz anderer Richtung entwickelt als die Flaschenwannen. Wegen des großen Glasbedarfes wurden frühzeitig große Einheiten ins Auge gefaßt, und die Beheizung durch U-Flammen und Rekuperativsystem hat daher bei den Fensterglaswannen nie eine Rolle gespielt. Wie bereits erwähnt, waren es die Regenerativwannen mit Galeriebrennern, die zuerst benutzt wurden. Es kamen dann die großen Seitenbrenner mit eigenen Schächten immer mehr auf. Die *WBG* Frankfurt gibt 1926 in ihren Zahlentafeln[2] genaue statistische Unterlagen über 20 Tafelglaswannen für Handbetrieb. Hiervon sind 10 mit Galeriebrennern, 9 mit Seitenbrennern und eine mit besonderen Spezialbrennern ausgestattet. Galeriebrenner werden heute bei neuen Wannen nur mehr selten angewandt (s. Abschnitt 13).

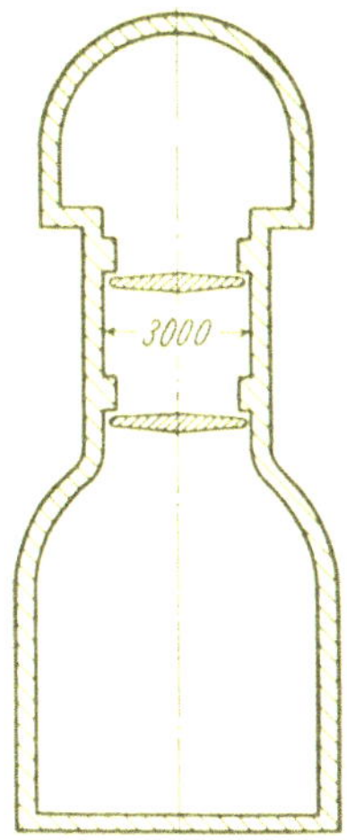

Fig. 74. Grundriß einer früheren böhmischen Fensterglas-Handwanne (nach *König*[3], Glast. Ber.).

Charakteristisch für die Fensterglaswannen ist ferner die Verwendung von Schwimmern (s. Abschnitt 4). In der Regel werden zwei Schwimmerpaare, auch drei benutzt. Fig. 74 zeigt die Anwendung von zwei Schwimmerpaaren auf die Fensterglaswannen, und zwar bei einer früheren böhmischen Handwanne.

Leistung der Fensterglashandwannen. Es ergibt sich eine spezifische Leistung von durchschnittlich 0,50 t für 1 qm beheizte Herdfläche und Tag, und zwar ziemlich unabhängig von der Ofengröße. Günstigere Ziffern als 0,60 t kommen kaum vor, und als untere Grenze wird nach den von der *WBG* gegebenen Unterlagen ein Wert von 0,32 t festgestellt. Die unbeheizte Herdfläche (Arbeitswanne) wird zur Erzielung einer guten Glasqualität häufig recht groß gestaltet und beträgt meistens 65 bis 75 Proz. der beheizten Herdfläche (oft mehr), so daß die Ofenanlagen verhältnismäßig groß ausfallen müssen.

Brennstoffverbrauch. Es ergibt sich durchschnittlich ein Verbrauch von 0,70 t Steinkohle von 7000 WE für 1 kg Glas, bei den kleineren Öfen

[1] *F. Eckert*, Neuzeitliche Weißhohlglaswannen. Glastechn. Ber. **8** (1930/31), 200.
[2] *WBG* Frankfurt, Wannenöfen, Zahlentafel 1.
[3] *W. König*, Glasströmungen in der Ziehwannenanlage. Glastechn. Ber. **5**, S. 418.

etwas mehr (jedoch nicht ohne Ausnahme) und bei den größeren Öfen weniger, nur 0,50 bis 0,60 kg (auch nicht ohne Ausnahme, wie die Wanne Nr. 7 der Zahlentafel 22 zeigt).

Zahlentafel 22. Hauptabmessungen und Ergebnisse großer deutscher und belgischer Fensterglas-Handwannen 1922 und 1926.
(Nach der *WBG*: Wannenöfen und nach *Maurach*: Der Wärmefluß in einer Schmelzofenanl. f. Tafelglas.)

Nr.		Länge m	Lichte Breite m	Badoberfläche qm	Glasstand m	Tägliche Schmelzleistung insgesamt t	Tägliche Schmelzleistung je qm beheizter Herdfläche t	Brennstoffverbrauch für 1 kg Glas (umgerechnet auf kg Steinkohle v. 7000 WE)
1	St. Ingbert/Pfalz, Wanne der Vopelius- u. Wentzelschen Glashüttenwerke .	27,0	6/6,8	164	1,25	60,0	etwa 0,54	0,59
2	„Verreries de Jumet" (Belgien)	27,0	5,7	168				
3	„Verreries de l'Ancre", Charleroi (Belgien)	30,0	5,7	172				
4	„Verrerie de Hammendes", Jumet (Belgien)	28,0	6,2	183				
5	Deutsche Wannen, von der	27,5	5,6	154	1,20	48,3	0,59	0,50
6	*WBG*. Frankfurt beschrie-	26,0	6,2	161	1,30	43,0	0,57	0,78
7	ben unter T 18, T 19 u. T 20	33,4	8,7	290	1,47	50,0	0,33	0,53

Von den kleineren und mittleren der beschriebenen Wannen wurde in den letzten Jahren der größte Teil infolge der Rationalisierung in der Glasindustrie stillgesetzt und die größeren Öfen auf mechanischen Betrieb umgebaut (s. den nächsten Abschnitt).

8. Fensterglaswannen für mechanische Fabrikation[1].

In Deutschland, Böhmen und Belgien, also in den Hauptproduktionsländern des europäischen Fensterglases, ist in den letzten Jahren die Fabrikation von Hand in der Hauptmenge derjenigen durch die Fourcault-Glasziehmaschinen gewichen, die wesentlich billiger arbeiten. Weniger eingeführt ist bis jetzt in Europa das Libbey-Owens-, eigentlich Colburn-Verfahren, das umgekehrt in Amerika eine größere Rolle spielt als das Fourcault-Verfahren. Beide scheinen zur Zeit in bezug auf ihre Wirtschaftlichkeit ziemlich gleichwertig zu sein. Außerdem wird in Amerika bis jetzt noch ein wesentlicher Teil des Fensterglases nach dem Walzenziehverfahren nach *Lubbers* hergestellt (*Window-Glass Co*), das einen sehr großen Prozentsatz an Abfallglas ergibt und daher viel Kohle verbraucht. 1927 kamen in den Vereinigten Staaten auf 25 mit mechanischer Fabrikation arbeitende Wannen noch 9 Lubbers-Wannen. Auch in England spielt das Lubbers-Verfahren

[1] Betreffs näherer Einzelheiten über die verschiedenen Fabrikationsverfahren s. *A. Wendler*, Maschinelle Glasverarbeitung, Leipzig 1929 (Bd. 9 der Sammlung: Das Glas, herausgegeben von *G. Gehlhoff* und *K. Quasebart*).

weiter eine große Rolle, weil der Markt dort fast durchweg große ungeschnittene Tafeln ohne Fehler braucht und der Prozentsatz an diesen beim Lubbers-Verfahren bedeutend höher ist, als bei den beiden anderen Verfahren (nach *R. F. Taylor*[1]).

Bei der Einführung der mechanischen Fabrikationsverfahren konnte man von den bestehenden großen Handwannenanlagen die Schmelzwannen beibehalten; jedoch mußten die Arbeitswannen entsprechend dem Fabrikationsprozeß umgestaltet werden.

a) Die Lubbers-Ofenanlagen.

Es werden außerordentlich große Öfen zur Ausführung dieses Verfahrens benutzt, augenscheinlich um den Produktionsausfall durch die großen Abfallglasmengen wieder wettzumachen. *Turner*[2] berichtet über Lubbers-Wannen von 2000 t Glasinhalt, was bei 1,50 m Glastiefe einer Badoberfläche von 533 qm entsprechen würde.

Bei dem üblichen Verfahren werden 12 m lange Walzen mechanisch aus der Glasmasse senkrecht emporgezogen, und zwar aus besonderen Ziehhäfen, in die mit der Kelle für jede Walze ein Posten von etwa 250 kg Glas aus der Wanne übergeschöpft wird. Nach neuerem Verfahren kann das Ziehen auch aus Anbauten an der Wanne erfolgen. Nach den Angaben von *Turner* wurde in Amerika 1928 mit 35 bis 40 Proz. Abfallglas gearbeitet bei einem Gemengesatz von 1000 kg Sand, 260 kg Soda, 40 bis 80 kg Sulfat und 350 kg Kalk und bei einer Ziehtemperatur von rund 1200° C. Der flache Ziehhafen ist doppelseitig, nach unten und nach oben als Hafen ausgebildet, und während aus dem oberen die Walze gezogen wird, erfolgt von unten her eine intensive Beheizung durch Ölbrenner. Nach der Fertigstellung der Walze wird der Ziehhafen umgedreht und der darin verbliebene Glasrest in den Keller gestürzt, während in die obere Hafenofenseite wieder Glas eingeschöpft wird.

b) Die Fourcault-Wannen.

Die Ziehwannen. Anordnung der einzelnen Maschinen. Das Fourcault-Verfahren verlangt eine ziemlich umfangreiche Arbeitswannenanlage, die „Ziehwanne". Weil auf eine Maschine nur die verhältnismäßig geringe Tagesleistung von etwa 1000 qm Glas normaler Stärke kommt, muß für die üblichen großen Wannen eine Anzahl von 9 bis 10 Stück eingebaut werden. *Turner*[3] berichtet über eine englische Fourcault-Wanne mit 14 Ziehmaschinen.

Es ist nun auf die Güte des erzeugten Glases von großem Einfluß, auf welche Weise die einzelnen Maschinen an die Hauptwanne angeschlossen und im Verhältnis zueinander angeordnet werden.

Bei der älteren Anordnung, die von *Fourcault* selbst stammt, werden die Maschinen in zwei Zügen hintereinander in den zwei kurzen Balken eines

[1] *R. F. Taylor*, s. Glast. Ber., 10. Jhg., S. 222.

[2] *W. S. E. Turner*, Experimental Researches and Reports, publ. by the Dep. of Glass Technology, Sheffield 1924/25, 177—179.

[3] *W. E. S. Turner*, Ebenda 181.

„T“ angebracht, während die Hauptwanne die Stelle des großen Balkens einnimmt. Diese Anordnung ist in Belgien noch vielfach in Benutzung. Die Schaltung der Maschinen hintereinander hat den Nachteil, daß die Qualität der erzielten Scheiben um so schlechter wird, je weiter die Maschine in der Reihe zurückliegt. Dies hängt damit zusammen, daß bei dem Fourcault-Verfahren (übrigens auch beim Libbey-Owens-Verfahren) jede Unhomogenität des Flusses, sei sie chemischer oder thermischer Art, schädlich ist, weil die Gläser eine Streifenbildung zeigen. Es wird dann zwischen den einzelnen Maschinen und auch an den beiden Kanalenden ein fast dauerndes Nachheizen des Glasspiegels nötig.

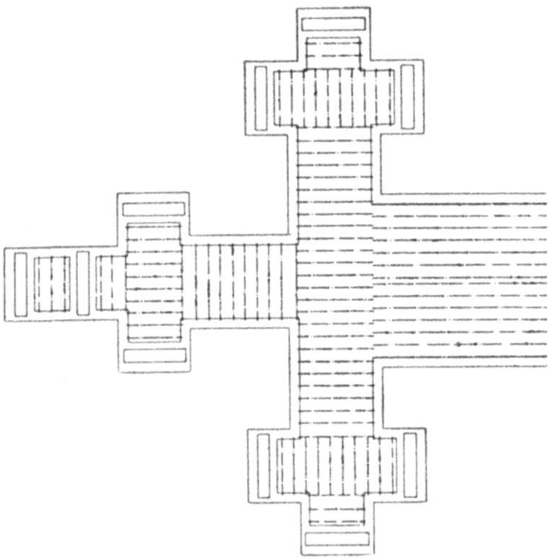

Fig. 75. Ziehwanne einer Fourcaultanlage der letzten Bauart mit 10 Maschinen.

Bei der neuen Anordnungsart der Maschinen wird deshalb danach getrachtet, jede Maschine mit direktem Glasstrom auf gleichmäßige Weise zu speisen.

Sehr bewährt hat sich die in Fig. 75 dargestellte, in Deutschland und in Böhmen für den Betrieb mit 9 und 10 Maschinen allgemein benutzte Anordnung in Kleeblattform. Es ist hierbei der Weg, den das Glas bis zu jeder Maschine zurückzulegen hat, genau gleich. Trotzdem müssen, über die Ziehwannenanlagen verteilt, Reservebrenner vorgesehen werden, um bei Betriebsstillständen in Wirksamkeit zu treten. Zuerst ist jede Maschine mit einem solchen Brenner zu versehen, um das Glas bei einer Betriebsunterbrechung wegen Stürzen des Glasbandes nachheizen zu können.

Große Hoffnungen setzte man auf die Anordnung der gesamten Maschinen im Kreise um einen zentralen Glasverteilungsraum[1]. Ein Versuch zeigte unerwarteterweise ein negatives Ergebnis; es war zu schwierig, den Verteilungsraum genügend und gleichmäßig warm zu halten.

Dieser Gedanke wird indessen noch weiter verfolgt[2].

Art der Beheizung der Ziehwannenarme. Sehr bewährt hat sich die Beheizung mit kleinen Koksofengas- und mit Ölbrennern. Dieses ergibt die einfachste Anlage, weil eine Luftvorwärmung für die betreffenden niederen Temperaturen nicht nötig ist.

Im allgemeinen wird jedoch für die Beheizung der Ziehwannen gereinigtes Generatorgas benutzt und nur die Luft vorgewärmt, und zwar summarisch

[1] Siehe *O. Stumm*, Glastechn. Ber. **5**, 252—274.
[2] *A. Wendler*, Maschinelle Glasfabrikation, S. 226.

in ziemlich einfach gebauten Rekuperatoren. In Belgien ist jedoch die Regenerativbeheizung gebräuchlicher.

Gesamtanordnung der Anlage. Die von den großen Tafelglaswannen übernommene, mit Seitenbrennern versehene Schmelzwanne setzt sich in einer unbeheizten, jedoch mit Reservebrennern versehenen Strecke fort, die gewöhnlich zuerst schmäler genommen wird, bevor die Teilung in die Ziehkanäle stattfindet. Die Verengung wurde von gewissen älteren Handwannen übernommen und scheint unnötig zu sein, wie die guten Erfolge von Anlagen zeigen, bei denen die volle Wannenbreite bis zur Badteilung durchgeht.

Alle größeren Öfen arbeiten mit zwei Schwimmerpaaren, die zwischen sich eine Läuterzone einschließen, zum Teil werden auch drei solcher verwendet. Eine Teilung der Wanne durch eine Zwischenwand mit tiefliegendem Glasdurchfluß ist bei zwei mittleren deutschen Anlagen mit vier Maschinen und einer kleineren Anlage mit zwei Maschinen durchgeführt worden, und zwar scheint sich diese Einrichtung hier zu bewähren. Vorgenommene Versuche an einer großen Wanne mit 10 Maschinen haben noch nicht zum Ziele geführt, die großen Ofeneinheiten eignen sich weniger für die Halskonstruktion als die mittleren und kleineren Anlagen. Wie im Abschnitt 5 erwähnt, hat *Turner* über eine Anwendung in Amerika berichtet.

Sehr viel angewandt wird bei den großen Wannen ein Zwischenvorhang (s. Abschnitt 6) zur Trennung des Feuerraumes über dem Glasspiegel beim Übergange von der Schmelz- in die Läuterzone, und zwar in Verbindung mit darunterliegendem Schwimmer.

Die Glastiefe wird in der Ziehwanne nicht zu groß genommen, gewöhnlich nur etwa 0,90 m, um die Entstehung stagnierender kalter Schichten, die zu Unhomogenitäten und zu Entglasungserscheinungen Anlaß geben könnten, zu verhindern. Aus diesem Grunde wird auch der Boden der Ziehwanne nur wenig gekühlt und die Seitenwände sogar zum Teil isoliert.

Man rechnet heute mit einer Schmelz- und Läuterfläche von 15 bis 20 qm für jede Maschine[1].

Turner[2] berichtete 1928 über folgende Konstruktionseinzelheiten der mit zehn Maschinen ausgestatteten Anlage der *Vopelius und Wenzelschen Glashütten* in St. Ingbert:

Schmelzwanne: Länge 27 m, Breite 6,2 m und Glastiefe 1,30 m, Oberfläche 167 qm.

Vorhanden sind: Fünf Brenner und ein Bedarfsbrenner, zwei Schwimmer und zwei lange Einlegevorbauten von $1{,}50 \times 1{,}30$ m, die jede Viertelstunde beschickt werden.

Ziehwanne: Oberfläche 107 qm, Glasstand 0,90 m; Weite der Ziehkanäle zum Teil 1,90 m für 1,30 m Bandbreite, zum Teil 2,20 m für 1,60 m Bandbreite[3].

[1] Nach *K. Lossen*, Das Tafelglasziehverfahren nach Fourcault. Glastechn. Ber. **6**, 132.
[2] J. Soc. Glass Technol. **12** (1924), 53.
[3] Die größte mit dem Fourcault-Verfahren erreichte Bandbreite beträgt 2,50 m.

Querausdehnung der Ziehwannenanlage vom äußersten Kanalende links bis zum äußersten Kanalende rechts 24 m.

Gesamtglasinhalt der Wanne: 788 t.

Spezifische Leistung der Fourcault-Wannen, bei dem heutigen härteren Glassatz mit meistens etwa 13,5 Proz. NaO, 1,5 Proz. MgO und 11 Proz. CaO [1] (anfänglich benutzte man etwa 17 Proz. NaO, um der beim Fourcault-Verfahren großen Entglasungsgefahr entgegenzuwirken, bis man die Schutzwirkung der Magnesia, kleiner Tonerdemengen und neuerdings der Borsäure kennen lernte):

1. Für eine ausländische Fourcault-Hütte wird eine tägliche Gesamtschmelzleistung von 0,55 t auf 1 qm beheizter Herdfläche angegeben.

2. Entsprechend dem Bericht von *Turner* betrug der Durchsatz der Wanne in St. Ingbert täglich 56 t Glas (wovon 40 t aus Glasmischung und 16 t aus Abfällen), was 0,33 t auf 1 qm der Gesamtschmelzwanne entspricht.

Brennstoffverbrauch. Für die beschriebene Glasmenge war 1928 in St. Ingbert ein Steinkohlenaufwand von 43 bis 46 t nötig, was 0,77 bis 0,86 kg für 1 kg Glas entspricht. Ähnliche Ziffern hört man auch von anderen Hütten. Zur Entteerung des Gases für die Ziehwanne ist eine mechanische Entteerungsanlage eingerichtet, die genügend stark dimensioniert ist, um ein Siebentel des Gesamtgeneratorgases zu reinigen. Ein Vorteil des Fourcault-Verfahrens gegenüber dem Libbey-Owens-Verfahren liegt ferner darin, daß für die Kühlung in den senkrechten Schächten keine besondere Heizung nötig ist.

c) Die Libbey-Owens-Wannen.

Das Libbey-Owens-Fensterglasziehverfahren ergibt gegenüber dem Fourcault-Verfahren eine sehr viel einfachere Gestaltung der Ziehwannenanlage, weil eine Ziehmaschine die fünffache Glasmenge erzeugt. Infolgedessen sind für die den großen Fourcault-Wannen entsprechende Ofengröße statt des ganzen Ziehwannensystems nur mehr zwei kleine Anbauten nötig.

Der Grund der größeren Leistung einer Libbey-Owens-Maschine beruht auf der größeren Geschwindigkeit des Ziehvorganges selbst. Das Glasband wird hier nicht, wie beim Fourcault-Verfahren, zuerst durch eine längliche, schwimmende Düse emporgedrückt, sondern wird frei aus dem Glasbad gezogen, wobei die Ränder durch die sich drehenden Enden kleiner wassergekühlter Walzen festgehalten werden. Das Glasband wird etwa 80 cm über dem Glasbad über eine „Biegewalze" umgelegt und dann waagerecht durch einen Kühlofen gezogen.

Größe, Leistung und Kohlenverbrauch. Die Zusammensetzung des Libbey-Owen-Glases ist von derjenigen des neueren Fourcault-Glases wenig verschieden. Die auf die beheizte Wannenfläche bezogene Leistung könnte daher eine ähnliche sein.

---

[1] Nach *A. Wendler*, Maschinelle Glasverarbeitung, S. 228.

Die Libbey-Owens-Wannen werden jedoch im Verhältnis größer gehalten, weil dies die Aufrechterhaltung einer gleichmäßigen Glastemperatur im Ziehherd erleichtern soll, wohl aber auch sicher deswegen, weil regelmäßig neben dem Fensterglas eine verhältnismäßig große Menge Spiegelglas hergestellt wird.

Die Wannen der deutschen Libbey-Owens-Anlage, wohl die größten in Europa, besitzen einen Glasinhalt von 1200 bis 1250 t. Sehr interessant ist bei diesen Wannen die große Breite von teils 10, teils 9 m, und der Glasstand von 1,60 m. Legt man eine Glastiefe von 1,50 m zugrunde, so ergibt sich eine Glasbadoberfläche von etwa 350 qm, d. h. 30 Proz. mehr als die Fourcault-Wanne in St. Ingbert für etwa die gleiche Schmelzleistung.

Die Wannen besitzen sechs Schachtbrenner und werden mit Koksofengas beheizt. Der Brennstoffverbrauch der Wanne allein stellt sich bei entsprechender Umrechnung eher günstiger als die von *Turner* besprochene St. Ingberter Ziffer. Es kommt jedoch noch der Brennstoffverbrauch der Strecköfen hinzu. Im allgemeinen nimmt man an, daß das Libbey-Owens-Verfahren etwas mehr Kohle braucht als das Fourcault-Verfahren.

9. Die älteren Hohl- und Flaschenwannen.

Öfen dieser Gruppe sind in Herdflächen des ganzen Bereiches von 4 bis zu 80 qm Herdfläche zu finden. Hiervon werden die kleineren bis zu 10 qm Herdfläche meistens als Tageswannen betrieben, auch z. Teil größere (s. Abschnitt XI 2 über die Tageswannen). Charakteristisch für die ganze Gruppe ist die häufige Ausführung als U-Flammenwanne. Es stellte in der Tat eine bekannte Hohlglashütte fest, daß mit U-Flammen die kleinen Wannen mehr leisteten als mit Seitenbrennern. Es kann sich hier nur um eine Folge der praktischen Betriebserleichterung handeln, welche die U-Flamme bei kleinen Öfen bringt; denn bei größeren Öfen ist die U-Flamme keineswegs überlegen.

Die mit der alten runden Siemens-Wanne am nächsten verwandte „halbrunde“ Wanne, welche die Form eines „D“ besitzt, bei dem Durchmesser und Länge ungefähr gleich sind, wird noch häufig angetroffen. Diese Ofenbauart wurde für die Flaschenfabrikation früher viel verwendet, und zwar mit einem Durchmesser zwischen 7 und 9 m. Wannen ähnlicher Dimensionierung werden heute immer mehr durch solche länglichen Formates ersetzt, was besonders auch in der Erzielung einer sichereren Glasqualität einen Vorteil bedeutet.

Eine Besonderheit mancher Flaschenwannen bilden nach Gewölbeart durch das Glasbad gespannte Brücken, die wohl Schwimmern vorzuziehen sind, jedoch nicht die Zwischenwände mit tiefliegendem Glasdurchlaß ersetzen können, die man bei neueren Hohl- und Flaschenglaswannen (s. den nächsten Abschnitt) anwendet. Im allgemeinen werden wohl nur Schwimmer und Ringe benutzt. Bei den erwähnten festen Brücken ist man durch Einbauen eines Wasser-Kühlrohres in der Lage, diesen eine gute Haltbarkeit zu geben und gleichzeitig auch auf den Glasfluß eine Kühlwirkung auszuüben.

Spezifische Leistung. Aus den von der *WBG.* festgestellten Ziffern ergibt sich für die Flaschenwannen ein Durchschnittswert von 0,50 t Tagesproduktion auf 1 qm beheizte Herdfläche. Einige Wannen, wo besondere Verhältnisse herrschen mögen, bleiben etwas zurück. Wesentlich über diesen Wert hinaus geht nur mit 0,70 t die größte der Wannen, die 80 qm Herdfläche besitzt, wovon nur 58 Proz. beheizt sind. Dies könnte darauf hindeuten, daß man bei einer größeren unbeheizten Herdfläche die beheizte Herdfläche stärker belasten kann.

Bei den Hohlglaswannen sind die erhaltenen Werte sehr unterschiedlich, wie auch sowohl in den hergestellten Produkten als auch in der Ofenart große Unterschiede herrschen. Neben kontinuierlich arbeitenden Regenerativwannen sind Tageswannen und Rekuperativwannen vorhanden. Ein Teil der Werte geht bis 0,60 t/qm, andere liegen weit unter dem Durchschnitt von 0,50 t/qm. Es ist allerdings zu bemerken, daß bei den kleinen U-Flammenwannen die Bestimmung der beheizten Herdfläche unsicher ist.

Bemerkenswert ist bei den Ergebnissen, daß die Tageswannen sowohl wie die Rekuperativwannen gegenüber den kontinuierlich arbeitenden Regenerativwannen in der Leistung nur verhältnismäßig wenig zurückbleiben.

Brennstoffverbrauch. Bei der Umrechnung des Brennstoffverbrauches auf Steinkohlen von 7000 WE ergeben sich für die Regenerativflaschenwannen 0,50 bis 0,85, im Durchschnitt 0,70 t Steinkohlen für 1 kg Glas. Die Rekuperativwannen liegen etwas höher im Durchschnitt, aber nur wenig.

Was die Hohlglaswannen anbetrifft, so findet man für die vier kontinuierlich arbeitenden Regenerativwannen einen Durchschnitt von nur 0,60 kg Steinkohle für 1 kg Glas, und für Tageswannen und Rekuperativwannen einen solchen von etwas über 0,70 kg.

Die Einzelwerte über Leistung und Brennstoffverbrauch der erwähnten Wannen werden, abgesehen von den Tageswannen, in den Zahlentafeln 23 und 24 aufgeführt und mit denen der Halswannen verglichen.

10. Die Maschinenglaswannen für Hohl- und Flaschenglas.

Man versteht unter dieser Bezeichnung die mit vollautomatischer Glasausarbeitung versehenen neuzeitigen Hohl- und Flaschenglaswannen. Es handelt sich um Wannen, die weit kleiner sind als die Fensterglasanlagen und selten mehr als 75 qm Badoberfläche besitzen.

Den typischen Maschinenglaswannenbetrieb ergeben die mit „Speisern“ (feeder) versehenen Wannen, bei denen das Glas durch die Speisevorrichtung automatisch in die Verarbeitungsmaschinen einfließt (s. Fig. 76, den Hartford-Empire Feeder darstellend). Verlangt nun bereits der Feederbetrieb an sich ein verhältnismäßig weich, d. h. mit höherem Natron- und geringerem Kalkgehalt eingestelltes Glas, so geht man vielfach mit der Absicht der Leistungssteigerung so hoch mit dem Natrongehalt, wie noch eben mit den Anforderungen an die Glasgegenstände im Gebrauch vereinbar. Die betreffenden Wannen sind beinahe ausnahmslos mit Trennwand und tiefliegendem Glasdurchlaß versehen. Trotz der hohen Leistungen der Schmelzwanne genügt dann eine Arbeitswannenfläche von etwa 50 Proz.[1] der Schmelzfläche. Zu der gleichen Ofengruppe gehören auch die Glühkolbenwannen. Was die mit Owens-Maschinen arbeitenden Öfen anbetrifft, so verlangen diese ein hartes, also weniger leicht schmelzbares Glas, so daß die Schmelzleistung erniedrigt und der Kohlenverbrauch erhöht wird. Ein Mehrverbrauch an Brennstoff gegenüber dem Feeder-Betrieb folgt schon daraus, daß für die Beheizung der kleinen Drehwannen, aus denen das Glas angesaugt wird, verhältnismäßig viel Wärme verbraucht wird.

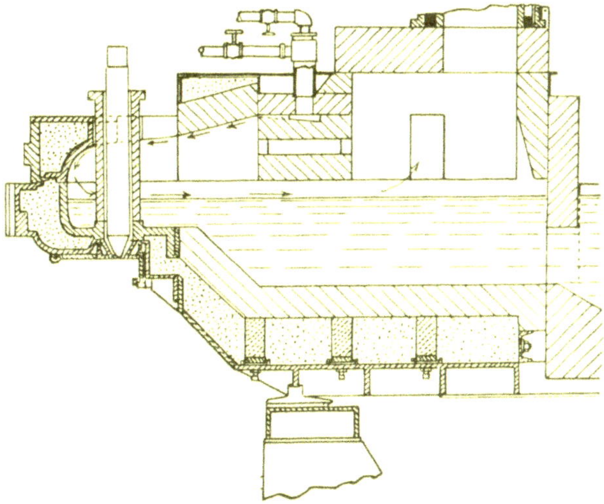

Fig. 76. Hartford-Empire Feeder.

In den Zahlentafeln 23 und 24 sind neben Unterlagen der *WBG* über deutsche Wannen nach Angaben von *Turner*[2] Hauptabmessungen und Ergebnisse von amerikanischen und

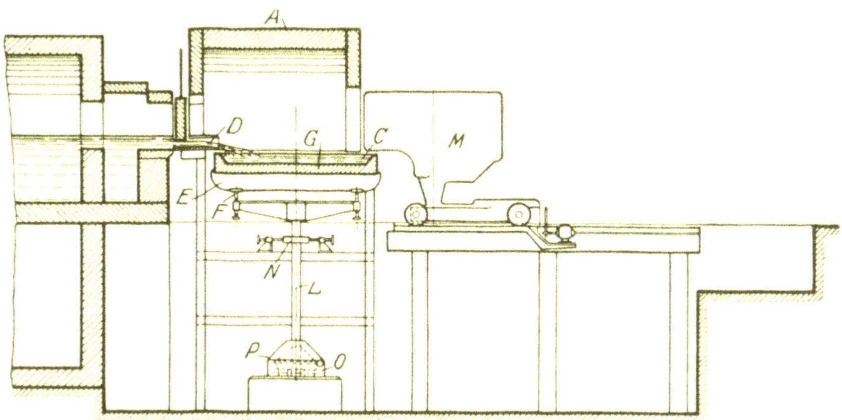

Fig. 77. *Owens*-Drehwanne.

englischen Maschinenglaswannen mit Durchfluß- (Hals-) Konstruktion zusammengestellt. Die in Deutschland vorhandene Zahl solcher Öfen ist noch

[1] Nach *H. L. Dixon* [s. *W. E. S. Turner*, J. Soc. Glass Technol. **8** (1924), 297 Trans.] soll man die Arbeitswanne jedoch möglichst nicht kleiner vorsehen als 50 Proz. der Schmelzwanne.

[2] *W. E. S. Turner*, The Glassindustry in North America in 1924. J. Soc. Glass Technol. **8** (1924), 286 Trans. und *W. E. S. Turner*, The Development of Glass Melting Furnaces in Recent Times. Ebenda **12** (1927), 310 u. 312 Trans.

gering; deren Ergebnisse liegen jedoch gleichfalls im Rahmen der amerikanischen und englischen.

Es ist bei den Maschinenglaswannen die Anwendung des Halswannenprinzipes in seinen verschiedenen Varianten üblich. Das Rekuperativsystem wurde bis vor wenigen Jahren kaum benutzt, weil bei großen, scharf betriebenen Wannen die Überlegenheit des Regenerativsystems zu groß ist. Bei kleineren Ofeneinheiten jedoch arbeiten die Rekuperativöfen sicherer und gestatten eine vorteilhaftere konstruktive Durchbildung als bei größeren, so daß in Amerika in den letzten Jahren eine größere Anzahl von kleinen Rekuperativwannen für zwei automatische Maschinen usw. erbaut wurden. Eine Besprechung der Rekuperativwannen erfolgt im Abschnitt XI 15.

Ein Vorteil des Rekuperativsystems bei der Beheizung der Glasschmelzöfen ist die Konstanz der Beheizung. *O. Maetz*[1] führt nun bei Wespenwannen mit gänzlicher Trennung von Schmelz- und Arbeitswanne die Beheizung der ersteren regenerativ und die der letzteren rekuperativ aus und verbindet so die Vorteile beider Systeme.

Von reinen Regenerativ-Flaschenwannen sind in *Dralle-Keppeler*, Die Glasfabrikation, mehrere Beispiele beschrieben.

Mit Parallelwandtrennung von Schmelz- und Arbeitswanne (s. Abschnitt XI 5) bei gemeinsamem Feuerraum und Gewölbe: Eine Wanne der *Fours et Fumisterie Industrielle*, Paris, mit U-Flamme und eine Wanne nach *Stein* und *Atkinson* mit Querbrennern.

Mit etwas auseinandergezogenen Parallelwänden, um den Glaskanal besser zugänglich zu machen: Eine Wanne von *Th. Teisen.* Es handelt sich um eine Grünglaswanne, und der Glaskanal ist höher als der Wannenboden angeordnet. Alle 3 Wannen sind mit Brennern nach Art Fig. 90 versehen, mit kleinen Varianten. Bei der Konstruktion von *Teisen* ist die Brennerzunge stärker dimensioniert und mit Kühlzügen versehen.

Ferner ist die mit Öl beheizte Torpedowanne von *Moorshead* näher beschrieben, deren Grundriß Fig. 72 zeigt, nur ist jetzt ein regelrechter Durchfluß angeordnet. Die Drehwannen der beiden Owensmaschinen sind im Gegensatz zur üblichen Regenerativbeheizung jetzt durch Rekuperatoren aus Carborundum, Nichelchrom und Gußeisen versehen, für die 900° Luftvorwärmung angegeben wird.

Eine vorbildliche Ausführung einer Maschinenglaswanne für Hohlglas stellt die Fig. 78a bis c wiedergegebene Osramglühkolbenwanne dar, deren Zeichnungen Herr Professor *Gehlhoff* dem Verfasser gütigst zur Verfügung gestellt hat. Alle Einzelheiten, die das Glasbad und dessen Tragkonstruktion betreffen, sind im Abschnitt XI 14 besprochen. Es sei dann noch auf folgende Konstruktionseinzelheiten hingewiesen. (Es handelt sich um eine Halswanne mit Parallelwandtrennung bei durchgehendem Feuerraum.)

Gewölbe und Seitenwände sind zusammen freitragend auf Konsolen gelagert.

Die Brennergewölbe besitzen die im Abschnitt XI 13 beschriebene geknickte Form, welche die Flamme auf günstige Weise über den Glasspiegel

[1] *O. Maetz,* Kontinuierliche Wannenöfen für Qualitätsglas. Sprechsaal **1929**, Nr. 45.

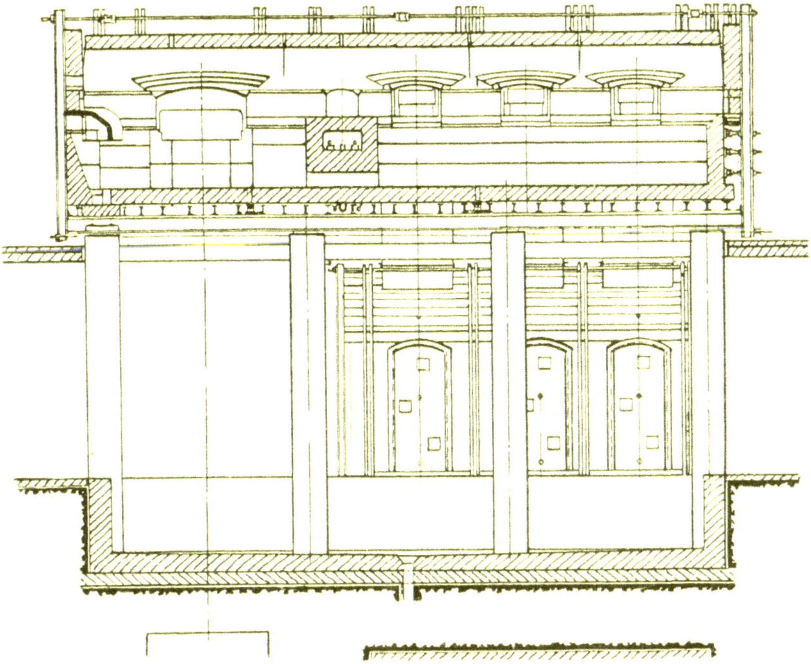

Fig. 78a. Moderne Halswanne (Osramwerke, Berlin-Siemensstadt) (Längsschnitt).

führt und gleichzeitig eine Konstruktion ohne überflüssigen toten Raum zwischen Glasspiegel und Gewölbe ergibt.

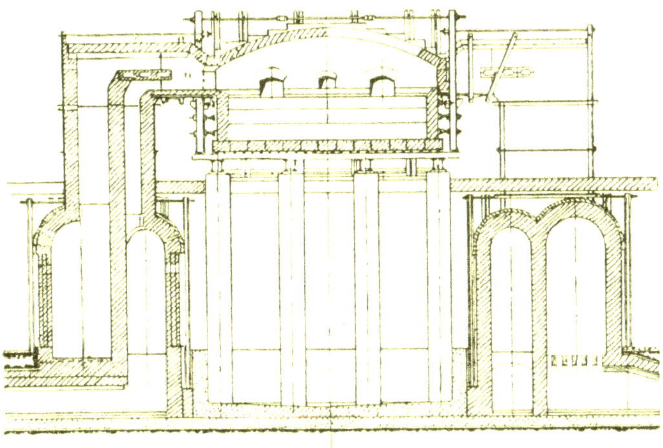

Fig. 78b. Moderne Halswanne (Osramwerke, Berlin-Siemensstadt) (Querschnitt).

Die Brennerweite vergrößert sich beim Eintritt in den Herd, so daß die Gase sich seitlich ausbreiten und sich der flammenlose Raum zwischen den Brennern verringert.

Die Brennerzungen bestehen aus beiderseitig durch die Brennerwände hindurchgeführten Hohlsteinen.

Jeder Brenner besitzt seine eigenen Regenerativkammern (die durch automatisch betätigte Ventile nach *Knoblauch* umgesteuert werden), so daß eine bequeme und sichere Feuereinstellung vorgenommen werden kann.

Die beschriebene Ofenanlage besitzt eine Schmelzwanne von 5 × 6 m und eine Arbeitswanne von 5 × 3,75 m. Bei einer etwas größeren Ausführung dieses Ofens[1] mit 8,20 × 5 50 m Schmelzwanne und 4 Brennern sind, wie bei der Wanne von *Teisen*, nur stärker, die Parallelwände auseinandergezogen, und die Arbeitswanne bildet ein unregelmäßiges Vieleck. Der Glasdurchfluß ist versenkt angeordnet.

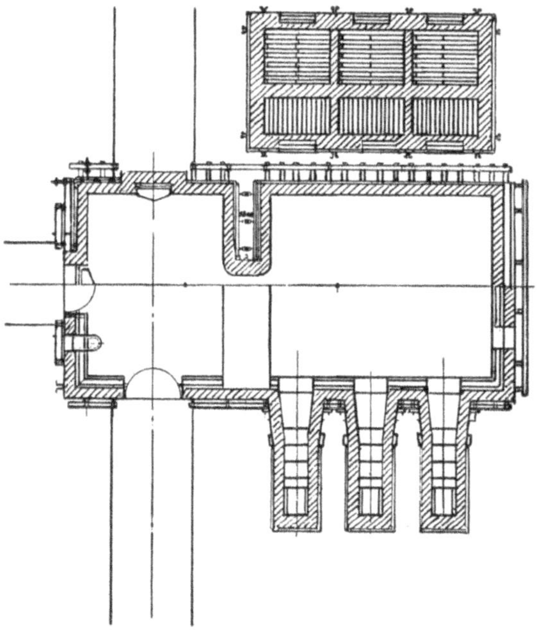

Fig. 78c. Grundriß.

Leistung und Brennstoffverbrauch. Einfluß der Wärmebelastung. Die Untersuchungen der *WBG.*[2] Frankfurt von 1927 hatten für die Wannenöfen in Deutschland eine durchschnittliche Wärmebelastung von 105000 WE (85000 bis 125000 WE) festgestellt. Öfen mit stärkerer Belastung wurden nur ganz vereinzelt angetroffen. Unter den damals von der *WBG.* untersuchten Öfen befanden sich noch keine Halswannen.

Bei diesen Öfen ist die Wärmebelastung sehr hoch und überschreitet die obigen Ziffern wesentlich. Es ist nun sehr interessant, ihre Ergebnisse an die von der *WBG.* festgestellten anzureihen, um in fortlaufender Reihe den Einfluß der steigenden Wärmebelastung untersuchen zu können[3]. Die Verschiedenheit in Glassatz, Wannenbauart und Wannengröße muß natürlich eine gewisse Streuung der Werte zur Folge haben. Zahlentafel 23 und 24 geben Zusammenstellungen von Glasleistung, Kohlenverbrauch und Wärmebelastung eines Quadratmeters beheizter Herdfläche sowohl der deutschen Öfen üblicher Bauart als auch der englischen und amerikanischen und

---

[1] *Dralle-Keppeler*, Die Glasfabrikation. 2. Aufl., Bd. II, 1351 und Glastechn. Ber. **1931**, 24.

[2] *WBG.* Frankfurt, Glasschmelzwannenöfen, Frankfurt 1927 (Selbstverlag).

[3] *J. Lamort*, Wirkung der Wärmebelastung auf Schmelzleistung und Brennstoffverbrauch. Glastechn. Ber. **9**, 30.

zweier deutschen Halswannen. Kohlenverbrauch und Leistung sind dann in den Diagrammen der Fig. 79 bis 82 in ihrer Abhängigkeit von der Wärmebelastung aufgetragen.

Die Glasproduktion „P“ ist in Tonnen Tagesleistung auf 1 qm beheizter Herdfläche, der Kohlenverbrauch in Kilogramm Steinkohlen von 7000 WE für 1 kg Glas (insgesamt geschmolzen) und die Wärmebelastung in Tonnen Steinkohle von 7000 WE Heizwert, verbraucht in 24 Stunden auf 1 qm beheizter Heizfläche, ausgedrückt (1 t Steink./24 St. = 292000 WE/St.).

Bei der Untersuchung der Hohlglaswannen wurden die Unterlagen über 30 Öfen zusammengestellt (eigentlich nur von 29, weil die von Nr. 13 und 14 die gleiche Wanne, nur unter verschiedener Belastung, betreffen), wovon 7 von der *WBG.* beschrieben sind (Tageswannen mußten fortgelassen werden) und 22 von *Turner* (wovon 2 Glühlampenkolbenwannen mit Westlake-Maschinen). Außerdem wurde noch das Ergebnis der beschriebenen Halswanne der Osramwerke in Berlin-Siemensstadt hinzugefügt, das ich einer persönlichen Mitteilung von Herrn Prof. *G. Gehlhoff* verdanke.

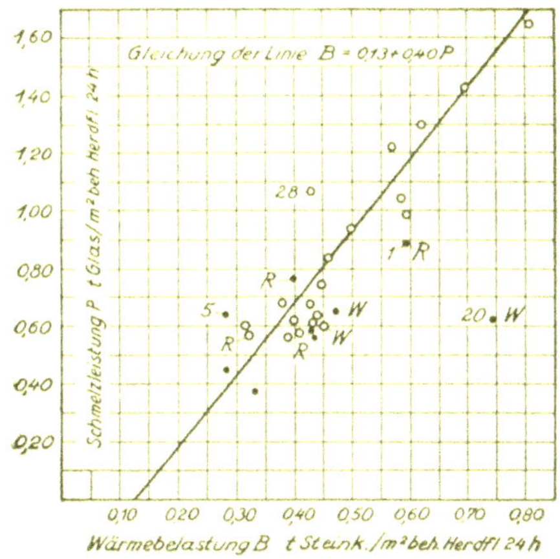

Fig. 79. Leistung der Hohlglaswannen. (Insgesamt geschmolzenes Glas in T/24 St. qm beh. Herdfläche) (nach *Lamort*, Glastechn. Ber.).

An Flaschenwannen wurden 20 untersucht (eigentlich nur 18, weil die Angaben unter Nr. 14, 15 und 16 die gleiche Wanne betreffen), wovon 12 von der *WBG.* und 7 von *Turner* beschrieben sind und der Ofen Nr. 20 eine neuzeitige deutsche, mit Koksofengas beheizte Halswannenanlage[1] darstellt. Bei der Wanne Nr. 18 von *Turner* handelt es sich um keine Grün-, sondern um eine Braunglaswanne.

Bei einigen der Wannen von *Turner* war im angegebenen Kohlenverbrauch auch der Kühlofen einbegriffen, dies wurde bei der Aufstellung der Zahlentafel durch einen Abzug von $^1/_9$ berücksichtigt (bei den Glühkolbenwannen von 4 Proz.).

L e i s t u n g d e r H o h l g l a s w a n n e n (s. Fig. 79). Wenn auch im mittleren Diagrammteil einige streuende Punkte vorhanden sind, so gelingt es doch zwanglos, eine gerade Linie für die Beziehung zwischen Leistung und Wärmebelastung einzuzeichnen, die dem Ausdruck $B = 0{,}13 + 0{,}40\,P$ (oder $P = 2{,}5\,B - 0{,}325$) entspricht. Hiernach teilt sich, wie übrigens naheliegend, entsprechend dem allgemeinen Ausdruck $B = a + b\,P$ der Wärmeverbrauch in einen konstanten Teil a (in diesem Falle gleich 0,13) und einen mit der Glasleistung verhältnisgleich wachsenden Teil $b\,P$ (in diesem Falle gleich 0,40 P). Schon *Amsler*[2] hat Überlegungen über eine solche Teilung angestellt. Er nimmt jedoch von vornherein an, daß die mit der Leistung verhältnisgleich wachsende Wärmemenge nur in der direkten Schmelzwärme der Beschickung besteht. Nach der vorliegenden, auf statischer Grundlage beruhenden Ermittlung ist sie jedoch beinahe viermal so groß, d. h. auch die Strahlungs- und andere Verluste nehmen in ihrem absoluten Betrag mit steigender Wärmebelastung des Ofens zu.

Prüft man die verschiedenen Diagrammpunkte auf ihre Abweichung von der geraden Linie (die Glühkolbenwannen sind mit „*W*“ und die Rekuperativöfen mit „*Rek.*“ bezeichnet, und die kleineren Wannen unter 20 qm kenntlich gemacht durch die Benutzung eines Kreuzes statt eines Kreises beim Einzeichnen), so stellt man fest:

[1] Ber. Fachaussch. Dtsch. Glastechn. Ges. Nr. 13, S. 3.

[2] *W. O. Amsler*, Fuels & Furn. **3** (1925), 287; s. auch Glastechn. Ber. **3** (1925/26), 228.

Zahlentafel 23. Ergebnisse von Hohlglaswannen (Weißglaswannen).

Laufende Nr.	Ursprüngliche Nr.	Beheizte Herdfläche qm	Tagesleistung T-Glas für 1 qm beheizte Herdfläche	Kohlenverbrauch kg Steinkohlen für 1 kg Glas	Wärmebelastung d. Herdfläche t-Steinkohlen für 1 qm beheizte Herdfl. u. Tag			Hauptmasse der Schmelzwanne m Länge	Breite	Tiefe
1	H 1	3,0[1]	0,88	0,67	0,59	Rekuperativwanne, U-Flamme	Deutsche Wannen ohne Hals (nach der *WBG.*)	—	1,90	0,80
2	H 4	4,5	0,77	0,52	0,40			—	2,40	0,65
3	H 8	10,0	0,60	0,72	0,43			2,50	4,00	0,75
4	H 9	9,2	0,375	0,88	0,33	U-Flamme		—	2,70	0,60
5	H 10	12,2	0,64	0,43	0,28			3,40	3,60	1,00
6	H 14	18,0	0,45	0,61	0,28			4,00	4,50	1,20
7	H 15	31,4	0,60	0,53	0,31			5,70	7,00	1,00
8	IV 4	20,0	0,56	0,78	0,435		Engl. und amerik. Halswannen (nach *Turner*)	—	—	—
9	V 5	40,2	1,04	0,555	0,58			—	—	1,22
10	V 6	40,2	1,22	0,47	0,57			—	—	1,22
11	9	31,6	0,57	0,55	0,32	Rekuperativwanne		—	—	1,22
12	10	40,2	1,43	0,49	0,70			—	—	1,22
13	11	43,0	0,68	0,55	0,38			—	—	1,22
14[2]	12	43,0	0,63	0,64	0,40					
15	13	48,4	1,30	0,48	0,62			—	—	1,22
16	15	48,4	1,65	0,49	0,81			—	—	1,22
17	17	44,0	0,68	0,55	0,38			—	—	1,22
18	18	40,2	0,94	0,53	0,50			—	—	1,17
19	28	15,6	0,65	0,74	0,47	Glühkolbenwannen mit Westlake-Maschinen		—	—	0,91
20	29	9,0	0,62	1,22	0,74			—	—	0,97
21	VII 1	?	0,98	0,60	0,59			—	—	—
22	VII 2	83,9	0,84	0,55	0,46	Naturgasbeheizung		6.71	12,51	1,07
23	4	31,3	0,61		0,43			4,27	7,32	1,07
24	5	41,7	0,63	0,70	0,44			4,88	8,54	1,07
25	6	57,7	0,56		0,39			6,10	9,46	1,07
26	7	76,3	0,75	0,60	0,45			6,10	12,51	1,07
27	9	—	0,65	0,65	0,42	Naturgasbeheizung		—	—	—
28	10	—	1,07	0,40	0,43			—	—	—
29	11	—	0,58	0,70	0,41			—	—	—
30	—	30,0	0,60	0,76	0,455	Deutsche Glühkolbenwanne mit Hals (Osram)		5,00	6,00	—

Ganz heraus fällt die kleine Glühkolbenwanne Nr. 20 mit 9 qm Heizfläche, die für ihren Kohlenverbrauch eine viel zu geringe Leistung hat. Umgekehrt ist die Leistung der mit Erdgas beheizten amerikanischen Wanne Nr. 28 merklich günstiger, als es der geraden Linie entspricht. Für die übrigen Öfen passen sich die Werte viel genauer der

[1] Die beheizte Herdfläche der U-Flammenwannen 1, 2 und 4 ist mit $^2/_3$ der Gesamtfläche eingesetzt.

[2] Die Angaben unter Nr. 14 beziehen sich auf die gleiche Wanne wie Nr. 13, nur für verringerte Belastung.

geraden Linie an, als man in Anbetracht der großen Unterschiede in Glaszusammensetzung, Scherbenanteil, Wannenbauart und Wannengröße erwarten sollte. Durch ihren etwas zu hohen Brennstoffverbrauch fällt noch die kleine Rekuperativwanne Nr. 1 mit 4,5 qm Heizfläche auf (was ja nicht wundernehmen kann), und durch ihre günstige Leistung die deutsche Wanne Nr. 5, ein kleiner Ofen von 12,2 qm beheizter Herdfläche, mit U-Flamme und mit Regenerativkammern mittlerer Größe. Der Grund dieser erhöhten Leistung ist wohl darin zu suchen, daß bei dem betreffenden Ofen auf 5,50 t Fertigglas 2,30 t Abfall kommen.

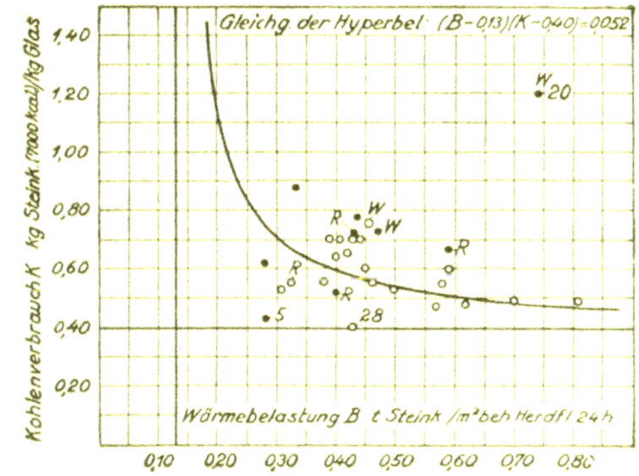

Fig. 80. Brennstoffverbrauch der Hohlglaswannen. (kg Steink. 7000 WE auf 1 kg insgesamt geschmolzenes Glas) (Glastechn. Ber.).

Kohlenverbrauch der Hohlglaswannen (s. Fig. 80). Die Teilung der Wärmebelastung durch die spezifische Herdleistung gibt den spezifischen Kohlenverbrauch, es sei in kg Steinkohle auf 1 kg Glas. Dieser sei mit K bezeichnet, so folgt dann aus $B = a + b P$ als Beziehung zwischen Kohlenverbrauch und Wärmebelastung: $(B - a)(K - b) = a b$ bzw. im vorliegenden Falle $(B - 0{,}13)(K - 0{,}40) = 0{,}052$, d. h. die Gleichung einer gleichseitigen Hyperbel. Diese hat als Asymptoten (s. Fig. 80) zuerst $K = 0{,}40$, was bedeutet, daß unter den vorliegenden Bedingungen 0,40 den niedersten Kohlenverbrauch darstellt, den man bei noch so hoher Belastung nicht unterschreiten kann. Die zweite Asymptote $B = 0{,}13$ besagt, daß der ideale Leerverbrauch der Öfen 0,13 t Steinkohlen täglich auf 1 qm beheizte Herdfläche beträgt. Auf Fig. 80 sind diejenigen Punkte, die von der Hyperbel stärker abweichen, die gleichen, die auch bei der geraden Linie der Leistungen die größeren Unterschiede ergeben.

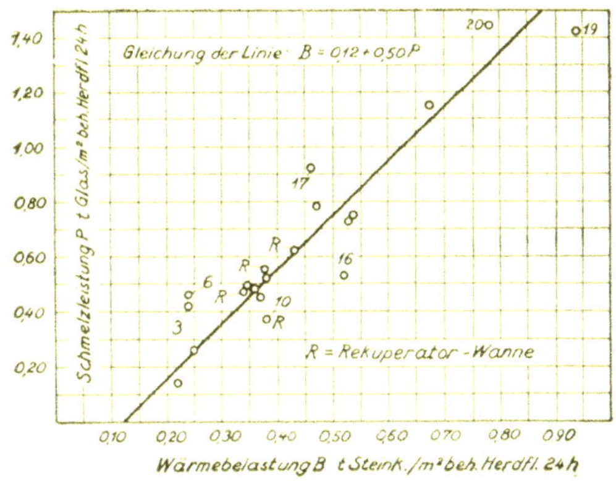

Fig. 81. Leistung der Flaschenwannen (Glastechn. Ber.).

Leistung und Kohlenverbrauch der Flaschenwannen (Grünglaswannen) sind ebenfalls auf die beschriebene Weise in Fig. 81 und Fig. 82 dargestellt. Es ergibt sich jetzt als gerade Linie der Leistung $B = 0{,}12 + 0{,}50 P$ (oder $P = 2 B - 0{,}24$), und als Hyperbel des Kohlenverbrauches $(B - 0{,}12)(K - 0{,}50) = 0{,}06$. Der Grenzkohlen-

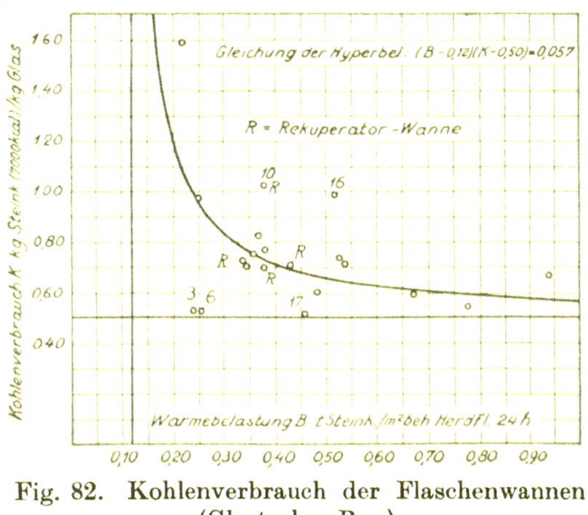

Fig. 82. Kohlenverbrauch der Flaschenwannen (Glastechn. Ber.).

Zahlentafel 24. Ergebnisse von Flaschenwannen (Grünglaswannen).

Laufende Nr.	Ursprüngliche Nr.	Beheizte Herdfläche qm	Tagesleistung in t Glas für 1 qm beheizte Herdfläche	Kohlenverbrauch in kg Steinkohlen von 7000 WE für 1 kg Glas	Wärmebelastung d. Herdfläche in t Steink. für 1 qm beheizte Herdfl. u. Tag			Hauptmasse der Schmelzwanne m Länge	Breite	Tiefe
1	F 4	27,0	0,26	0,97	0,25		Deutsche Wannen ohne Hals (nach der *WBG.*)	4,50	6,00	1,00
2	F 5	28,0	0,14	1,59	0,22			4,00	7,00	1,00
3	F 6	25,8	0,46	0,52	0,24			4,70	5,50	1,00
4	F 7	30,8	0,45	0,82	0,32			5,70	5,40	1,05
5	F 8	27,5	0,52	0,76	0,38			5,00	5,50	1,10
6	F 9	32,2	0,47	0,52	0,25			5,70	5,60	1,00
7	F 10	30,0	0,48	0,75	0,36			5,00	6,00	1,20
8	F 11	32,6	0,61	0,70	0,43	Rekup. wannen		4,50	7,30	1,05
9	F 12	32,6	0,47	0,72	0,34			4,50	7,30	1,15
10	F 13	28,4	0,37	1,02	0,38			4,50	6,30	1,00
11	F 14	36,3	0,55	0,69	0,38			4,80	7,50	1,05
12	F 15	46,8	0,49	0,70	0,345			6,50	7,20	1,10
13	V 18	32,5	0,75	0,71	0,535	Braunglas	Engl. u. amerik. Halswannen (nach *Turner*)	—	—	0,91
14[1]	V 19	40,2	0,73	0,73	0,53			—	—	1,04
15	V 20		0,78	0,60	0,47					
16	V 21		0,53	0,98	0,52					
17	V 22	43,5	0,92	0,50	0,46			—	—	0,81
18	V 26	35,3	1,15	0,59	0,675			—	—	0,91
19	VII 3	51,3	1,43	0,66	0,94			5,80	8,85	1,07
20	—	?	1,38-1,51 Mittel 1,445	0,54	0,78	Neuzeitige deutsche Halswanne mit Koksofengasbeheizung[2]				

verbrauch beträgt jetzt 0,50 kg für 1 kg Glas; man benötigt eben etwas mehr Brennstoff zum Schmelzen von Grünglas als von Weißglas. Dies beruht nicht allein auf der Färbung, sondern auch auf Unterschieden im Glassatz.

Auf den Diagrammen zeigen die den Wannen Nr. 3, 6, 10, 16 und 17 entsprechenden 5 Punkte Abweichungen, während die übrigen 15 sehr gut mit gerader Linie und Hyperbel übereinstimmen. Von diesen 5 Öfen brauchen 2 zu viel Kohlen, und zwar eine Rekuperativwanne und eine englische Halswanne (die mit stärkerer Belastung unter Nr. 14 und 15 angeführt ist und sich dann gut an gerade Linie und Hyperbel anschließt), und 3 zu wenig, wovon 2 mit böhmischen Braunkohlen beheizte deutsche Öfen und eine englische Halswanne.

Die in obigen Betrachtungen ermittelten Diagrammlinien und die Zahlentafeln 23 und 24 können bei der Projektierung von Wannenöfen benutzt werden, um unter verschiedenartigen Verhältnissen Anhaltspunkte für Leistung und Kohlenverbrauch zu gewinnen.

[1] Die Zahlen unter Nr. 14, 15 und 16 beziehen sich auf die gleiche Wanne, zuerst mit 6tägiger Arbeit in der Woche bei Normalbelastung, dann mit durchgehendem Betrieb und schließlich mit verringerter Belastung bei 6tägiger Arbeit.

[2] Auf den Wärmeverbrauch werden 15 Proz. zugeschlagen zur Berücksichtigung des bei der Generatorgasbeheizung vorhandenen Generatorverlustes, um einen Vergleich mit den andern Wannen zu ermöglichen.

Der Einfluß der Wärmebelastung ist nun nicht so zu verstehen, daß man auf 1 kg Glas um so weniger Kohlen braucht, je stärker man feuert, ohne an der Wanne das geringste zu ändern. Vielmehr muß die Dimensionierung der Brenner und Kammern immer entsprechend verändert werden. Übrigens kommt man bei Wannen ohne Durchfluß bald an eine Höchstgrenze, bei der ein solcher eingeführt werden muß. Verringert man die Befeuerung einer Wanne, ohne irgendeine konstruktive Änderung vorzunehmen, so sinkt die Leistung schneller ab, als den Diagrammen entspricht. Dies kann man aus den Werten zu 14, 15 u. 16 von Zahlent. 24 ersehen, desgleichen aus Werten, die *Moorshead* für sinkende Belastung von Ölwannen angibt (siehe XIII).

Selbstverständlich vermindert sich die Haltbarkeit des feuerfesten Materiales mit der Belastung der Wanne. Es ist für dessen Qualität dann die insgesamt erzeugte Glasmenge maßgebend. *Moorshead*[1] faßt wie folgt zusammen: Bis zu einer Glasbelastung von 0,90 t/24 St/qm besteht ein ziemlich günstiges Verhältnis; bis 1,07 t/24 St/qm ist die Lebensdauer der Öfen kaum merklich kleiner; bei 1,30 t/24 St/qm ist diese dann um 25% und bei rd. 1,80 t um rd. 50% verringert.

11. Die Rohglaswannen.

Wannen für dünnes Gußglas (Drahtglas, dünnes Rohglas, Ornamentglas). Die „dünnen Gußgläser" werden mit der Kelle geschöpft; neuerdings läßt man auch das Glas kontinuierlich aus der Wanne in die Walzmaschine fließen. Sie stellen an die Läuterung der Glasmasse keine besonders großen Ansprüche. Eine große unbeheizte Herdfläche bzw. „Arbeitswanne" ist nicht nötig. Ganz ohne eine solche kommt man jedoch nicht aus, weil das Glas nach beendeter Schmelze immerhin kurz abstehen muß. In verschiedenen Hütten werden wie in den Fensterglaswannen mit Erfolg Schwimmer verwendet (s. Fig. 83). Bewährt hat sich auch der Anbau eines kleinen Vorraumes, der die Stelle der Arbeitswanne vertritt und von deren Hauptherd nach dem Halswannenprinzip durch eine gekühlte Zwischenwand mit tiefliegendem Glasdurchfluß getrennt ist. Fig. 85 gibt die Konstruktion eines solchen Vorbaues wieder. Der Glasdurchlaß ist nicht bis zum Wannenboden hinunter verlegt, denn bei dem angewandten Glasstand von 1,50 m würde die Kühlwirkung zu stark werden. Auf diese Weise wird auch der Wannenboden, der bei Halswannen ungewöhnlich stark angegriffen wird, geschont.

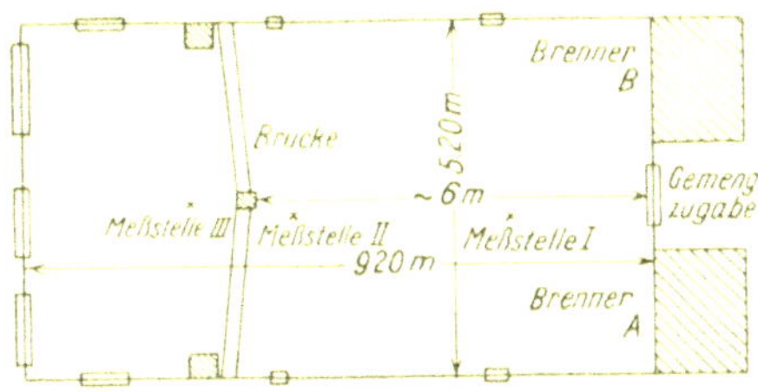

Fig. 83. Grundriß einer Rohglaswanne mit U-Flamme und mit Schwimmern (nach *Gehlhoff* und *Thomas*, Glastechn. Ber.).

[1] *C. T. Moorshead:* Die Praxis der Brennstoffersparnis in Glaswerken. Glasindustrie, 1927, S. 279.

Konstruktion und Hauptabmessungen der Gußglaswannen. Diese werden in der Regel mit Herdflächen von 35 bis 50 qm ausgestattet.

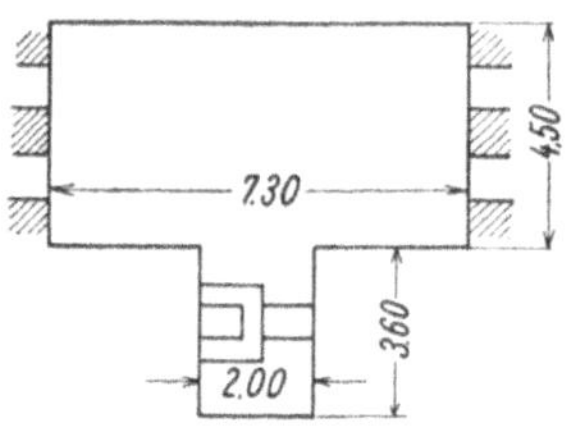

Fig. 84. Grundriß einer Rohglaswanne mit Schöpfvorbau.

Größere Gußglaswannen werden selten ausgeführt, weil der Absatz an diesen Glassorten sehr stark schwankt, und es sind daher zwei Stück etwas kleinerer Wannen wirtschaftlicher als eine einzige grössere. Die lichte Breite der üblichen Wannen beträgt 5 m bis 5,50 m und die lichte Länge 7 bis 10 m.

Die Wannen werden sehr heiß gefahren, und es wird deshalb zur Schonung des Wannenbodens häufig ein reichlicher bemessener Glasstand (bis 1,50) benutzt (s. den Abschnitt: Das Glasbad).

Die mit einem Vorbau ausgestattete rechteckige Seitenbrennerwanne stellt die beste Ausführung der Gußglaswanne dar. Die meisten Wannen sind heute noch nicht mit diesem versehen. Auch die Verwendung der Seitenbrenner ist nicht allgemein, es werden auch noch U-Flammenwannen[1] verwendet. Die *WBG.* Frankfurt[2] beschreibt in ihren Tabellen zwei Gußglaswannen mit Seitenbrennern, eine mit U-Flamme und eine mit Galeriebrennern.

Fig. 85. Vorbau für Rohglaswanne.

Fig. 83 zeigt den Grundriß einer U-Flammenwanne mit Schwimmern[3] und Fig. 84 den Grundriß einer Wanne mit Vorbau, die im Gegensatz zu dem Herkömmlichen mit umgekehrtem Verhältnis zwischen Länge und Breite versehen ist[4]. Sie besitzt eine Länge von 4,50 m auf eine Breite von 7,30 m. (Eine Besprechung des Prinzipes erfolgt in Abschnitt XI 16: Neue Wannenvorschläge.)

Schmelzleistung der Gußglaswannen. Für die mit Vorbau versehenen Wannen dürfte eine insgesamt geschmolzene Glasmenge von täglich

[1] Zeichnerische Unterlagen über U-Flammenwannen für Rohglas siehe: *Dralle-Keppeler*, Die Glasfabrikation, 2. Aufl. Bd. I, S. 487, Bd. II, S. 1067.

[2] *WBG* Frankfurt, Wannenöfen, Zahlentafeln I, III und V.

[3] Desgl., s. auch *G. Gehlhoff* u. *M. Thomas*, Temperaturmessungen an Glasöfen. Glastechn. Ber. **4**, 210.

[4] Prinzip der meisten Tageswannen. Eine solche mit allerdings primitiven Schöpfvorbau ist beschrieben: *Dralle-Keppeler*, 2. Aufl., Bd. II, S. 1066.

1 t für 1 qm Gesamtherdfläche die gute Normalleistung darstellen. Es ist zu bemerken, daß für dünnes Gußglas der benutzte Gemengesatz keineswegs weich eingestellt ist und meistens ungefähr dem Satze entspricht, der für die Herstellung des Gußspiegelglases in Häfen üblich ist.

Gußglaswannen ohne Vorbau kann man nicht ganz soviel zumuten. Die größte der von der *WBG.* beschriebenen Wannen zeigt übrigens noch eine ziemlich hohe Leistung, und zwar 44,70 t in 24 Stunden für eine Gesamtherdfläche von 58,3 qm, was für 1 qm Gesamtherdfläche täglich 0,77 t ent-entspricht. Auf die auffallend knapp bemessene, direkt beheizte Herdfläche bezogen würde sich sogar eine Tagesleistung von 1,54 t für 1 qm Herdfläche ergeben. Die übrigen drei von der *WBG.* beschriebenen Gußglaswannen weisen ein wesentlich geringeres Ergebnis auf, und zwar 0,44, 0,45 und 0,70 t/24 St. für 1 qm beheizte Herdfläche und 0,30, 0,34 und 0,42 t/24 St. für 1 qm Gesamtherdfläche. Für zwei hiervon ist die Erklärung naheliegend. Sie werden mit Gas aus deutschen Rohbraunkohlen befeuert, was zur Erzielung von Höchstleistungen nicht günstig ist.

Brennstoffverbrauch der Gußglaswannen. Eine Ziffer von 0,50 kg Steinkohlen von 7000 WE für 1 kg insgesamt geschmolzenes Glas wird für Wannen ohne Vorbau eine gute Durchschnittsziffer darstellen. Wannen mit Vorbau verbrauchen etwas weniger. Die *WBG.* gibt für die beschriebene große Wanne einen Wärmeverbrauch an, der 0,33 kg Steinkohlen für 1 kg Glas entspricht. Eine derartig niedrige Ziffer dürfte indessen einen Ausnahmefall darstellen. Die anderen drei Wannen der *WBG.* haben wegen der geringen Produktion ziemlich hohe Brennstoffverbrauchsziffern, die 0,75 bis 0,88 kg Steinkohlen für 1 kg Glas entsprechen.

12. Die Spiegelglaswannen.

Die Herstellung des Spiegelglases in der Wanne verdient deshalb besonderes Interesse, weil sie für die im Wannenbetrieb überhaupt erreichbare Glasqualität einen Prüfstein darstellt.

Die üblichen Gußspiegelglashafenöfen arbeiten wegen ihrer Größe wärmetechnisch ziemlich günstig, und ihr Brennstoffverbrauch kommt an denjenigen der Wannen heran (vgl. Abschnitt X 5 über die Oberflammhafenöfen). Es hätte sich daher nicht gelohnt, obiges Ziel nur mit der Absicht einer Kohlenersparnis zu verfolgen. Jedoch ist die Hafenschmelze gegenüber der Herstellung in der Wanne mit noch anderen Mehrunkosten verschiedener Art verbunden. Hiervon sind zu nennen: die höheren Lohnausgaben infolge des umständlicheren und periodischen Verfahrens und die Kosten der Häfen. Ferner gibt das in Häfen erschmolzene Glas einen größeren Abfall bei der Verarbeitung (also in diesem Falle beim Vergießen) als das in einer Wanne erschmolzene und aus derselben kontinuierlich entnommene Glas, wie z. B. beim Fourcault- und beim Libbey-Owens-Fensterglasziehverfahren.

Die amerikanische *Ford Motor Co.* hatte bei ihren 1922[1] begonnenen Versuchen die erwähnten Vorteile des Wannenverfahrens im Auge und schlug,

[1] *A. Huntley*, Making Glass for Fords' Windshield. Glass Ind. **4** (1923), 1.

nachdem eine erste Methode mißlungen war, den Weg ein, das Glas kontinuierlich aus der Wanne in ein Walzwerk fließen zu lassen. Das gleiche Prinzip, jedoch mit anderen Walzeinrichtungen, weil breitere Tafeln als bei der *Ford Co.* zu erzeugen waren, benutzt die *Pittsburgh Plate Glass Co.*[1]

Nach einem neuen Verfahren arbeitet noch die englische Gesellschaft *Pilkingtons Brothers.*

Übrigens ist in der Zwischenzeit das klassische Spiegelglas-Hafengießen in dem Bicheroux-Verfahren[2] so verbessert worden, daß die Ausnutzung der aus den Häfen ausgegossenen Glasmasse bedeutend gestiegen ist, und zwar betrifft dies besonders die Herstellung von dünnem Spiegelglas.

Neben den beschriebenen amerikanischen Methoden wurde seit 1921 auch ein bayrisches Verfahren für die Herstellung des Spiegelglases in der Wanne ausgebildet[3]. Bei diesem wird das Glas nach Art der Draht- und Ornamentglasfabrikation aus den Wannen mit großen Kellen geschöpft und in eine Walzmaschine nach *Chance* gegossen (wie sie seit langen Jahren für Ornamentglas und jetzt im großen auch für das Bicheroux-Verfahren benutzt wird). Weil ein großer Kellenrückstand abfällt, ist das bayrische Verfahren in bezug auf die Wirtschaftlichkeit wieder etwas ungünstiger zu beurteilen. Es wird jedoch das sehr interessante Endergebnis erhalten, daß die in Bayern heute in der Wanne erzielte Glasqualität keineswegs dem Hafenglas unterlegen ist. Bei der *Ford Motor Co.* sind natürlich die Anforderungen an die Glasgüte wesentlich geringer als in Bayern, wo vornehmlich Glas für Spiegelbelegzwecke hergestellt wird.

Bei der *Ford Motor Co.* wird ein ziemlich weicher Glassatz benutzt, was für die Höhe der Produktion, wie auch die Erfahrungen an den Flaschenwannen zeigen, von Bedeutung ist. 1923 hatte das Glas in Highland Park folgende Zusammensetzung (theoretisch berechnet aus dem Gemengesatz):

SiO_2	72,00
Na_2O	16,12
CaO	11,88
	100,00

Wannen der *Ford Motor Co.*, Einrichtungen und Fabrikation jeder der drei Fordschen Glasfabriken wurden in Veröffentlichungen in der „*Glass Industry*“[4] beschrieben. Ferner berichtete *Turner*[5] über die Fabrikanlage in River Rouge.

[1] Vgl. *A. Wendler,* Maschinelle Glasverarbeitung, Leipzig 1929 (Akad. Verlagsges.).

[2] Siehe Glastechn. Ber. **5** (Nov. 1927), 337: Vortrag von *A. Wendler* über das Spiegelglasgießverfahren nach *Bicheroux* auf der 7. Glastechn. Tagung in Weimar.

[3] Vgl. *A. Schild,* Über die Entwicklung und den gegenwärtigen Stand der Spiegelrohglasfabrikation. Glas-Ind. 1928, S. 166.

[4] *A. Huntley,* Making Glass for Ford's Windshields. Glass Ind. **4** (1923), 1; desgl. *Fred. J. Huntley,* The River Rouge Plate Glass Plant of the Ford Motor Co. Glass Ind. **5** (1924), 122; desgl. Glassmaking at Ford's St. Paul Plant. Glass Ind. **8** (1927), 247.

[5] *W. E. S. Turner,* The Glass Industry in North America in 1924. Journ. Glass Techn. **8**, 290.

Für den Inhalt und die Tagesleistung der Wannen der drei Glasfabriken wurden gegeben (in metrischen Tonnen umgerechnet):

	Wanneninhalt	Tagesleistung
Wanne in Highland Park	320	21
Wannen in River Rouge (Fordson)	360	23,5
Wanne in St. Paul (Minn.)	410	27

Die Anlagen in Highland Park und in River Rouge werden mit Koksofengas einer eigenen Anlage und die Wanne in St. Paul durch Generatorgas beheizt. Die Koksofengaswannen sind, wie üblich, nur mit Regenerativkammern zur Luftvorwärmung ausgerüstet.

Über die näheren Dimensionen der Wannen in River Rouge wurde 1924 folgendes berichtet:

Gesamtlänge	23,40 m	(nach der *Glass Industry*)
Breite am Schmelzende	4,88 m	,, ,, ,, ,,
Breite der Arbeitswanne: zulaufend zu	1,83 m	Radius
Tiefe der Wanne	1,52 m	(nach *Turner*).

Diese Abmessungen ergeben den in Fig. 86 dargestellten Grundriß. Nach den Ausführungen von *Turner* ist zwischen Schmelz- und Arbeitswanne eine Abtrennung anzunehmen (*Turner* gibt für die Länge der Schmelzwanne nur 12,20 m und für die Länge der Arbeitswanne 4,88 m an).

Fig. 86. Grundriß der Spiegelglaswanne von Ford in River-Rouge.

Fig. 98 zeigt den 1924 beschriebenen Einlegevorbau in Highlandpark. Aus dieser Abbildung ist gleichzeitig ersichtlich, daß die Wanne durch Seitenbrenner beheizt wird.

Spezifische Leistung der River-Rouge-Wannen: 0,40 t täglich für 1 qm beheizte Herdfläche (in metrische Tonnen umgerechnet).

Kohlenverbrauch. Die für die Fordschen Anlagen angegebenen Brennstoffverbrauchsziffern sind widerspruchsvoll. Bei Umrechnung der Werte auf Generatorkohlen findet man für River Rouge 0,46 und für St. Paul etwa 1 kg Steinkohlen auf 1 kg Glas.

Bayrische Spiegelglaswannen. Eine Hütte hat eine Seitenbrennerwanne und zwei haben U-Flammenwannen ausgebildet. Die heutigen Öfen sind etwa 5 m breit und über 20 m lang, und nur die Hälfte der Gesamtherdfläche ist beheizt. Eine vierte schmolz in einer kleineren Galeriebrennerwanne die Glasmasse vor, um sie dann in einem Tunnelofen weiter zu läutern (s. Abschnitt XV).

Eine Trennung zwischen Schmelz- und Arbeitswanne hat sich noch nicht eingeführt. Es werden, wie bei Fensterglaswannen, zwei Schwimmerpaare verwendet.

Spezifische Leistung und Brennstoffverbrauch. Nach den Zahlentafeln der *WBG.* Frankfurt[1] von 1927 ergab die beste Wanne als Leistung:

[1] *WBG.* Frankfurt, Wannenöfen, Zahlentafel V.

0,27 t tägliche Gesamtschmelzleistung auf 1 qm beheizte Herdfläche und als Brennstoffverbrauch 0,86 kg Steinkohlen von 7000 WE für 1 kg Glas (umgerechnet aus böhmischen Braunkohlen). Die entsprechenden Werte sind heute günstiger, und es wird nach *A. Schild*[1] eine Tagesleistung von 0,25 t auf 1 qm Gesamtherdfl. erzielt. Dieses Ergebnis ist wegen der verlangten guten Glasqualität zweifellos als sehr günstig zu bezeichnen, wenn auch die Ziffer des Gesamtdurchsatzes durch Kellenrückstände begünstigt wird. Der Kohlenverbrauch für 1 kg Glasdurchsatz beträgt insgesamt für Schmelzen und Kühlen 5200 WE, was 0,74 kg Steinkohlen von 7000 WE entspricht.

13. Die Brenner der Wannenöfen.

Entwicklung der Konstruktion. *Friedrich Siemens* benutzte bei seiner ersten Wanne, die schmal und länglich war (s. Fig. 64), eine große Anzahl kleiner Horizontalbrenner, bei denen die Mischung von Gas und Luft erst im Ofen geschah. Die Anordnung war so getroffen, daß in den Wänden Gas- und Luftzüge sich immer abwechselnd in gleichen Abständen folgten[2]. Diese Einrichtung war nun keine besonders günstige, und später legte *Siemens* die Luftzüge über die Gaszüge, und zwar beide ins Gewölbe. Die Flammen ließ er im scharfen Winkel auf das Glasbad herunterstechen und behielt die große Zahl kleiner Brenner bei. Nach einigen Jahren ging er bei seiner großen U-Flammen-Rundwanne (s. den Abschnitt: Die Entwicklung der Wannenöfen) auf das Gegenteil über und verwendete nur mehr ein einziges großes Brennerpaar. Dieses legte er streng waagerecht und ordnete zwischen Gas- und Luftzug eine Zunge an, die bis dicht an den Eintritt in den Ofenraum reichte. Er folgte hierbei seinem „Prinzip der freien Flammentfaltung", bei dem der Flamme Gelegenheit gegeben werden sollte, ihre Strahlungskraft voll zur Entwicklung zu bringen. Der streng waagerechte Brenner wird heute bei Oberflammhafenöfen verwandt (s. Abschnitt X 5). Im übrigen hat sich bei den Glasschmelzöfen ein schwaches Niederdrücken der Flamme auf den Schmelzspiegel besser bewährt. Das *Siemens*sche Prinzip war wohl an sich richtig, jedoch absorbiert, wie auch die Erfahrungen in der Eisenindustrie zeigten (s. Abschnitt V: Übergang der Wärme im Herd auf das Glasbad), eine zwischen Flamme und Glasbad liegende Rauchgasschicht einen Teil der Strahlung.

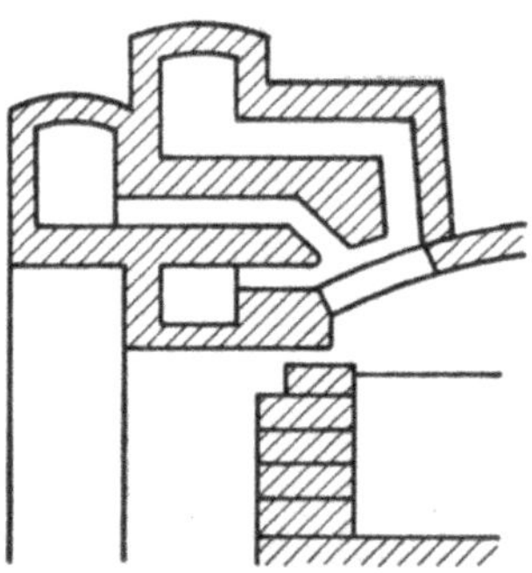

Fig. 87. Alterer *Gobbe*-Wannenbrenner.

Steilbrenner. Die *Siemens*schen Gewölbebrenner wurden durch *Gobbe* und *Klattenhof* weiter ausgebildet und lieferten die bekannten Wannenbauarten

[1] Nach *Dralle-Keppeler*, Die Glasfabrikation. 2. Aufl. Bd. II, S. 1033.

[2] Diese Brenner trifft man noch heute bei manchen Öfen geringerer Bedeutung, auch in der Eisenindustrie.

(s. Abschnitt XI 1 „Entwicklung der Wannen"), die besonders in der Fensterglasindustrie verwendet wurden (und großenteils heute noch verwendet werden). Die ursprünglichen Brenner von *Gobbe* besaßen entsprechend Fig. 87[1] eine außerordentlich steile Flammenführung. Als Besonderheit waren diese, außer mit dem über dem Gaszug liegenden Hauptluftweg, noch mit einem kleineren Zusatzluftzug unterhalb des Gaszuges versehen. Der letztere ist bald wieder in Wegfall gekommen (über dessen Einfluß s. weiter unten), und auch der Flammenwinkel wurde weniger steil genommen.

Sehr steile Brenner müssen unbedingt eine ungleichmäßigere Wärmeübertragung auf das Glasbad zur Folge haben, als waagerechte Brenner. An der

Fig. 88. Galeriebrennerwanne.

Auftreffstelle der Flamme auf das Glas mag die Wärmeübertragung sehr groß sein; sie nimmt bei der Fortsetzung ihres Weges über das Glasbad jedoch sehr rasch ab, wozu auch beiträgt, daß die Steilbrennerflammen sehr klein sind. Auch ist nach den Untersuchungen der *WBG.* Frankfurt ein zu frühes Abheben der Flammen von dem Glasspiegel durch die Abzüge zu befürchten[2]. Bei späteren Ausführungen von *Klattenhof* ist der Gaszug waagerecht angeordnet, der Luftzug jedoch immer noch ziemlich stark schräg. Fig. 88 zeigt eine solche Brennerausführung. Man erkennt auf dieser Abbildung auch die Abzweigung der Züge mehrerer Brenner von der Gas- und der Luft-„Galerie" (daher die Bezeichnung „Galeriebrenner"). Auch deshalb, weil die Steilbrenner sich baulich nicht für die Ausführung in großen Einheiten eignen, werden sie bei den heutigen neuen Wannen mit großer Breite gar nicht mehr benutzt. Der normale Anwendungsbereich bildet die Wannenbreite von 3 bis

[1] Nach *Dralle-Keppeler*, Die Glasfabrikation, 2. Aufl., Bd. I, S. 460 und *WBG.* Frankfurt, Wannenöfen, S. 50.

[2] *WBG.* Frankfurt, Wannenöfen, S. 53.

4 m. Die Zahlentafeln der *WBG.* zeigen immerhin als breiteste Galeriebrennerwannen drei Stück mit 5,1, 5,2 und 5,6 m Breite[1].

Alle ins Gewölbe eingebauten Brenner besitzen den gemeinsamen Nachteil, daß das Brennermauerwerk die seitliche Ausdehnung des Gewölbes behindert, so daß das Antempern außerordentlich vorsichtig vorgenommen werden muß.

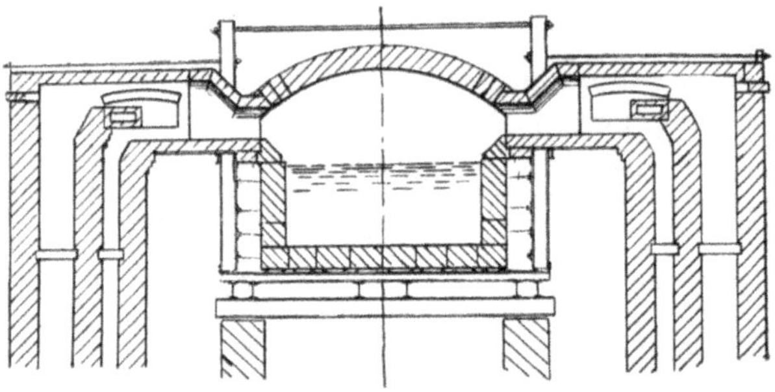

Fig. 89. Kleine amerikanische Dixon-Wanne.

Seitenbrenner (Schachtbrenner). Im Gegensatz zu den Gewölbe-Galeriebrennern hat bei den heutigen großen Seitenbrennern jeder Brenner seinen eigenen von unten aufsteigenden Gas- und Luftschacht. Die Bank des unten liegenden Gaszuges ist in der Regel waagerecht. Die Decke des Luftzuges ist jedoch von einem gewissen Punkte an nach unten geneigt, um die Flamme etwas auf das Bad niederzudrücken. Gas und Luft sind im Brenner bis zu einem gewissen Punkte durch eine waagerechte Zunge getrennt, deren Länge je nach der gewünschten Vormischung bemessen, und die bei den „zungenlosen“ Brennern gänzlich fortgelassen wird (s. die nachfolgenden Ausführungen).

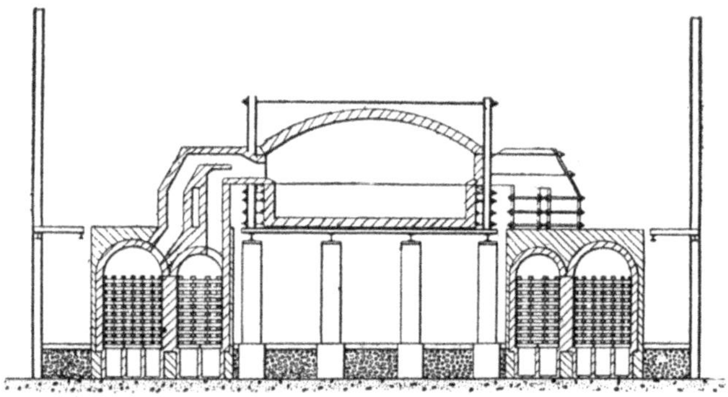

Fig. 90. Englische Wanne nach *Simon-Carves.*

Neigungswinkel der Flamme auf das Glasbad. Die *WBG.* Frankfurt[2] gibt für die neueren Seitenbrenner einen Neigungswinkel der Flamme, d. h. des Brennergewölbes, von 5 bis 15° an. Die Flamme soll in der Tat, entsprechend den letzten Erfahrungen, den Glasspiegel gerade eben erreichen. Mitunter wird auch, wie bei der alten Siemens-Rundwanne, die Flamme einfach wieder genau horizontal geführt. Es ist jedoch unbedingt eine kleine Neigung zu empfehlen. Bei Seitenbrennern wird heute das Brennergewölbe meistens geknickt ausgeführt, wie auf Fig. 78b, 89 und 90 dargestellt ist. *Dralle*[3] hat bereits eine Klattenhof-Wanne mit einem solchen Brennergewölbe beschrieben. Diese Abknickung ergibt eine Erleichterung der Konstruktion.

[1] *WBG.* Frankfurt, Wannenöfen, Zahlentafel I.
[2] *WBG.* Frankfurt, Wannenöfen, S. 55 und Zahlentafeln I und II.
[3] *Robert Dralle,* Die Glasfabrikation, 1. Aufl.

Länge der Zunge und Vormischung der Flamme. Daß die stark vorgemischte Flamme die Brennerwände bedroht, kennt man von den Büttenöfen her. Es zeigt sich jedoch bei den großen Oberflammhafenöfen, die mit zungenlosen Brennern arbeiten, daß bei großen Brennereinheiten die Brennerwände verhältnismäßig wenig angegriffen werden. Bei den Galeriebrennern mit ihren kleinen Dimensionen darf man Gas und Luft erst spät zusammenbringen, weil man sonst Gefahr läuft, die schon knappe Flammenlänge noch weiter zu verkürzen (abgesehen von dem verstärkten Angriff auf die Brennerwände). Auch bei U-Flammenbrennern wird man gut tun, Gas und Luft nicht allzu stark vorzumischen, weil eine Flamme von sehr großer Länge verlangt wird. Anders liegt der Fall bei den normalen großen Seitenbrennern, hier kann man ungestraft starke Vormischung verwenden, wenn die Geschwindigkeiten geeignete sind (7 m/sec oder mehr für Gas und Luft) und der Brennerquerschnitt etwa 0,65 qm oder mehr beträgt.

Fig. 91. Wannenbrenner nach *Scholes*.

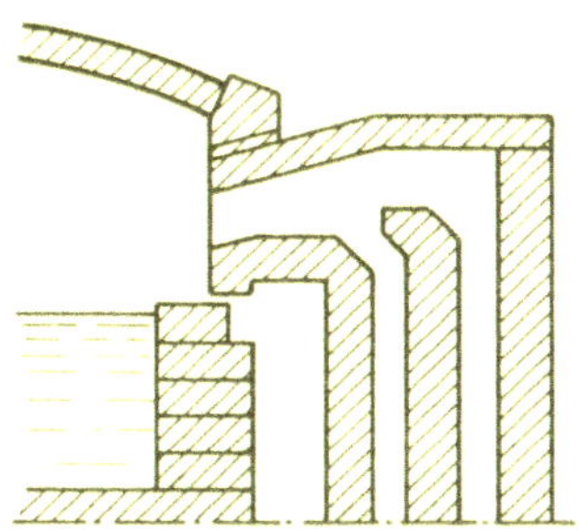

Fig. 92. Wannenbrenner einer Übergangskonstruktion.

Bei geringwertigem Gas, z. B. Rohbraunkohlengas, ist eine starke Vormischung von günstiger Wirkung. Im allgemeinen ist man in den letzten Jahren bei den Wannenbrennern mit Erfolg zu stärkeren Vormischungen übergegangen. Dies stellt auch 1927 *Turner*[1] in einem Bericht über die Entwicklung der Glasschmelzöfen in neueren Zeiten fest. Nach seinen Feststellungen hat die stärkere Vormischung eine höhere Durchschnittstemperatur und eine vollständigere Verbrennung im Herd selbst zur Folge. In der Tat muß man bei stärkerer Vormischung mit einem etwas geringeren Luftüberschuß auskommen und auch deshalb eine höhere Temperatur bei der Anfangsverbrennung erzielen, weil diese in einem Raume einsetzt, wo nur eine geringe Wärmeableitung stattfindet. Auch der Amerikaner *S. R. Scholes*[2] empfiehlt die Wannenbrenner mit starker Vormischung, und zwar die Ausführungsform entsprechend Fig. 91, die tatsächlich keine Zunge enthält, bei der jedoch die Zwischenwand zwischen den senkrechten Gas- und Luftschächten etwas überhöht ist, was um ein Geringes die Mischung verzögert.

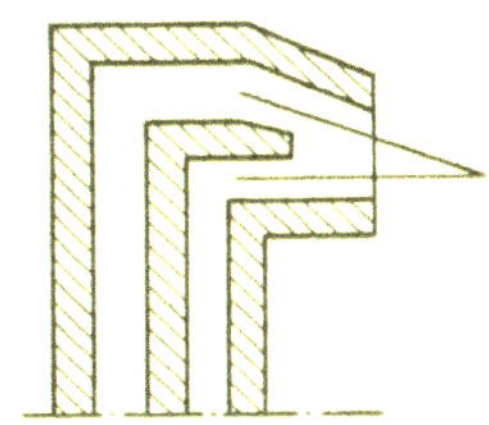

Fig. 93. Stoßpunkt eines Brenners.

Will man die Verbrennung noch etwas stärker als bei der Konstruktion von *Scholes* verzögern, so braucht man nur auf die Zwischenwand einen Stein, entsprechend Fig. 92, aufzusetzen und erhält so eine oft verwandte

[1] *W. E. S. Turner*, The Development of Glass Melting Furnaces in Recent Times. J. Soc. Glass Technol. **11** (1927), 31.

[2] *S. R. Scholes*, A Fallacy in Furnace Port Construction. Glass Ind. **6** (1925), 219.

Übergangskonstruktion, die sich nach den Angaben der *WBG.* Frankfurt[1] für Brikettgas und bei geringen Wannenbreiten auch für Steinkohlengas gut bewährt hat. Treffen Gas und Luft senkrecht oder doch in sehr scharfem Winkel aufeinander, so wird die Mischung von Gas und Luft natürlich rascher vor sich gehen als in einem Zungenbrenner, wo sich beide in paralleler Strömung treffen. Man überschätzt jedoch leicht die Wirkung des Stoßes, wie die Erfahrungen bei den Büttenöfen gezeigt haben (s. Abschnitt X 3: Die Büttenöfen). Der wesentlichste Teil des Mischungsvorganges geschieht bei allen großen Industrieofenbrennern durch Diffusion.

Bei den gewöhnlichen Wannenzungenbrennern mit geneigtem Gewölbe kann man, der *WBG.* Frankfurt[2] folgend, wie in Fig. 93 dargestellt, einen Stoßpunkt konstruieren, der ein Maß für die Vormischung gibt.

Im allgemeinen kann man bei Brennern für die Bemessung der Vormischung folgende Grundsätze aufstellen:

Gas und Luft sollen um so früher zusammengeführt werden:

1. je größer der Brenner ist,
2. je größer die Geschwindigkeit ist,
3. je geringer die Vorwärmung ist,
4. je langflammiger das Gas ist, was in der Hauptsache darauf hinaus kommt, je geringer der Wasserstoffgehalt und je größer der Gehalt an Kohlenwasserstoffen ist.
5. je geringer der Heizwert und je größer der Wasserdampfgehalt ist.

Leider sind die Konstanten zur Anwendung dieser Grundsätze zur Zeit noch sehr mangelhaft festgelegt.

Schachtbrennerteilung der *WBG.* Frankfurt. *F. Jochim*[3] hat auf die bei Schachtbrennern ungleiche Beheizung quer zur Flammenrichtung hingewiesen. Die großen unbeheizten Zwischenräume haben einen wellenförmigen Charakter der Temperaturkurve zur Folge. Galeriebrenner sind in dieser Beziehung günstiger. Von diesen Überlegungen ausgehend, hat die *WBG.*, wie *K. Metzger*[4] berichtet, eine Gabelung der Schachtbrenner nach Art der Galeriebrenner vorgeschlagen (z. B. in 2, 3, oder 4 Teile) und auch auf diesem Wege Erfolge erzielt. Das von einem Schachtbrenner beheizte Feld wird auf diese Weise stark verbreitert, und das Temperaturbild wird gleichmäßiger. Damit die Flammen die gleiche Länge, wie vor der Teilung behalten, muß dann entsprechend den gemachten Ausführungen mittelst Vorschieben der Brennerzungen die Vormischung verringert werden.

Über Zünd-, Misch- und Flammengeschwindigkeit siehe den Abschnitt über die Verbrennung in den Glasschmelzöfen.

Weil man die Temperaturen des brennenden Gas-Luftgemisches beim Ein-

[1] *WBG* Frankfurt, Wannenöfen, S. 55.

[2] *WBG* Frankfurt, Wannenöfen, S. 54.

[3] *F. Jochim (WBG.)*, Feuerführung von Wannen. Glast. Ber. 7. Jhrg. (1929/30), S. 562.

[4] *K. Metzger (WBG.)*, Brenner für Glasschmelzwannenöfen. Glast. Ber. 9. Jhrg. (1931), S. 465.

tritt aus dem Brenner in den Ofenraum nicht genau kennt, hat *Metzger* in seinem erwähnten Berichte vorgeschlagen, die Brennerquerschnitte auf Grund der Abgasgeschwindigkeit im abziehenden Ofenkopf zu berechnen, und 10 bis 12 m/sek. einzusetzen. Der niedere Wert soll für kurzen und der höhere für langen Flammenweg gelten. Bei Rekuperativöfen soll der Brennerquerschnitt, von den gleichen Geschwindigkeiten ausgehend, für 1450° heiße ausgebrannte Gase ermittelt werden.

Bei größerer Geschwindigkeit nimmt die Wärmeübertragung durch Konvektion an das Glasbad zu, soweit die Flamme dieses berührt. Es wird jedoch die Verbrennung hierdurch etwas verzögert. Es können daher Geschwindigkeiten von 35 m/sek., wie sie bei *Amsler-Morton*-Rekuperativwannen angewandt werden sollen[1], nur bei sehr langem Flammenweg, z. B. bei längeren U-Flammen, Erfolg haben.

Es ist noch die Wirkung eines zweiten Luftzuges unterhalb des Gaszuges zu erwähnen, wie ihn die ersten Gobbe-Brenner aufwiesen (s. Fig. 87). Hierdurch wird natürlich die Mischung von Gas und Luft beschleunigt und die Flamme verkürzt. Man kann dann Gas und Luft etwas später zusammenführen. Bei Verwendung von Sulfat im Glassatz ist die oxydierende Wirkung des über dem Glase liegenden Luftstromes schädlich, weil die Zersetzung des Sulfates verzögert wird. Umgekehrt wirkt jedoch bei der Sodaschmelze der untere Luftzug günstig auf die Glasfarbe, wie bei Hohlglaswannen in Österreich bestätigt wird.

In diesem Zusammenhange mag es angezeigt sein, zu untersuchen, ob bei der Sodaschmelze eine Anordnung des Luftzuges unterhalb des Gaszuges, anstatt, wie üblich, über diesem, Vorteile bringen kann. Dies ist oft versucht worden, aber immer mit schlechtem Erfolg. Es wurde eine Benachteiligung der Verbrennung festgestellt. An der alten Erklärung, daß man das leichtere Gas deshalb nach unten legen soll, weil dann dessen Hochsteigen durch den Unterschied im spezifischen Gewicht die Mischung begünstigt, scheint etwas Wahres zu sein. Man wendet gegen diese gewöhnlich ein, daß ja die Luft höher vorgewärmt ist als das Gas, und dann der Unterschied im spezifischen Gewicht verschwindet, vergißt jedoch dabei, daß mit dem Einsetzen der Verbrennung und besonders mit dem Eintritt in den Ofen die Temperaturen beider einem Ausgleich zustreben.

Außer den besprochenen Arbeiten sei noch auf *D. B. Ginsburg*[2]: Wannenofenbrenner hingewiesen.

14. Das Glasbad der Wannen.

a) Glasstand.

Für die Tageswannen gelten besondere Vorschriften (s. Abschnitt XI 2).

Bei den kontinuierlichen Wannen hat sich für weißes Glas ein Glasstand der Wanne von 1,15 bis 1,25 m eingeführt, der eine normale Glastiefe von 1,10

[1] Nach *Dralle-Keppeler:* Die Glasfabrikation, 2. Aufl. Bd. II, S. 1135.

[2] *D. B. Ginsburg.* Keramika i Steklo, Bd. 4 (1928), S. 215, 245. — Ref. Glast. Ber. 8. Jhrg., S. 374.

bis 1,20 m entspricht. Weitaus die Mehrzahl der Wannen aller Art arbeitet mit diesem Glasstand (s. Zahlentafel 23 und die Angaben der *WBG.* Frankfurt[1]). Bei kleineren Wannen, besonders Hohlglaswannen, geht man gelegentlich bis 0,80 m, weiter herunter aber kaum. Höhere Glasstände werden viel bei den Fensterglaswannen, sowohl bei den älteren als auch bei den neueren, benutzt. Die *WBG.* beschreibt 3 ältere Fensterglaswannen von 1,28 bis 1,35 cm Glasstand, eine von 1,47 und 4 Stück von 1,50 m. Auch bei heißgehenden Gußglaswannen wird eine Glastiefe von 1,50 m ziemlich oft angetroffen. Die gleiche Glastiefe hat die River-Rouge-Wanne von *Ford* (s. die Abschnitte über Gußglas- und über Spiegelglaswannen).

Bei den Grün- oder Gelbglaswannen läßt man meistens einen etwas niedrigeren Glasstand zu als bei weißem Glas, weil die Glasmasse infolge der schlechten Durchlässigkeit der Glasmasse für Wärmestrahlen in der Tiefe sehr zähflüssig ist. Bei modernen größeren Wannen scheint 0,90 bis 1,00 m üblich zu sein.

Die Vorteile eines hohen Glasstandes liegen zunächst in einer besseren Haltbarkeit des Wannenbodens und in einer Verringerung des Wärmeverlustes durch den Boden.

Durchbrüche des Glases durch sich weitende Fugen der Bodenplatten hindurch kommen immer wieder vor, und es liegt daher im Interesse eines sicheren Betriebes, den Glasstand nicht zu niedrig zu wählen.

Selbstverständlich bewirkt eine Erhöhung des Glasstandes eine gewisse, wenn auch nicht sehr beträchtliche, Verringerung der durch den Boden hindurch verlorenen Wärme. Auf diesem Wege ergibt eine Erhöhung des Glasstandes eine kleine, wenn auch vermutlich weniger ins Gewicht fallende Produktionssteigerung.

Eventuelle Nachteile hohen Glasstandes. Seitdem man die schädlichen Wirkungen der Glasströmungen in den Wannen (s. Abschnitt XI 3), welche die vorhandenen Temperaturunterschiede auszugleichen trachten, näher kennt, wurde vorgeschlagen, die großen Wannen mit einer geringeren Glastiefe, als heute üblich, zu versehen. (Von Amerika ausgehend wurden sogar 50 bis 60 cm vorgeschlagen, was für den Boden ein allerbestes feuerfestes Material verlangen würde.)

Auch wird vielfach befürchtet, daß bei Wannen hohen Glasstandes aus der Tiefe aufsteigendes kaltes, gegebenenfalls entglastes Glas Störungen bereiten kann.

Für besondere Fälle mögen beide Einwendungen begründet sein, im allgemeinen wird jedoch die größere Glastiefe zu empfehlen sein. Die alten Erfahrungen in der Fensterglasindustrie haben gezeigt, daß die Glasqualität bei den tieferen Wannen die bessere ist. Auch die großen neueren Fourcault- und Libbey-Owens-Wannen besitzen einen sehr hohen Glasstand.

Experimentelle Messungen über die in verschiedener Glastiefe tatsächlich herrschenden Temperaturen. Fig. 94 zeigt die Ergebnisse der Mes-

[1] Siehe *WBG.* Frankfurt, Wannenöfen, Zahlentafel I und II.

sungen von *Gehlhoff* und *Thomas*[1], die in der kleinen Gußglas-Wanne Fig. 83 von 1 m Glasstand vorgenommen wurden. Für die untersten 25 cm konnten keine Temperaturen direkt gemessen werden, weil das Thermoelement in das viscose Bodenglas nicht hineinzubringen war. *Gehlhoff* und *Thomas* fanden durch Extrapolation als Temperatur des Bodenglases in der Schmelzwanne 850° und in der Arbeitswanne 750°.

Nach späteren Ermittlungen[2] sind diesen Temperaturen, von der Oberfläche bis zum Boden zunehmend, bis 80° hinzuzuzählen. Die Temperaturen des Bodenglases, 930° und 830°, bleiben dann immer noch sehr niedrig. Sie müssen bei heißerem Ofengange und hellerem, alkalisicherem Glas entsprechend höher sein, Besonders hoch sind sie nach den Messungen von *Gehlhoff*, *Schneekloth* und *Thomas*[2] in den Halswannen wegen des tiefliegenden Durchflusses. Es wurden 1300° festgestellt.

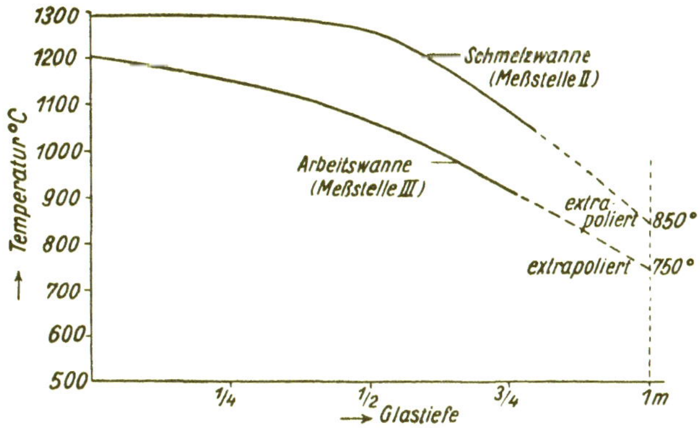

Fig. 94. Temperaturabnahme mit der Glastiefe. Messungen von *Gehlhoff* und *Thomas* (Glastechn. Ber.).

b) Aufbau des Wannenbassins.

Daß bei farblosem Glase eine gute Bodenkühlung nötig ist, ergibt sich schon aus den Erfahrungen. Am besten lagert man bei großen Wannen den Wannenboden vollständig frei auf Schienen, mit einer Zwischenlage von Flacheisenstreifen (siehe die Osramwanne, Abb. 78a bis c). Gewöhnlich wird das Schienensystem von Längswänden getragen, zugänglicher sind jedoch die Regenerativkammern bei Anordnung von Pfeilern wie bei der Osramwanne. Um jederzeit bereit zu sein, auf gefahrlose Weise das Glas abzulassen, ist unter dieser ein wassergefüllt gehaltenes, großes Zementbassin angeordnet. Weil bei Halswannen Glasdurchbrüche verhältnismäßig leicht vorkommen, bildet ein solcher Wasserbehälter eine große Sicherheit.

c) Format der Wannenblöcke.

Als Normaldimensionen haben sich eingeführt: Randblöcke 500×400×300 mm, reihenweise versetzt mit 400 mm Wandstärke, und Bodenblöcke 1000×400×300 mm, flach, also mit 300 mm Bodenstärke, verlegt. Hat man nicht vor, die obere Blockreihe im Betriebe zu wechseln, so wendet man am

[1] *Gehlhoff* u. *Thomas*, Temperaturmessungen an Glasöfen. Glastechn. Ber. **4** (Sept. 1926), Heft 6.

[2] *G. Gehlhoff*, *W. Schneekloth* und *M. Thomas:* Strömungen und Temperaturen in Glaswannen. Glastechn. Ber. **9**, S. 23.

besten für den Wannenrand aufrechtstehende Blöcke von 1 m Höhe usw. an, so daß die oberste waagerechte Fuge, die immer den stärksten Gasangriff ergibt, wegfällt. Dickere Steine als 400 mm zu benutzen, hat nur in kälteren Wannenpartien oder den unteren Wannenblockreihen Zweck, weil sonst die Überdicke, wegen ungenügender Kühlwirkung von außen, doch rasch vom Glase aufgelöst wird. Aus dem gleichen Grunde wird häufig nur eine Wandstärke von 300 mm angewandt.

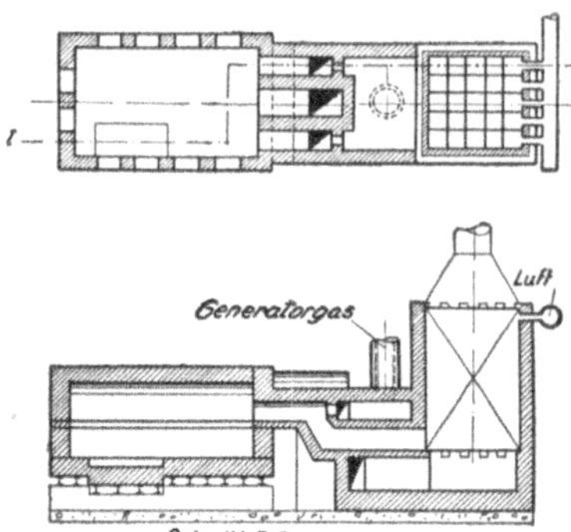

Fig. 95. Rekuperativ-Tageswanne für 6 t/24 St. (nach *Eckert*, Glastechn. Berichte).

15. Die Rekuperativwannen.

Bei den Flaschenwannen der älteren Bauart (vgl. Abschnitt 7) ist neben den stets vorherrschenden Regenerativwannen auch eine verhältnismäßig große Anzahl von Rekuperativwannen anzutreffen. Diese bleiben sogar in Leistung und Brennstoffverbrauch gegenüber den ersteren meistens nur wenig zurück. (Es handelt sich überall um die Vergasung von Steinkohlen). Zweifellos sind in den Rekuperativöfen die Temperaturen etwas geringer. Es mag jedoch von Vorteil sein, daß die Beheizung gleichmäßiger ist. (Bei den deutschen Wespenwannen nach *Maetz* ist deshalb die Schmelzwanne regenerativ und die Arbeitswanne rekuperativ beheizt.)

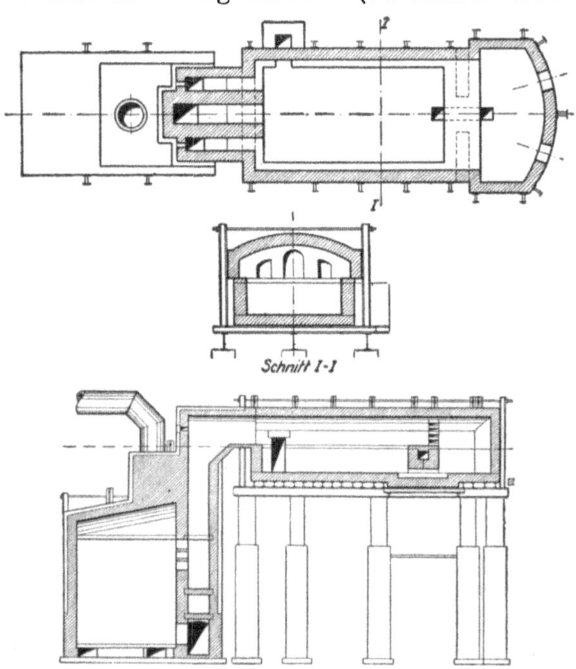

Fig. 96. Rekuperativwanne für 10 t Weißglas/24 St. (nach *Eckert*, Glastechn. Ber.).

Die Unterlegenheit der Rekuperatoren ist, wie bereits in Abschnitt VIII 1 ausgeführt, besonders bei der Beheizung mit Koksofen- oder Erdgas wenig fühlbar. Ungeeignet sind die Rekuperatoren jedoch für große Wannenausführungen (s. auch hierzu Abschnitt VIII 1), sie bewähren sich am besten bei kleineren Öfen mit U-Flamme. Fig. 95 und 96 stellen nach *Eckert*[1] zwei kleine amerikanische Ausführungen von

[1] *F. Eckert*, Neuzeitliche Weißhohlglaswannen. Glastechn. Ber. 8, 200.

Rekuperativwannen dar, wie sie in den letzten Jahren in Amerika ziemlich viel gebaut wurden, und zwar gewöhnlich für den Betrieb von zwei automatischen Maschinen.

Es handelt sich bei den neueren Wannen ausnahmslos um Doppelhufeisenflammen, bei den älteren auch um solche mit Brennern in der Rückwand und nach vorne zu an den Seiten gelegenen Abzügen. *Eckert* gibt folgende Unterlagen in einer 10t-Wanne: Herdfläche der Schmelzwanne 10,8 qm, Herdfläche der Arbeitswanne 4,75 qm, Glasstand 0,70 qm, spez. Schmelzleistung 0,93 t/qm/24 St.

16. Neue Wannenvorschläge.

a) Die T-Wannen.

In England wurde von *Teisen*[1] und in Amerika von *Pederson*[2] die T-förmige Wanne in Vorschlag gebracht (s. Fig. 97). Die Arbeitswanne üblicher Ausführung steht bei dieser Bauart senkrecht zur Achse der Schmelzwanne, die nach Art der Oberflammöfen und Siemens-Martin-Stahlschmelzöfen mit Längsflammen beheizt wird. Daß sich die hierzu nötige Flammenlänge mit geeigneten Brennern einstellen läßt, weiß man von den Oberflammenöfen her.

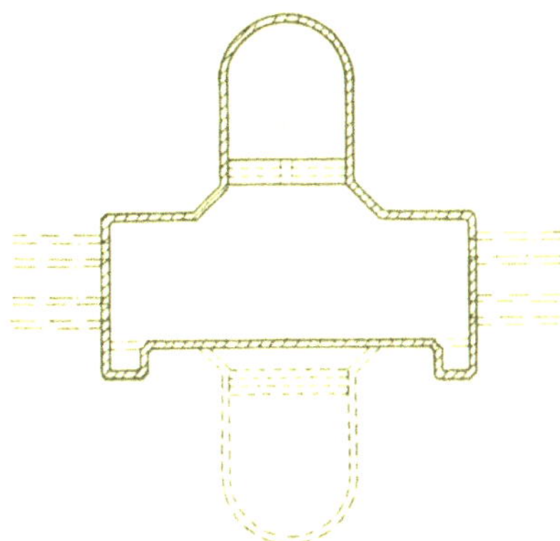

Fig. 97. T-Wanne nach *Teisen*.

Es wird zweifellos eine kleine Brennstoffersparnis mit dem Prinzip an sich verbunden sein, denn die Beheizung mit großen, langen Flammen gestaltet sich meistens günstig. Es ist jedoch keineswegs neu. Z. B. wurde es bereits bei der Rohglaswanne Fig. 84 vor längeren Jahren benutzt. Neuere deutsche, mittelgroße Fourcault-Wannen für 2 und 4 Ziehmaschinen sind nach dem gleichen Prinzip gebaut.

b) Trennung von Schmelz- und Arbeitswanne nach *Oppermann*.

(*W. Friedmann*, Glastechn. Ber., 9. Jhrg., S. 557.)

Um die undurchsichtigen Vorgänge am Durchlaß auszuschalten, hat *Oppermann* vorgeschlagen, die Schmelzwanne höher als die Arbeitswanne anzuordnen und das Glas durch eine Rinne in freiem Strahl über den Spiegel der letzteren übertreten zu lassen. Die Rinne sollte gut isoliert und die überfließende Menge regelbar vorgesehen werden.

M. Schneider geht noch weiter und will das von der Schmelzwanne gelieferte Glas überhaupt vollständig abschrecken, um es dann einer erneuten Schmelze auf Arbeitstemperatur zu unterwerfen, für die an einen Schachtofen gedacht ist. Dieser Vorschlag dürfte weniger Aussicht auf Erfolg haben als der von *Oppermann*.

[1] *Th. Teisen*, J. Soc. Glass Technol. 1925, S. 64 Trans.

[2] *Pederson*, Glass Ind. 1928, S. 5.

17. Die Einlegevorrichtungen[1]).

a) Ältere Vorrichtungen. Die Glasmischung wurde früher allgemein vermittelst großer, aufgehängter Schaufeln durch Türen hindurch in die Wanne eingebracht.

Dieses einfache Verfahren hat zuerst den Nachteil starker Staubentwicklung[2] im Herde, außerdem bewirkt das Öffnen der Einlegetüren jedesmal eine beträchtliche Abkühlung des Herdendes. *Turner*[3] hat einen Temperatursturz von 100° beim Einlegen nach alter Art festgestellt.

Es wurde auch häufig versucht, das Gemenge durch Öffnungen im Gewölbe hindurch in die Wanne zu geben. Hiervon muß jedoch abgeraten werden. Sehr gefährlich wird das Anfressen der Umrandung der Gewölbeöffnungen, dem man allerdings durch Teleskoprohre, Wasserkühlstücke usw. entgegenwirken kann. Nicht beseitigen kann man hingegen die verstärkte Staubentwicklung, die eine Folge der größeren Fallhöhe ist.

Fig. 98. Einlegevorbau der Ford Motor Co. in Highland Park.

b) Der Einlegevorbau. Der Einlegevorbau (dog-house) stammt aus Amerika, wurde jedoch in der Folge auch in Europa an den größten Teil aller großen Wannen angebaut.

Als Abb. 98 ist die Einrichtung eines solchen Einlegevorbaues ersichtlich. Der Zweck desselben ist die Verringerung der Staubentwicklung in der Wanne, was für die Haltbarkeit der Brenner und vor allem des Kammergitterwerkes günstig ist. Die Glasmischung gelangt nicht mehr in das Innere des Herdes zur Ablage, sondern auf die Glasfläche des kleinen, niedrigen Anbaues, von dem aus die Mischungshaufen mit Krüken durch eine niedrige Tür in das Wanneninnere geschoben werden.

Die Einlegevorbauten wurden gelegentlich wieder abgeschafft, weil das

[1] Vergl. *F. Jochim* (*WBG*), Feuerführung von Wannen. Glastechn. Ber. **7**, S. 555.

[2] Eine starke Verringerung der Staubentwicklung ergibt die Brikettierung des Gemenges. Es ist jedoch sehr fraglich, ob man hiermit auf seine Kosten kommen kann (vgl. Glastechn. Ber. **7**, 141—143: Diskussion zum Vortrag von *G. Keppeler* über die Möglichkeiten der Gemengeverdichtung).

[3] *W. E. S. Turner*, The Development of Glass Melting Furnaces in Recent Times. J. Soc. Glass Technol. **11** (1927), 313.

Aufhäufen der Mischung in dem kalten Vorbau im Vergleich zum Einlegen direkt in den heißen Ofen eine Verringerung der Schmelzleistung zur Folge gehabt haben soll. In der Regel stellt man das Gegenteil fest und erhält durch den Anbau des Einlegevorbaues, wie zu erwarten, eine kleine Produktionserhöhung. Es mag hierbei die Art und Weise des Einlegens, sowohl direkt von Hand als auch mittels des Einlegevorbaues, eine Rolle spielen. Im allgemeinen ist jedenfalls die Benutzung des Vorbaues dem Einlegen von Hand vorzuziehen, nicht allein wegen der Lohnersparnis, sondern auch wegen betrieblicher Vorteile.

Es wird auch vielfach darüber geklagt, daß die Ecken der Durchschiebeöffnung zwischen Vorbau und Wanne von der Glasmischung überstark angegriffen werden. Es wurde daher vorgeschlagen, die Mischung im Vorbau nicht auf dem Glasspiegel, sondern auf eine gekühlte Eisenplatte aufzuhäufen und sie von dieser dann in die Wanne hinzuschieben.

Fig. 99. Einlegemaschine nach *Dixon*.

c) Die automatischen Einlegevorrichtungen. Bei diesen erfolgt die Beschickung durch mit wassergekühlten Rahmen versehene Öffnungen in der Wannenwand hindurch. Bekannt sind amerikanische Einrichtungen nach *Dixon* und nach *Amsler-Morton*, bei denen das Gemenge mittels Schnecken in die Wanne hineingedrückt wird (vgl. Fig. 99). Einfacher ist die Einrichtung der Osram-Maschinenglaswerke[1]. Am Ofen befindet sich direkt über jeder Einlegeöffnung ein Gemengebunker, an den am untern Ende eine Trommel angeschlossen ist, die beim Drehen eine dosierte Menge Glasmischung aufnimmt und diese in ein wassergekühltes Gehäuse, das etwas in den Ofen hineinragt, fallen läßt. Das Gemenge wird dann mittels Krüke in den Ofen geschoben. Mit automatischen Einrichtungen erzielt man im großen ganzen gute Erfolge, die indessen nicht ausnahmslos bestätigt werden; z. B. wird es als unpraktisch empfunden, daß schwere Glasscherben zerkleinert werden müssen. Auch ist mit der automatischen Beschickung wieder eine verstärkte Staubgefahr verbunden.

[1] Beschreibung und Bild siehe: *F. Späte:* Weiß-, Hohl- und Geräteglas, S. 47. Leipzig 1931, Akad. Verlagsges. (Das Glas in Einzeldarstellungen, herausgegeben von *G. Gehlhoff* und *K. Quasebart.*)

d) Zwischenlösungen. Es gibt auch Vorrichtungen, bei denen das Schmelzgut mittels Kübel hochgezogen und in kleine Anbauten an der Wannenwand gekippt wird.

XII. Die Beheizung der Glasschmelzöfen mit Koksofengas und Erdgas.

Erdgas besitzt wohl gegenüber Koksofengas den doppelten Heizwert (ein Teil des amerikanischen Erdgases fällt allerdings etwas ab, s. Zahlentafel 25), und seine Flamme besitzt eine größere Strahlungskraft. Es ergibt dies für den Bau der Öfen jedoch praktisch keinen Unterschied, wohl verlangt Erdgas wegen seiner geringen Verbrennungsgeschwindigkeit eine bessere Vormischung in den Brennern.

Jeder Glasschmelzofen mit im Oberbau befindlichen Brennern kann leicht von Generatorgas auf eine von beiden Gasarten umgestellt werden. Es handelt sich in der Hauptsache darum, die Brenner den veränderten Verhältnissen anzupassen. Eine Vorwärmung des Gases ist jetzt unnötig und könnte sowieso keinen wärmewirtschaftlichen Vorteil bringen, weil die Luft allein die Ausnutzung der Abgaswärme ermöglicht (vgl. Abschnitt IV über die Verbrennungsvorgänge in den Glasschmelzöfen). Es können nun bereits vorhandene Gaskammern auch zur Vorwärmung der Luft benutzt und in Reihe oder parallel mit der ersten Luftkammer geschaltet werden. Es werden auch manchmal Luft- und Gaskammer durch eine neue große Luftkammer ersetzt und dabei der zur Verfügung stehende Raum für die Anordnung geräumiger Glastaschen benutzt[1].

Zahlentafel 25. Zusammensetzung von Koksofengas und Erdgas.

	Ruhrkoksofengas	Erdgas			
		Siebenbürgen[2]	Vereinigte Staaten[3]		
			Pittsburgh		Ohio
			I	II	
CO_2	1,4— 2,6 Proz.	etwa 0,1 Proz.			
O_2	0,4— 1,5 „	bis 0,5 „	2,00	6,1	4,5
N_2	9,4— 9,8 „	bis 0,75 „			
CO	5,6— 5,9 „	—	—	1,0	0,6
H_2	53,6—55,4 „	bis 0,4 „	3	20	1,9
CH_4	etwa 25,5 „	Rest	92	72,2	92,8
C_2H_4	1,7— 2,0 „	—	3	0,7	0,2
Unterer Heizwert	3990—4060 WE	etwa 8500 WE[4]	8455	6820	8030

[1] Ber. Fachausschüsse DGG. Nr. 13, S. 3.

[2] Siehe *E. Zschimmer*, Hüttenstudien im siebenbürgischen Erdgasgebiet. Sprechsaal **59** (1926), 543.

[3] Nach *H. W. Howes*, Glass Tank Design. J. Soc. Glass Technol. **10** (1926), 66.

[4] Eine rumänische Flaschenhütte gibt 94,7 Proz. Methan an, was mit 8200 WE zu rechnen gestattet.

Der Betrieb der Öfen mit Erdgas ist natürlich angenehmer als der mit Koksofengas. Gegenüber Generatorgas gibt Koksofengas eine weniger stark leuchtende Flamme. Erdgas mit seinem hohen Methangehalt ist wieder günstiger, verlangt jedoch einen höheren Luftüberschuß.

Der Bezug des Koksofengases zu Preisbedingungen, die einen Wettbewerb mit der Generatorgasbeheizung zulassen, ist im allgemeinen nur in einem ziemlich beschränkten Umkreis der Kohlenzechen möglich. Seit einer Reihe von Jahren hat sich jedoch durch die der Ferngasversorgung günstigen Bestrebungen der Wirkungsradius vergrößert, und im Ruhrgebiet, auch in Schlesien, beheizt eine ganze Reihe von Glashütten ihre Öfen mit Koksofengas. In Amerika hat *Ford* in ziemlicher Entfernung von den Kohlenbezirken am Flußufer eine Kokerei für die Versorgung seiner Hauptfabrikanlagen mit Gas und mit Koks errichtet.

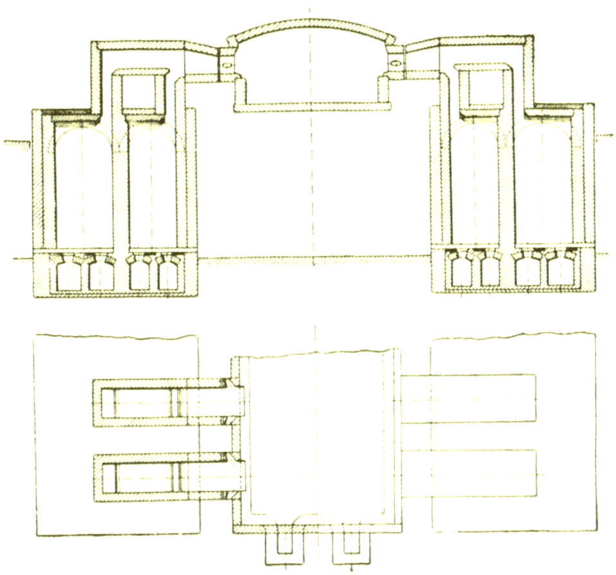

Fig. 100. Meist übliche Einführung des Koksofengases in die Wannenbrenner (nach *Wolff*, Ber. Fachauschuß DGG.).

Die Verwendung von Erdgas ist in Europa nur den Fabriken des siebenbürgischen Erdgasgebietes (Erdgasfeld von Sarmasel bzw. Kissarmas) möglich. Dieses Feld ist nicht sehr ausgedehnt, aber immerhin arbeitet eine größere Anzahl von Glashütten mit dem durch eine 70 km lange Überlandleitung verteilten Erdgas. *Zschimmer*[1] hat eine sehr interessante Reise in dieses Gebiet beschrieben. Mit diesem guten, billigen und bequemen Brennstoff ließ sich damals noch mit sehr primitiven ofentechnischen Einrichtungen ein ökonomischer Erfolg erzielen.

In den Vereinigten Staaten ist die in den verschiedenen Gebieten zur Verfügung stehende Erdgasmenge sehr groß, jedoch ist dieses dort verhältnismäßig teuer, so daß die Lage immerhin eine andere ist als in Siebenbürgen. Trotzdem arbeitet dort eine sehr große Anzahl von Glasschmelzöfen mit Erdgas. Von den von *Turner* beschriebenen (s. Zahlentafel 25) 12 amerikanischen Wannenöfen waren 4 Stück mit Erdgas beheizt.

Brenneranordnung für den Betrieb mit Koksofengas oder mit Erdgas. Am einfachsten liegt der Fall bei den Wannenöfen. Die großen

[1] *E. Zschimmer*, Hüttenstudien im siebenbürgischen Erdgasgebiet. Sprechsaal **59** (1926), 543.

Glashütten des Ruhrreviers benutzen mit vollem Erfolg die Brenner, entsprechend Fig. 100, in denen das Gas von beiden Seiten her in schräg nach vorn geneigten Eisenrohren mit der Luft zusammengeführt wird, und zwar nur ganz kurz vor der Einmündung des Brenners in die Wanne, damit die Flammenentwicklung vollständig in diese verlegt wird[1]. *Engels*[2] beschreibt die an einer kleinen schlesischen Farbglaswanne getroffene Brenneranordnung nach Fig. 101, die dort gut arbeitet. Die Flamme wird bei dieser Anordnung stark auf das Glasbad hinuntergedrückt. Infolge seines niederen spezifischen Gewichtes von 0,45 (auch Erdgas hat nur etwa 0,65) besitzt das Koksofengas immer eine gewisse Neigung, gegen das Gewölbe emporzusteigen. Um nun dem Gas die gleiche Richtungskraft zu geben, d. h. ihm die gleiche kinetische Energie zu erteilen wie dem Generatorgas, muß daher dessen Geschwindigkeit auf rund das 4fache erhöht werden. Legt man für Generatorgas als normal 7 m/sec zugrunde, so sind folglich für Koksofengas 28 m/sec nötig. In der Tat werden ähnliche Werte verwandt. In einer großen Glashütte an der Ruhr benutzt man Rohre von 50 mm innerem Durchmesser und arbeitet mit einem Gasdruck von 60 mm.

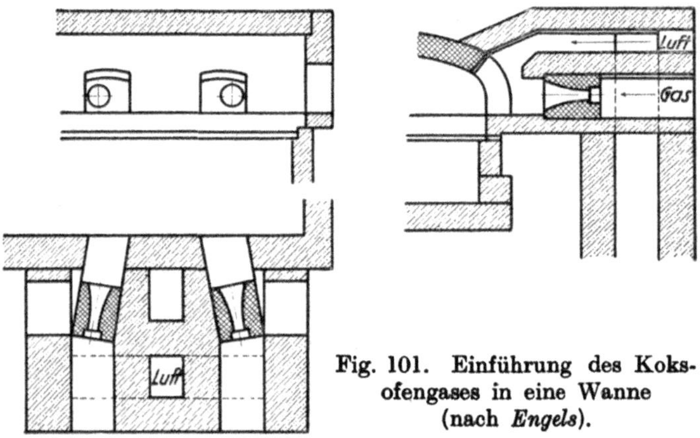

Fig. 101. Einführung des Koksofengases in eine Wanne (nach *Engels*).

Eine andere Glashütte des Ruhrreviers hat eine nur 2 m breite, jedoch sehr lange Wanne unter Verwendung von Düsenbrennern mit kurzflammiger Verbrennung betrieben. Eine lange Flamme ist bei solchen schmalen Öfen nicht nötig. Durch diese Einrichtung wird es ermöglicht, ohne jede Gas- und Luftvorwärmung die Glasschmelze mit der üblichen Temperatur zu führen. (Siehe Abschnitt IV.) Solche Brenner bewähren sich auch bei Arbeitswannen großer Wannenanlagen, wie ebenfalls die sog. Strahlplatten.

Koksofenbrenner für Oberflammhafenöfen. *Engels* beschreibt in dem bereits erwähnten Bericht die in Fig. 102 wiedergegebenen Brenner, die an 2 Farbglasöfen zu 8 Häfen in Verwendung sind. Die Luftzufuhr von oben hatte in diesem Falle nicht genügt, um eine vollständige Verbrennung des Koksofengases zu erzielen, deshalb wird noch eine geringe Luftmenge von unten zugeführt.

Leistung und Brennstoffverbrauch der mit Koksofen- und Erdgas beheizten Öfen. In der Ofenleistung kann keine prinzipielle Überlegenheit des Koksofen- oder des Erdgases gegenüber dem Generatorgas[2]

[1] Bei Erdgas wird in Siebenbürgen der Treffpunkt von Gas und Luft weiter rückwärts gelegt, weil das Gas wesentlich langsamer verbrennt.

[2] Ber. Fachaussch. DGG. Nr. 13, S. 12.

nachgewiesen werden. Die äußerste Grenze, wo die feuerfesten Steine eben noch aushalten, wird sowohl mit Generatorgas als auch mit Koksofen- oder Erdgas erreicht. Ein steigender Durchsatz hängt außer mit der Bauart des Ofens noch mit der Glaszusammensetzung zusammen. Immerhin ist es feuerungstechnisch leichter, mit Koksofen- und Erdgas einen hohen Durchsatz zu erzielen, als mit Generatorgas.

Eine bekannte große Glasfabrik an der Ruhr, die ihre Flaschenwannen mit Koksofengas beheizt, setzt für 1 qm beheizte Herdfläche täglich 1,38 bis 1,51 t[1] Glas durch, bei einem Brennstoffverbrauch von 3340 WE für 1 kg Gesamtschmelzleistung. Diese Ziffer könnte dazu Anlaß geben, auf große wärmetechnische Überlegenheit der Koksofengasbeheizung zu schließen. Man

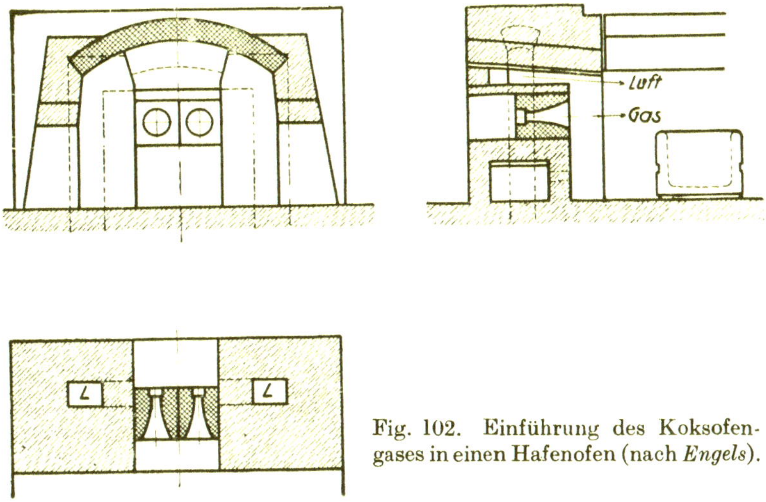

Fig. 102. Einführung des Koksofengases in einen Hafenofen (nach *Engels*).

muß jedoch, um den Vergleich mit dem Generatorgas führen zu können, zunächst einen Zuschlag von 15 Proz. für die Berücksichtigung der mit der Erzeugung des Generatorgases verbundenen Verluste geben. 3340 WE + 15 Proz. ergibt 3840 WE, was auf 1 kg Glas 0,55 kg Steinkohlen von 7000 WE entspricht. Diese Ziffer wird auch unter den betreffenden Bedingungen mit Generatorgas erreicht (vgl. Abschnitt XI 10 über die Maschinenglaswannen).

Als man mit der Einführung des Koksofengases im großen begann, hatte es zuerst sogar den Anschein, als sei der praktische Wärmeverbrauch der Öfen eher etwas größer als bei der Beheizung mit Generatorgas[2]. Dies mag mit anfänglichen Brennerschwierigkeiten in Verbindung gestanden haben.

Die Erdgasöfen der Glashütte Vitromethan in Mediasch (Rumänien) beschreibt *Dante Watschinger*[3].

[1] Ber. Fachaussch. DGG. Nr. 13, S. 3.

[2] Vgl. Wärmetechnische Beratungsstelle der Deutschen Glasindustrie (*WBG.*), Wannenöfen, S. 73.

[3] Sprechsaal 1931, Nr. 38.

XIII. Die Verwendung von flüssigen Brennstoffen.

Abgesehen von den Petroleumbezirken ist die Zahl der Glashütten, die mit flüssigen Brennstoffen die großen Glasschmelzöfen beheizen, nicht bedeutend. Der Preis dieser für die Schmelzöfen sonst sehr gut geeigneten Brennstoffe ist zu hoch. Sehr interessant ist, daß an der holländischen Küste eine ganze Anzahl von Glashütten ihre Schmelzöfen mit Masut betreibt und dabei auf ihre Kosten kommt. Für deutsche Verhältnisse ist die Schmelzofenbeheizung mit flüssigen Brennstoffen (Teeröl in diesem Falle) immer zu teuer. Für Öfen oder Ofenteile kleineren Verbrauches hat sich jedoch die Ölbeheizung an vielen Stellen sehr bewährt, z. B. für die Ziehwannen der Fourcault-Anlagen, Auftreibtrommeln usw.

Ebenso wie bei Koksofengas kann man mit Ölfeuerung bei der Verwendung entsprechender Brenner auch ohne vorgewärmte Luft die Glasschmelztemperatur erreichen[1]. Die Ölflamme ist insofern der Koksofengasflamme überlegen, als sie sehr stark strahlt. Als Nachteil ist ein etwas größerer Luftüberschuß in Kauf zu nehmen, hierbei spielt jedoch die Brennerkonstruktion eine große Rolle.

Wie für Koksofengas haben sich für die Ölbeheizung neben den Regeneratoren auch die Rekuperatoren[2] eingeführt, weil man auf die Höhe der erzielten Lufttemperatur nicht so zu achten braucht, wie bei Generatorgas. Es handelt sich hier bei Hafenöfen ausschließlich um Rekuperatoröfen des Oberflammofentyps.

Bei Regenerativöfen ist das Umstellen der Ölbrenner bei jedem Wechsel etwas unbequem. Es haben sich bei Wannenöfen manche Glashütten so geholfen, daß sie den Brenner in der Mitte der Einlegewand anbringen und dann nur die Luft umsteuern[3].

Bei der Einführung in die Öfen muß das Öl in eisernen Brennern zerstäubt werden, wenn ein allzuhoher Luftüberschuß vermieden werden soll. Hierzu ist Druckluft von 2 Atm geeignet. Es verbraucht dann nach *Maetz* die Zerstäubung nur etwa 15 Proz. der gesamten Luftmenge[4].

Die Erfahrung hat gezeigt, daß die Wannengewölbe sehr tief gespannt sein müssen, soll die Ölheizung eine sparsame sein. Hohe Ofenleistungen werden leicht erzielt. *Moorshead*[5] hat für eine Regenerativ-Torpedowanne von 40 qm Herdfläche bei 12 t täglichem Ölverbrauch eine spezifische Schmelzleistung von 1,25 t/qm und einen spezifischen Ölverbrauch von 24 Proz. angegeben. Bei Verringerung der Befeuerung auf 10 t Öl täglich sank die

[1] *J. Schur.* Ein Wannenofen mit direkter Rohölheizung. Die Glashütte **56** (1926), 284. — Ref. Glastechn. **4** (1927) 391.

[2] Vgl. *O. Maetz,* Glasschmelzöfen mit Ölfeuerung. Glas-Ind. **36** (1928), 172.

[3] Vgl. *F. S. Thompson*, Substituting Oil for producer gas in a continnous glass tank. J. Amer. Ceram. Soc. 1923; s. auch J. Soc. Glass Technol. **7** (1923), 258.

[4] Siehe auch *A. Jaeschke*: Ölgeheizte Öfen der Email- und Glasindustrie. Die Glashütte **60** (1930), 463. — *O. A. Essich*: Die Ölfeuerungstechnik, 3. Aufl., Berlin 1927 (Springer).

[5] Nach *Dralle-Keppeler*, 2. Aufl., Bd. II, 1127.

Leistung auf 0,75 t/qm, und der Ölverbrauch stieg auf 33 Proz. Man hat, um mit der Generatorgasbeheizung vergleichen zu können, Zuschläge entsprechend dem Generatorverlust zu geben. Trotzdem bleibt bei der vollen Belastung der Wärmeverbrauch noch sehr günstig. (Über den raschen Abfall der Leistung bei Verringerung der Befeuerung siehe Abschnitt XI 10.)

XIV. Elektrische Glasschmelzöfen.

Während die elektrisch beheizten Kühlöfen bereits eine gewisse Wichtigkeit erlangt haben, hört man von elektrischen Glasschmelzöfen wenig. Bisher scheint im praktischen Betriebe nur der elektrische Wannenofen von *Raeder*[1] einigermaßen Erfolg gehabt zu haben. Fig. 103 zeigt dessen Konstruktion. Außerdem ist noch Näheres über das Cornelius-Verfahren bekanntgeworden. Trotz des scheinbar sehr günstigen Wärmewirkungsgrades der Raeder-Wanne kann deren Verwendung nur bei außerordentlich billigem Strompreis in Frage kommen, wie dies z. B. in Norwegen der Fall ist. Bei dem angegebenen Verbrauch von 1 kW-St./kg Glas kann man leicht berechnen, daß für den Wannenbetrieb der Strompreis gegen 2 Pfg./kW-St. liegen muß, soll ein Wettbewerb mit den gasgefeuerten Regenerativöfen möglich sein.

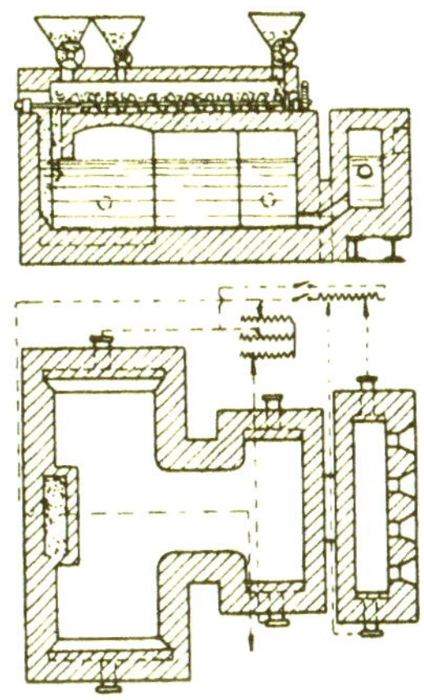

Fig. 103. Elektrischer Glasschmelzofen nach *Raeder* (Gastechn. Ber.).

Eine Kilowattstunde besitzt einen Wärmeinhalt von 860 WE. Folglich verbraucht der Raeder-Ofen zum Schmelzen von 1 kg Glas 860 WE. Es sei mit dieser Ziffer der Wärmeinhalt von 1 kg Glas (der Gesamtschmelzleistung) an latenter und an fühlbarer Wärme verglichen, wie ihn *Maurach*[2] für Fensterglas zu 550 WE/kg berechnet hat, und es ergibt sich dann ein Wärmewirkungsgrad des Raeder-Ofens von 550 : 860 = 64 Proz.

Wenn auch diese Ziffer keinen Anspruch auf große Genauigkeit haben kann, so müßte hiernach der Wärmewirkungsgrad doch ein recht günstiger sein. Dies mag darauf beruhen, daß der elektrische Strom durch das Glasbad selbst hindurch geschickt wird.

Die ersten Versuche mit elektrischen Öfen, bei denen der elektrische Strom durch das Glasbad hindurchgeleitet wird, mißlangen, weil das Glas erst im fertiggeschmolzenen Zustand gut leitend wird und das Glas durch die Elek-

[1] *B. Raeder*, Elektrische Glasschmelzen und Zukunftswege für die norwegische Glasindustrie (Elektrisk Glassmelting eg Fremtidsveier for Norsk Glasindustri). Tekn. Ukebl. Nr. 39, S. 336 u. Nr. 40, S. 343; s. auch Glastechn. Ber. **4** (Febr. 1927), Heft 11, S. 433. S. auch: The melting of glass by electricity. Glass **4** (April 1927), Nr. 4, S. 140 und das Referat hierüber in Glastechn. Ber. **5** (Nov. 1927), Heft 8.

[2] *H. Maurach*, Der Wärmefluß in einer Schmelzofenanlage für Tafelglas, S. 84.

trodenkohle gefärbt wurde. *Sauvageon*[1] machte bereits 1905 Versuche in dieser Richtung.

Versuche mit der Lichtbogenbeheizung von Wannenöfen, z. B. die von *Bronn*[2], gaben wenig Hoffnung. Es zeigten sich folgende Gefahrpunkte: Der Stromverbrauch und der Verbrauch an Kohleelektroden wird zu groß, die örtliche Hitzeentwicklung wird zu stark, wodurch das feuerfeste Material gefährdet und zu viel Alkali verflüchtigt wird, und schließlich verursachen von den Elektroden herunterfallende Kohleteilchen eine Verunreinigung des Glases[3]. Nach diesen Erfahrungen dürfte es auch schwierig sein, die elektrische Beheizung eines Hafenofens mit Erfolg durchzuführen.

Um nun die Verunreinigung des Glases durch Elektrodenkohle zu verhindern, legte *Raeder* die Elektroden so tief, daß sie nicht mehr mit dem Gemenge in Berührung kommen konnten, dann gab er denselben zur Herabsetzung ihrer Temperatur einen möglichst großen Querschnitt, kehlte sie aus, um die Berührungsfläche zu vergrößern, und tauchte sie in ihrer ganzen Länge in ruhende Glasschmelze. Auf diese Weise ergibt sich eine Belastung der Elektroden von 3 bis 8,5 Ampere auf 1 qcm.

Raeder soll es gelungen sein, mit 200 bis 250 kW Drehstrom ca. 9 bis 10 t Glas täglich zu erschmelzen. Der Betrieb soll tagelang keinen regelnden Eingriff verlangt haben.

Wie Fig. 103 zeigt, ist die Raeder-Wanne in Schmelz-, Läuter- und Arbeitswanne abgeteilt, die alle drei ihre eigenen Elektroden besitzen. Die Glasmischung wird über dem Gewölbe während der Bewegung mit einer Schnecke vorgewärmt.

Cornelius-Verfahren. In einer Veröffentlichung neueren Datums[4] werden Versuche beschrieben, die mit einer elektrisch beheizten Wanne von $5^1/_2$ t Tagesleistung zusammen von der englischen Gesellschaft *Pilkington Brothers* und der *British Hardford-Fairmont Syndicate, Ltd*, vorgenommen wurde. Bei diesem Verfahren bestehen die versenkt unter dem Glasspiegel angeordneten Elektroden aus sehr reinem, schwedischem Flußeisen. Es ergab sich ein Stromverbrauch, der noch etwas günstiger war, als 1 kW-St. auf 1 kg Glas (Transformator 300 K.V.A., Spannung 40 bis 70 Volt). Das Ziel der Versuche, auf sichere Weise ein gut geläutertes Glas von hellem Stich zu erzielen, wurde jedoch nicht erreicht. Es wurde eine gewisse Menge Eisen von der Glasmasse aufgenommen und diese war auch nicht frei von feinen Bläschen. Jedenfalls war aber festgestellt, daß Flaschenglas auf diese Weise gewonnen werden kann.

---

[1] *Jean Escard*, La nouvelle industrie du verre, S. 84, Grenoble 1919 (Ed. Jules Rey).

[2] *J. Bronn*, Elektrischer Ofen im Dienste der Keramik, Halle a. S. 1910 (Verl. Wilh. Knapp).

Zu Note 1 u. 2 s. die angezogene Veröffentlichung in Glass 1927 und das Referat in den Glastechn. Ber. Zur ganzen Frage s. auch: Mitt. Wärmestelle Düsseldorf Nr. 103: Elektrowärme in der Eisenindustrie, Teil I.

[3] Sprechsaal 1920, S. 205; ferner *Otto Maetz*, Sprechsaal 1920, S. 420 u. 433.

[4] *Ed. Meigh:* The Future of Glass Melting. Journ. of Soc. Glass. Techn. Vol. XV, S. 321 Trans.

XV. Verwendung von Ofenbauarten zum Glasschmelzen, die von den Hafenöfen und Wannen gänzlich abweichen.

a) Tunnelöfen zum Glasschmelzen oder Läutern.

Weil die Tunnelöfen sich in der Keramik sehr gut bewähren, wird ab und zu der Gedanke aufgenommen, auch die Glasschmelze in einem solchen vorzunehmen. Das Verfahren kann natürlich nur so ausgeführt werden, daß auf kleinen Wagen Häfen durch den Ofen durchgeschoben werden, und verspricht von vornherein Komplikationen mit Herdglas, das sich zwischen die Räder setzt. Ein solcher Glastunnelofen wurde in Bayern versucht, allerdings nur zum Läutern des in einer Wanne vorgeschmolzenen Glases (sofort die Glasmischung in einem solchen Tunnelofen niederzuschmelzen, bezweckt das amerikanische Patent 1476432/1923, *F. E. Troutman* und *C. H. Christie*)[1].

Ein anderes amerikanisches Patent 1623779 (1927, *Amerikanische Dressler-Gesellschaft*)[2] beschäftigt sich ebenfalls mit dem Gedanken der vollständigen Glasschmelze in Häfen im Tunnelofen.

Bei den Versuchen mit dem bayrischen Glasläutertunnelofen wurde das Glas in einer Wanne vorgeschmolzen und mit der Kelle in Häfen übergeschöpft, die zur Läuterung des Glases durch den Tunnelofen hindurchgeschoben und dann nach dem Austritt im Gußspiegelglasverfahren auf einen eisernen Gießtisch ausgegossen wurden. Nach der Absicht des Konstrukteurs sollte diese Nachläuterung nur mehr einen ganz geringen Aufwand an Wärme erfordern. Ganz im Gegenteil hierzu zeigte es sich jedoch, daß eine sehr intensive Beheizung der ersten Hälfte des Tunnelofens nötig wurde, die nicht geringer war als diejenige, die man in großen Hafenöfen mit festem Gesäß braucht. Erschwert wird der Prozeß durch die gegenüber Öfen mit festem Gesäß viel geringere Bodenwärme. Was die Störungen durch Herdglas anbetrifft, das sich zwischen die Wagenräder setzt, so gelang es leicht, durch Anbringen von einer Reihe von Zutrittsöffnungen zu den Geleisen, die Sicherheit des Betriebes herzustellen.

F. M. Oppermann[3] (Brit. Pat 216494, 26. Febr. 1924) will einen solchen Tunnelofen nur zum Abkühlen des in Häfen durchgeschobenen, vorher in einem anderen Ofen fertig geläuterten Glases benutzen. Der Gedanke wäre an sich nicht schlecht, wenn nicht zu befürchten wäre, daß die mit 1400° aus dem Ofen mit festem Gesäß herausgeholten Häfen zu weich sind und beim Transport brechen.

b) Die Glasschmelze in Schachtöfen.

Würde es gelingen, gutes Glas im Schachtofen zu erschmelzen, so wäre hiermit eine sehr große Brennstoffersparnis verbunden; denn der Wirkungsgrad dieser Öfen ist sehr viel größer als derjenige der Herdöfen. Die Idee

[1] J. Soc. Glass Technol. **8** (1927), 214 Abstracts.
[2] Glass Ind. **8** (1927), 145.
[3] J. Soc. Glass Technol. **9** (1925), 5 Abstracts.

der Glasschmelze im Schachtofen wurde im Laufe der Jahre immer wieder aufgegriffen, ohne daß betreffs praktischer Versuche etwas Ernstliches geschah. Schon der bekannte Eisenhüttenmann *Krigar* nahm 1879 ein Patent (DRP. 11728 Kl. 32) auf die Anwendung eines Schachtofens auf die Glasschmelze in Verbindung mit einem Läuterungsvorherd. Die beim Schachtofenprozeß von dem Glase aus beigemischtem Brennstoff aufgenommenen schädlichen Verunreinigungen können aus grün färbendem Eisenoxydul und fein verteiltem metallischen Eisen bestehen. Am wenigsten ist hier ein hoher Gehalt an Kohlenstoff zu befürchten, denn die beim Betriebe mit Kalksteinzuschlag erhaltenen Abstichgaserzeugerschlacken sind hellgelb in der Farbe, fast weiß. Etwa übrigbleibender Kohlenstoff müßte im Vorherd verbrannt werden. Das gleiche gilt für Schwefelverbindungen. Was den Eisenoxydulgehalt anbetrifft, so wäre zu dessen Beschränkung eine hohe Ofentemperatur nötig. Es sind in dieser Beziehung die Aussichten besser, als man denkt; denn bei Eisenhochöfen- und Abstichgaserzeugern werden Schlacken mit nur 0,1 Proz. FeO häufig beobachtet. Etwas unübersichtlich ist die Frage von Resten von fein verteiltem metallischen Eisen, das zur Abscheidung gebracht werden muß.

K. Künzel[1] (DRP. 481364 vom 20. Aug. 1929) benutzt einen Schachtofen, der nach unten an einer Seite mit einem offenen Schmelzherd in Verbindung steht. Die in diesem entwickelte Flamme wird durch die im Schachte heruntergehende Glasmischung hindurchgedrückt. Damit die Schmelzsäule durchlässig bleibt, werden Sand und Kalk in groben Stücken aufgegeben. Die Versuche des Erfinders führten zur Anwendung einer Kohlenstaubfeuerung. Größere Schwierigkeiten bereitete der Umstand, daß das Glas noch nicht vollkommen sandfrei und auch nicht ganz gasfrei war. Durch Anordnung einer ziemlich tief eintauchenden Brücke und einer kleinen Läuterungswanne wurde versucht, diese Fehler zu beheben. Es wurde dann ein Glas erzielt, das für minderwertige Flaschen, Verpackungsgläser usw. annehmbar war.

c) Die Herstellung von Glas im Drehofen.

Zschimmer[2] schlägt vor, Glas in Drehtrommeln zu erschmelzen. Die sehr günstigen Erfahrungen, die man mit den Emaildrehtrommeln macht, sollten hierzu anregen. In der Tat muß die Drehtrommel zur Silicatschmelze gut geeignet sein, weil die der Masse abgehende gute Wärmeleitfähigkeit, die bei der Metallschmelze so günstig wirkt, durch die Ausgleichwirkung der Drehbewegung bis zu einem gewissen Punkte ersetzt wird. Es bietet sich hier noch ein interessantes Feld für den Ofenbauer. Verschiedene Patente betreffen diesen Gegenstand, so das von *Zotos* (DRP. 518682) vom 18. Febr. 1931. Der Erfinder verläßt hier das bisherige Drehtrommelprinzip[3] und erhöht die Umdrehungszahl auf 60 bis 100 Umdrehungen in

---

[1] Nach Glastechn. Ber. **7**, 417; **9**, 554 (*W. Friedmann*, Möglichkeiten für die Entwicklung von Glasschmelzöfen).

[2] Glastechn. Ber. **7**, 142.

[3] *Friedmann:* Glastechn. Ber. **9**, 555.

der Minute, so daß sich durch die Fliehkraft das Glas in Form einer Rohrauskleidung an die Wand legt.

d) Der Ferguson-Ofen.

Es liegt eine Konstruktion vor, die auf einem ganz neuen Prinzip beruht. Das Glasgemenge wird in einem besonderen, konisch gestalteten Schmelzraum in die Flamme zerstäubt[1].

Ein solcher Ofen wurde in einer englischen Flaschenhütte durch *Moorshead* und *Coad Pryor* erprobt. Die Einführung des Gemenges in die Flamme ließ sich durch Einblasen mit einem Luftstrahl praktisch verwirklichen. Es wurde festgestellt, daß die gebildete Glasmasse beim Herunterrinnen an den Wänden das feuerfeste Material sehr stark, wenn auch auf gleichmäßige Weise, angriff und infolgedessen eine starke Aufnahme von Tonerde und Eisen durch das Glas erfolgte.

e) Der Frink-Ofen mit schräger Schmelzfläche (Gravity Furnace).

Bei diesem Verfahren[2] rinnt die Schmelzmischung, der Schwerkraft folgend, in Kaskadenform über feuerfestes Material. Weil hierbei auf kontinuierliche Weise immer wieder frisches Material dem Feuer ausgesetzt wird, könnte man eine günstige Schmelzwirkung erwarten. Nach dem im Dezember 1931 erstatteten englischen Bericht[3] ist jedoch noch kein positives Ergebnis zu verzeichnen.

XVI. Die Wärmebilanzen der Glasschmelzöfen und die Mittel zu ihrer Verbesserung.

Wärmebilanzen von Glasschmelzöfen sind in großer Zahl veröffentlicht worden. Eine der ersten genaueren Berechnungen war die von *Litinsky*[4]. Besonders ausführlich und genau ist die von *Maurach*[5], von deutschen Veröffentlichungen sei noch auf die von *Duhr*[6] hingewiesen. Eine Zusammenstellung hat *Turner*[7] gegeben. Es wurde in keinem Falle eine höhere Nutzwärme als 15 Proz. festgestellt. Allen Bilanzen von Glasschmelzöfen haftet wohl die Unsicherheit an, daß man den Wärmeverbrauch für die Zersetzung des Glasgemenges und die Glasbildung nicht genau genug kennt, jedenfalls ist aber das klare Ergebnis zu verzeichnen, daß der Wirkungsgrad der untersuchten Glasschmelzöfen ein auffallend geringer ist.

In Zahlentafel 26 wird die Gegenüberstellung einer Martinofenwärmebilanz

[1] J. Soc. Glass Technol. **7** (1923), 334; Glastechn. Ber. **4**, 432; **8**, 513; **9**, 555.

[2] Siehe *Friedmann*, Glastechn. Ber. **9**, 556.

[3] *Ed. Meigh*, The Future of Glass Melting. Journ. of Soc. Glass Techn. XV, S. 333.

[4] *L. Litinsky*, Feuerungstechnik **5** (1916/17), H. 13—18, siehe auch Wärmewirtschaftsfragen, Leipzig 1923 (Spamer).

[5] *H. Maurach*, Der Wärmefluß in einer Schmelzofenanlage für Tafelglas, München 1923 (Oldenbourg).

[6] *Duhr*, s. *R. Dralle*, Die Glasfabrikation, 2. Aufl., Bd. I, S. 528.

[7] *W. E. S. Turner*, The Development of Glass Melting Furnaces in Recent Times. J. Soc. Glass Technol. **11** (1927), 315 Trans.

mit der von *Maurach* für eine große Fensterglaswanne aufgestellten Wärmebilanz gegeben, aus der man den Hauptgrund der Unterlegenheit der Glasschmelzöfen sofort ersehen kann. Die Martinofenbilanz entspricht den Messungen von *Mayer*[1], die, abgesehen von einem geringeren Umstellverlust, mit einer neueren Aufstellung von *Schwarz*[2] für einen mit Koksofengas beheizten Martinofen übereinstimmen.

Zahlentafel 26. Vergleichende Zusammenstellung der Wärmebilanzen einer Glasschmelzwanne und eines Martinofens.

	Wanne	Martinofen
Generatorverlust	13,60	10,0
Umstellverlust	1,72	1,40
Wärmeverlust durch die Abstrahlung der Wärmespeicher	5,83	9,10
Wärmeverluste im Herd	40,30	21,50
Abgasverlust	29,92	36,50
Nutzwärme	12,80	21,50
	100	100

Für den Martinofen ist hiernach die Nutzwärme 70 Proz. größer als für den Glasschmelzofen, und umgekehrt ist für den Glasschmelzofen der Wärmeverlust im Herd fast doppelt so groß wie für den Martinofen. Hieraus folgt, daß, wenn man für die Glasschmelzöfen die Wärmebilanz wesentlich verbessern will, man versuchen muß, sich den Betriebsverhältnissen der Martinöfen etwas anzupassen, d. h. den Herd in bezug auf den Wärmedurchsatz viel stärker zu belasten, so daß sich dann anteilsmäßig die Herdverluste verringern. Bei den modernen Hochleistungswannen ist man auf dem besten Wege dazu. Man ist jedoch gegenüber den Martinöfen doch noch etwas zurück. Bei der Untersuchung, wie der Wirkungsgrad eines Ofens mit der Wärmebelastung der beheizten Herdfläche steigt, erhält man bei Benutzung der unter XI 10 beschriebenen Rechnungsart die auf Fig. 104 wiedergegebene Hyperbel als Verbindung des Punktes, welcher der Wanne von *Maurach* entspricht, mit einem Martinofenpunkt[3].

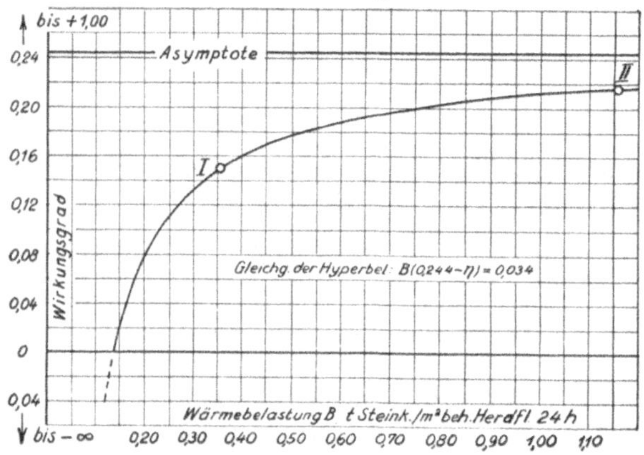

Fig. 104. Zunahme des Ofenwirkungsgrades mit steigender Wärmebelastung (nach *Lamort*, Glastechn. Ber.) (ohne Generatorverlust berechnete Werte).

[1] *F. Mayer*, Wärmetechnik des Siemens-Martin-Ofens. Stahl u. Eisen **28** (1908), 717.

[2] *C. Schwarz*, Ber. Stahlwerksaussch. V. d. Eisenh. Nr. 114 (1926).

[3] Näheres siehe *J. Lamort*: Wirkung der Wärmebelastung auf Schmelzleistung und Brennstoffverbrauch der Wannenöfen. Glastechn. Ber. **9**, 30.

Ein wirksames Mittel zur Wärmeersparnis würde natürlich darin liegen, die Herdwände und das Gewölbe zu isolieren. Jedoch ist dies, abgesehen von der kälteren Arbeitswanne und von kleinen, mit mäßiger Hitze gehenden Büttenöfen, die mit hochwasserhaltigen Braunkohlen beheizt werden, bisher nur selten möglich gewesen. Das feuerfeste Material hält nicht mehr Stand. Ohne jedes Risiko lassen sich jedoch die Wärmespeicher und auch die Brenner isolieren, wodurch Brennstoffersparnisse von etwa 5 Proz. für die Kammern und etwa 3 Proz. für die Brenner erzielt werden können. Bei neuen Öfen ist es heute vielfach üblich, Kammerwände und Brennerhälse mit einer 6 cm starken Schicht von Isoliersteinen zu schützen. Besser sind 12 cm[1]. Bei den beiden Öfen der Zahlent. 26 waren die Kammern des Glasofens gut isoliert, die des Martinofens jedoch nicht. Deshalb ist der Ausstrahlungsverlust der Martinofenkammern um 3,3 Proz. größer, trotz der geringeren Oberfläche der Martinofenkammern. Man hat auch bereits die Ofengewölbe zur Vorwärmung der Verbrennungsluft mitherangezogen. Genaueres über die praktischen Ergebnisse ist noch nicht bekanntgeworden.

Durch die Anwendung von Abhitzekesseln wird der Betrag an nutzbar verwerteter Wärme wesentlich erhöht, falls die zur Verfügung stehenden Abgase nicht allzu kalt sind (siehe *WBG* Frankfurt, Abhitzekessel in Glashütten, 2. Aufl., Selbstverlag). Unter 400 bis 450 °C Abgastemperatur lohnt sich kaum noch ein Abhitzekessel. Es ist noch darauf hinzuweisen, daß die Anlagekosten der Kessel verhältnismäßig hoch sind, so daß man bei kleineren Öfen keinen entsprechenden Gewinn erzielt, sofern nicht eine Reihe von Öfen auf einen einzigen Kessel geleitet werden kann. Bei Wannen ist die Sachlage günstiger als bei Hafenöfen, weil bei der gleichmäßigen Belastung die Heizfläche des Kessels besser ausgenutzt werden kann.

Gegenüber dem Vorteil der Isolierung auf die Wärmebilanz ist auf die entgegengesetzte Wirkung starker Kühlung hinzuweisen. Die einem Wannenbassin durch starke Kühlung entzogene Wärmemenge geht fast völlig von dem Nutzwärme-Posten der Wärmebilanz ab, weil sie ja bereits an das Glasbad übertragen war. Starke Kühlung der Wannenblöcke ist übrigens auch insofern von Nachteil, als im Glasbade die zum Rande gerichteten schädlichen Konvektionsströmungen verstärkt werden (siehe Abschnitt XI, 3 über die thermischen Strömungen in der Glasmasse). Die Kühlung der Wannensteine behandelt *O. Bartsch* ausführlich in einem Fachausschußbericht der DGG. (Nr. 2). Bei guten, eng versetzten Wannensteinen ist nicht viel Kühlung nötig.

Die Kühlung von Brennerzungen, Vorbauzwischenwänden usw. kann sich wohl kaum auf den Wärmeverbrauch der Öfen bemerkbar machen, weil die gekühlten Flächen nicht groß sind.

Den schädlichen Einfluß von undichten Ofenwänden unterschätzt man leicht[2]. Leider scheint die Frage der abdichtenden Überzüge (Wasserglas, Teerprodukte usw.) noch nicht geklärt, und Blechpanzerung ist teuer und unbequem.

---

[1] Siehe: Isolierung von Glasöfen. Ber. Fachaussch. DGG. Nr. 1.

[2] Vgl. *A. Schack,* Der industrielle Wärmeübergang.

Schrifttum.

Ackermann, H., Vorschläge zur Normung der Abmessungen von Keilsteinen. Tonind.-Ztg. 1926, Nr. 31, 34, 35.

Alison, A., Die konstruktiven Einzelheiten eines Glaswannenofens. Glass **4** (1927), 512 bis 517, 520; **5** (1928), 4—9, 48—50, 52, 96—101, 144—149, 160, 192—197.

Allolio, R., Wannendurchlässe und die dabei auftretenden Strömungen. Glastechn. Ber. **9** (1931), 442.

Amsler, W. O., Glasschmelzwannenöfen. Fuels & Furn. **3** (1925), 827—828 — ref. Glastechn. Ber. **3** (1925), 228—229.

Anonym, Feuerungskurven zur Verwendung in Glashüttenwerken. Glass **4** (1927), 209 bis 213, 247—251.

— History of St. Gobain Plate Glass Company. Glass Ind. **9** (1928), 77.

— Glaswannenöfen mit im Gewölbe liegendem Luftkanal für Vorwärmung. Ceram Ind. **8** (1927), 170—200.

— Der Glasschmelzofenbrenner, seine Haltbarkeit und Bedeutung für einen rationellen Brennstoffverbrauch. Sprechsaal Keramik usw. **58** (1925), 660—661.

— Die Glastasche der Oberflammöfen. Keram. Rdschr. **33** (1925), 512 — Sprechsaal Keramik usw. **58** (1925), 838—840.

— Die Bedeutung der Grundhitze für die Glasschmelze. Keram. Rdschr. **33** (1925), 583—584.

— Der Rekuperativ-Ofen von Hermansen. Glass Ind. **5** (1924), 156.

— Vom Hafenofen über den Stiefelhafenofen zur Wanne. Sprechsaal Keramik usw. **58** (1925), 446—448.

— Die Glasschmelze an Oberflamm- und Schlitzöfen. Sprechsaal Keramik usw. **58** (1925), 45—47.

— Elektrischer Ofen für hohe Temperaturen zur Herstellung von Quarzfensterscheiben. (High temperature electric furnace used in making quartz window panes.) Fuels & Furn. **8** (1930), 123. (Nach Feuerfest **6** (1930), 91.

— Beitrag zur Anlage und zum Betrieb von Wannenöfen. Sprechsaal Keramik **58** (1925), 496—497.

— Umänderungen an einer Wanne ergeben 75% mehr Glasausbeute bei geringerem Kohlenverbrauch. Ceram. Ind. **5** (1925), 520—521 — ref. Glastechn. Ber. **5** (1927), 187 bis 188.

— Wärmeleistung und Wärmeübertragung von Wärmespeichern von Glaswannenöfen. Ceram. Ind. **10** (1928), 50—52.

— Die Wasserkühlung von Wannenöfen von einem erfahrenen Glasfachmann. Glass Ind. **7** (1926), 231—233.

Atkinson, J. S., Einige neue Entwicklungsformen für Öfen in Glashütten. J. Soc. Glass Technol. **9** (1925), 72—83 — ref. Glastechn. Ber. **3** (1925), 104.

— Einige neue Verbesserungen im Bau von Glasschmelzöfen und Gaserzeugern. J. Soc. Glass Technol. **3** (1919), 148 — ref. Glastechn. Ber. **7** (1929), Nr. 2, S. 76—77.

Aufhäuser, D., Der Glasschmelzofen als Wärmemaschine. Glastechn. Ber. **6** (1928), 372.

Baldermann, Der praktische Glashüttentechniker. (Selbstverlag.)

Bansen, H., Beiträge zur Untersuchung der Vorgänge in Siemens-Martinöfen. Ber. Stahlwerksaussch. des V. d. Eisenh. 1926, Nr. 111.

— Ber. Stahlw. Aussch. des V. d. Eis., Nr. 138.

Barth, H., Der Brennstoffverbrauch verschiedener Wannenöfen in der Glasindustrie. Keram. Rdsch. **33** (1925), 191—192.
— Ist eine Bodenkühlung bei Wannenöfen notwendig? Keram. Rdschr. **32** (1924), 744—745
— Glasschmelzöfen mit Kohlenstaubfeuerung. Sprechsaal Keramik usw. **58** (1925), 311—312.
— Ist die Schmelzung eines reinweißen Glases in der Wanne möglich? Keram. Rdschr. **32** (1924), 693—694.
Büssing, W., Wirtschaftliche Bedeutung des Meßwesens in einem Glashüttenbetrieb mit besonderer Berücksichtigung der Kohle- und Gaswirtschaft.
Beljankin, D. S. u. *M. A. Desborodow*, Die Zusammensetzung, Struktur und Entstehung der Stalaktite in den Brennern der Glasschmelzöfen. Keram. Rdschr. **36** (1928), 573—576.
Bellamy, H. T., Ein kleiner Glas-Wannenofen. J. Amer. ceran. Soc. **5** (1922), 157—160.
Bleibtreu, H., Über neuzeitliche industrielle Feuerungen. Mitt. d. Wärmest. d. V. d. Eisenh. 174.
Brabbée, K., 7. Aufl. von *H. Rietschel*, Leitfaden der Heiz- u. Lüftungstechnik. Berlin: Julius Springer 1926.
Bronn, J., Elektrische Öfen im Dienste der Keramik. Halle a. S.: Wilh. Knapp 1910.
Brownlee, W. K., Glass and Clay. Glass Ind. **9** (1928), 60.
— Glasschmelzöfen in Amerika. Glastechn. Ber. **8** (1930), 228—230.
— Temperatur und Isolierung von Glaswannen. Glass **2** (1925), 627—629 — ref. Glastechn. Ber. **6** (1928), 215.
— Isolation von Glaswannen. J. Amer. ceram. Soc. **7** (1924), 457—464 — ref. Ber. dtsch. keram. Ges. **5** (1924), 169—170.
Bulle, G., Wärmespeicher und Brennerkonstruktionen von Regenerativöfen der Eisenindustrie und die Anwendung derartiger Erfahrungen auf die Glasindustrie. Glastechn. Ber. **3** (1925), 358.
Bunte, K., Gas als Brennstoff. Gas- u. Wasserfach 1931, S. 943.
Carty, E. F., Die Anwendung der Wasserkühlung bei Glaswannen und anderen Industrieöfen. Glass 1928, S. 54—59 — ref. Glastechn. Ber. **6** (1928), 269—270.
Mc Cauley, J. Amer. ceram. Soc. **8** (1925), 493 — ref. Glastechn. Ber. **4** (1926/27), 387.
Coad Pryor, E. A., Einfluß der Belastung auf den Brennstoffverbrauch von Glasschmelzwannen. Glastechn. Ber. **9** (1931), 402.
Coad Pryor, Some notes on thermal insulation. (Bemerkungen über Wärmeisolierung. Brit. Glayworker **38** (1929), 179 — Pottery and Glass Record 1929, S. 214 — ref. Ceram. Abstr. **8** (1929), 816.
Cobb, J. W., J. Class Soc. Technol. 1017, S. 223.
Cohn, W. M., Über Glasschmelz-Wannenöfen. Keram. Rdschr. **36** (1928), 268—269.
Cotel, E., Der Siemens-Martinofen. Leipzig: Otto Spamer 1927. Sammlung: Der Industrieofen in Einzeldarstellungen, herausgegeben von L. Litinsky. Siehe auch Feuerfest 1927, S. 57.
Cruikskank, I. W., Entwicklung der Beschickungs-Vorrichtungen für Häfen zur Herstellung von Flachglas. Glass Ind. 1927, S. 58—60.
Damour, M. E., Über kleinere Öfen für Glasschmelzen in Tiegeln, Häfen und Wannen, die mit Gas nach dem Rekuperationsverfahren (Luftvorwärmer) geheizt werden. Ceram. et Verrer. März 1927 — ref. Keram. Rdschr. **35** (1927), 456.
Delorme, Essais comparatifs de trois Fours Boetius. Verre 1923, Nr. 10 — ref. Glastechn. Ber. **1**, 150.
Diepschlag, E., Über neuzeitlichen Bau und Betrieb von Siemens-Martinöfen. Z. DVI **75** (1931), 1005.
Dietz, R., Friedrich Siemens und das Glas, S. 65. Beiträge zur Geschichte der Technik und Industrie. Jb. DVI **10**, herausgegeben von C. Matschoß. Berlin: VDI-Verlag 1920.
Dralle, Robert, Die Glasfabrikation. 1. Aufl. München und Berlin: Oldenbourg 1911; 2. Aufl. 1926. Herausgegeben von G. Keppeler.

Dyrssen, W., Verbesserung des Glasschmelzbetriebes durch vorgewärmte Luft. Fuels & Furn. **5** (1927), 1631—1632 — ref. Glastechn. Ber. **6** (1928), 215—216.
Eckert, F., Neuzeitliche Weißhohlglaswannen. Glastechn. Ber. **8** (1930), 4, S. 193—206.
Engels, B., Kombination von Regenerator u. Rekuperator bei Glasschmelzöfen. Glastechn. Ber. **7** (1929/30), 12.
Escard, Jean, La nouvelle industrie du verre. Grenoble: Ed. Jules Rey. 1919.
Esser, Salmang u. *Schmidt-Ernsthausen*, Zur Kenntnis der Wärmeübertragung durch feuerfeste Baustoffe. Sprechsaal Keramik usw. 1931, H. 7—11 — ref. Glastechn. Ber. **9** (1931), 6.
Felsner, E., Eck- und Hilfsfeuerungen bei Glasschmelzöfen. Keram. Rdsch. **35** (1927), 126—127.
Fisher, E. E., Bemerkungen über das Aufheizen von Wannenöfen. J. Soc. Glass Technol. **3** (1919), 147 — ref. Glastechn. Ber. **7** (1929), Nr. 2, S. 66.
Friedmann, W., Mechanisierung der Feuerführungen an Glasofenanlagen. Glastechn. Ber. **7** (1929/30), 217.
— Isolierung von Glasöfen. Ber. dtsch. glastechn. Ges. Nr. 1.
— Beziehungen zwischen Größe, Leitung und Wärmeverbrauch von Glasschmelz-Hafenöfen mit Regenerativfeuerung. Arch. Wärmewirtsch. **8** (1927), 59—62.
— Glasschmelzöfen. VDI-Nachr. 1925, Nr. 47 — ref. Glastechn. Ber. **3** (1926), 425—426.
— Möglichkeiten für die Entwicklung von Glasschmelzöfen. Glastechn. Ber. **9** (1931), 551.
— Normung der Verfahren zum Messen und Benennen des Wirkungsgrades der Glasschmelzwannen. Glastechn. Ber. **9** (1931), 10.
Gehlhoff, G. u. *M. Thomas*, Temperaturmessungen an Glasöfen. Glastechn. Ber. **4** (1926), 210—219.
— Die Massenerzeugung von Glühlampenkolben. Z. VDI. 1923, S. 564 — s. auch Glastechn. Ber. **1**, 89.
— Das Maschinenglaswerk der Osram G. m. b. H. Glastechn. Ber. **6** (1928/29).
— *Schneekloth* u. *Thomas*, Störungen und Temperaturen in Glaswannen. Glastechn. Ber. **9** (1931), 22—29.
Ginsburg, D. B., Wannenofenbrenner. Keram. i. Steklo, Mosk. **4** (1928), 215—219, 245 bis 249 — ref. Glastechn. Ber. **8** (1930), Nr. 6, S. 374.
Golla, H. u. *H. Laube*, Wärmeleitfähigkeitsmessungen an feuerfesten Materialien. Tonind.-Ztg. **54** (1930), 1411, 1431, 1458 — ref. Glastechn. Ber. **9** (1931), 250.
Gröber, H., Einführung in die Lehre von der Wärmeübertragung. Berlin: Julius Springer 1926.
— Die Grundgesetze der Wärmeleitung und des Wärmeüberganges. Berlin: Julius Springer 1921.
Guss, H., Vor- und Nachteile der verschiedenen Hafenöfensysteme (mit Gasbeheizung). Allg. Glas- u. keram. Ind. **17** (1926), Ausgabe 13 u. 14.
— Der Einlegervorbau. Sprechsaal Keramik usw. **64** (1931), 110 — ref. Glastechn. Ber. **9** (1931), 250.
Groothoff, W., Einiges über Hängedeckensteine. Ber. dtsch. keram. Ges. **9** (1928), 428.
— Haltbarkeit der Glasofenelemente. Sprechsaal Keramik usw. **62** (1929), 311, 331 — ref. Glastechn. Ber. **7** (1929/30), 407.
Groum-Grjmailo, The hydraulic theory of the flow of gases in furnaces. Glass **4** (1927), 8 — ref. Glastechn. Ber. **5**, 436. — Stahl u. Eisen 1911, S. 2000 u. 2047.
Grüter, L., Beiträge zur Normung der Abmessungen von Keilsteinen. Tonind.-Ztg. 1929, Nr. 101.
S. G., Weißglaswannen. Keram. Rdsch. **36** (1928), 445.
Harraeus, Gestaltung der feuerfesten Steine für Hängedecken. Feuerfest **5** (1929), 102 — ref. Glastechn. Ber. **8** (1930), 112.
Hausner, H., Schutz der Wannensteine vor frühzeitiger Auflösung. Glastechn. Ber. **8** (1930), 25.
— Schwimmer in kontinuierlich arbeitenden Glasschmelzwannen. Ber. dtsch. glastechn. Ges. Nr. 15, S. 3 — Glastechn. Ber. **7** (1929/30), 171, 430.

Hausen, H., Näherungsverfahren zur Berechnung des Wärmeaustauschs in Regeneratoren. Z. VDI. 1929, S. 431.

— Regeneratorfeuerung. Näherungsverfahren zur Berechnung des Wärmeaustausches in Regeneratoren. Z. angew. Math. Mech. **11** (1931), 105.

Heiligenstaedt, W., Mitt. der Wärmest. des V.d.Eisenh. 1925, Nr. 73 — Arch. Eisenhüttenwes. **2** (1928/29), 217.

— Regeneratoren, Rekuperatoren, Winderhitzer. Leipzig 1931: Otto Spamer. Sammlung: Der Industrieofen in Einzeldarstellungen. Herausgegeben von L. Litinsky.

Herzog, H., Der heutige Stand unserer Kenntnisse von Siemens-Martinöfen S. 10 — Ber. Stahlwerksausschusses d. V. d. Eisenh. Nr. 120.

Hesse, K. u. *W. Friedmann*, Die Flamme im Glasschmelzofen. Glastechn. Ber. **3** (1925), 46/56.

Hodkin, F. W. u. *A. Cousen*, A Textbook of Glass Technology. London: Constable Co. 1925.

Howes, H. W. u. *M. S. Tech*, Entwurf eines Wannenofens. (Eine Kritik.) J. Soc. Glass Technol. **10** (1926), 66—73 — ref. Glastechn. Ber. **5** (1927), 44.

Hülsbruch, W., Mitt. Versuchsanstalt Dortmunder Union **1** (1924), Nr. 4, S. 131—132 — ref. Stahl u. Eisen **45** (1925), 1746—1751.

Huntley, F. J., The River Rouge Plate Glass Plant of the Ford Motor Co. Glass Ind. **5** (1924), 122. — Glassmaking at Ford's St. Paul. Glass Ind. 1927.

Huntley, A., Making Glass for Ford's Windshield. Glass Ind. **4** (1923), 1.

Insley, H., Die Abnutzung von Pyrometer-Schutzrohren in Glasschmelzöfen. J. Amer. ceram. Soc. **8** (1925), 605—610.

Jaeschke, A., Die Regeneratoren der Glasschmelzöfen. Keram. Rdsch. **35** (1927), 53—56, 71—73, 203—204.

Jebsen-Marwedel, H., Entglasungsisothermen. Sprechsaal Keramik usw. **59** (1926), 787 u. 803 — s. auch Glastechn. Ber. **4** (1926/27), 387.

— Strömungen des Glases in der Wannenschmelze. Glastechn. Ber. **5** (1927/28), 202.

Jochim, F., Feuerführung von Wannen. Glastechn. Ber. **7** (1929/30), 553.

— Vergleichende Berechnung von Regenerativkammern für Glasschmelzöfen. Glastechn. Ber. **9**, 507.

Kistner, H., Großversuche an einer zu Studienzwecken gebauten Regenerativkammer. Mitt. d. Wärmestelle des V. d. Eisenh. 1930, Nr. 139 — Arch. Eisenhüttenwes. **3** (1929/30), 751.

Kletschka, J., Der Glasschmelzofen „System Morávek". Sprechsaal Keramik **60** (1927), 464—465.

Knoblauch, K., Bau und Wesen eines neuen Vierflammen-Hafenofens. Keram. Rdsch. **32** (1924), 780.

— Betrachtungen über den Glasofenbau der letzten sechzig Jahre. Sprechsaal Keramik usw. **60** (1927), 1041.

Knuth, H., Die Entwicklung der Namen feuerfester Baustoffe in Deutschland. Festschrift „10 Jahre Keramik" der keramischen Fachgruppe in Aussig. (Verlag der Keramischen Fachgruppe im deutschen Hauptverband der Industrie, Aussig, ob. Gerbergasse 3). Sonderdrucke sind durch den Bund Deutscher Fabriken feuerf. Erzeugn. Berlin W 50, Tauentzien 12 zu beziehen.

Koering, E. W., Design of a 14 Pot Recuperative Glasfurnace. Glass Ind. **5** (1924), 105.

König, W., Glasströmungen in der Ziehwannenanlage. Glastechn. Ber. **5** (1927/28), 417.

Körrn, G., Zur Frage der künstlichen Luftkühlung am Glasschmelzofen. Keram. Rdsch. **38** (1930), Nr. 15, S. 238—239.

— Zur Frage der Sekundärluft-Einführung bei Glasschmelzöfen. Keram. Rdsch. **37** (1929), Nr. 36, S. 614—615.

Lamort, J., Die zweckmäßigsten Gittersteinabmessungen für die Glasschmelzöfen. Glashütte 1929, S. 837.

— Über die Anforderungen an das feuerfeste Material bei der Gußspiegelglas- und bei der Drahtglasfabrikation. Feuerfest 1927, S. 141.

Lamort, J., Wirkung der Wärmebelastung auf Schmelzleistung und Brennstoffverbrauch der Wannenöfen. Glastechn. Ber. **9** (1931), S. 30—35.

Landsberg, Th., Der Brückenbau **1**, 177 (II. Teil des Handb. d. Ingenieurwiss., 5. Aufl. Leipzig: Engelmann 1917.

Lang, G., Der Schornsteinbau. Hannover: Helwingsche Buchhandlung 1896—1920.

Langley, R. M., Isolierung der Regeneratoren von Glasöfen. J. Amer. ceram. Soc. **14** (1931), 376.

Le Chatelier, H., Le Chauffage Industriel. Deutsche Übersetzung von Finkelstein: Die industrielle Heizung, S. 385. Leipzig: Akad. Verlagsgesellschaft 1922.

Lent u. *Thomas*, Mitt. Wärmest. d. V. d. Eisenh. Nr. 65.

Litinsky, L., Wärmebilanz eines Glasschmelzofens. Feuerungstechnik **5** (1916—1917), H. 13—15. Mit aufgenommen in den Sammelband: Wärmewirtschaftsfragen.

— Regenerator oder Rekuperator. Z. d. V. d. Gas- u. Wasserfachmänner Öster.-Ungarns 1918, H. 13—23. Auszüge: Feuerungstechnik 1918/19, H. 4 u. 5 — Stahl u. Eisen 1918, Nr. 47. Mit aufgenommen in den Sammelband: Wärmewirtschaftsfragen.

— Chamotte und Silika. Leipzig: Otto Spamer 1925.

— Wärmewirtschaftsfragen. Leipzig: Otto Spamer 1923.

— Feuerfeste Baustoffe für Kammern der Kokerei u. Gaswerköfen. Halle a. S.: W. Knapp 1926.

— Prüfanstalt für feuerfeste Materialien. Bd. 11 der Monographien zur Feuerungstechnik. Leipzig: Otto Spamer 1930.

Lossen, K., Das Tafelglasziehverfahren nach Foureault. Glastechn. Ber. **4**, 132.

Maetz, O., Die Kaminberechnung. Sprechsaal Keramik usw. 1924, S. 243.

— Glasschmelzöfen mit Kohlenstaubfeuerung. Sprechsaal Keramik usw. **58** (1925), H. 10, S. 151.

— Glasschmelzöfen mit Ölfeuerung. Glas-Ind. **36** (1928), 171—175, 217—220 — ref. Glastechn. Ber. **6** (1929), 611—612.

— Kontinuierliche Wannenöfen für Qualitätsglas. Sprechsaal Keramik usw. **62** (1929), 832—834 — ref. Glastechn. Ber. **7** (1929/30), 544.

Marson, P., Einige Bemerkungen über rekuperativ geheizte Hafen-Öfen in der Praxis. J. Soc. Glass Technol. **10** (1926), 154—161 — ref. Glastechn. Ber. **5** (1927), 235.

Maurach, H., Der Wärmefluß in einer Tafelglasanlage. München u. Berlin 1923. R. Oldenbourg.

Mayer, F., Wärmetechnik des Siemens-Martinofens. Stahl u. Eisen 1908, S. 717.

Metzger, K., Brenner für Glasschmelzwannenöfen. Glastechn. Ber. **9** (1931), 465.

— Leitsätze für den Einbau von Temperaturmeßgeräten an Glasschmelzöfen. Glastechn. Ber. **9** (1931), 437.

Moorshead, T. C. u. *E. A. Coad Pryor*, Glasschmelzversuche nach dem Kaskadenverfahren. Glastechn. Ber. **8** (1930), 513.

Moorshead, T. C., Neueste Ofenpraxis in der Glashütte. Fuel Economy Review **6** (1927), Jahresausgabe, S. 65—70.

— Die Praxis der Brennstoffersparnis in Glaswerken. Glas-Ind. 1927, S. 279.

Miehr, W., Abfassung von Normen zur Prüfung des wahrscheinlichen Verhaltens von Wannensteinen. Glastechn. Ber. **9** (1931), 14.

Morton, W. A., Praxis des Glasschmelzofens (Glass melting furnace practice). National Glass Budget **45** (1929), Nr. 1, S. 3 — ref. Glastechn. Ber. **8** (1930), Nr. 6, S. 375.

Müllensiefen, W., Wärmeflußuntersuchung an einem mit Koksofengas beheizten Tafelglas-Wannenofen. Glastechn. Ber. **7** (1929), 188—200.

— Hängedecken in Glasschmelzöfen. Glastechn. Ber. **8** (1930), 129—138.

Olenew, R. F., Therm. Ber. eines Chamottebrennofens. Feuerfest **111** (1927), 2.

Oppermann, G. u. *H. Jebsen Marwedel*, Homogenisierung des Glases. Ber. dtsch. glastechn. Ges. Nr. 10.

Passauer, H., Verbrennungsgeschwindigkeit und Verbrennungstemperatur bei Vorwärmung von Gas und Luft. Gas- u. Wasserfach S. 396.

Parfenoff, W. T. u. *S. Braer*, Beschleunigter Bau eines Wannenofens. Keram. i. Steklo, Mosk. 1930, S. 461—464.

Pederson, J. O., Veränderungen im Entwurf und Bau von Wannen. Glass Ind. **9** (1928), 1—6 — ref. Glastechn. Ber. **6** (1929), 729—731.

Pfitzner, G., Besondere Feuerungsarten der Glasöfen. Glashütte 1929, S. 605—610.

Pike, R. D. u. *G. H. West*, Wärmebilanz eines Glaswannenofens. J. Amer. ceram. Soc. **11** (1928), 734—744 — ref. Glastechn. Ber. **7** (1929), Nr. 2, S. 65—66 — Sprechsaal Keramik usw. 1929.

Pike, R. D., Die Isolation von Decken von Glasöfen. J. Amer. ceram. Soc. **12** (1929), 56—61.

Pink, H., Ofengang und Kohlenverbrauch in Abhängigkeit von einem Zugregler. Glastechn. Ber. **9** (1931), 439.

Popoff, A., Der Zellenofen. Sprechsaal **58** (1925), 623—625.

Prinz, Rekuperative Glasschmelzöfen. Sprechsaal **59** (1926), 235—237. — Entgegenung von M. v. Reinboldt, Sprechsaal Keramik usw. **59** (1926), 315—316.

Raeder, B., Elektr. Glasschmelzen u. Zukunftswege f. d. norwegische Glasindustrie (Elektrisk Glassmelting eg Fremtidsveier for Nersk Glasindustri). Tekn. Ukebl. Nr. 39, S. 336, Nr. 40, S. 343 — ref. Glastechn. Ber. **4** (1927), H. 11, S. 433.

— The melting of glass by electricity. Glass **4** (1927), Nr. 4, S. 140 — ref. Glastechn. Ber. **5** (1927).

Rees, W. J., Erörterung der Verfahren zur Prüfung von Wannensteinen. Glastechn. Ber. **9** (1931), 4.

Reiboldt, M. von, Geblasene Glasschmelzöfen. Sprechsaal Keramik usw. **61** (1928), 506.

Rietschel, H., Leitfaden zum Berechnen und Entwerfen von Lüftungs- und Heizungsanlagen. Berlin: Julius Springer 1902, 3. Aufl.

— Leitfaden der Heiz- und Lüftungstechnik. 7. Aufl. von K. Brabbee. Berlin: Julius Springer 1926.

Rosin, P. u. *R. Fehling*, Das IT-Diagramm der Wärme. Berlin: VDI-Verlag 1929.

Rotth, August, Die Brüder Siemens und die Wärme, S. 48. — Beiträge zur Geschichte der Technik und Industrie, herausgegeben von C. Matschoß, 10. Band d. Jb. VDI. Berlin: VDI-Verlag 1920.

Rummel, K. u. *A. Schack*, Der Verlauf der Gas- und Windtemperaturen in Wärmeaustauschern. Mitt. d. Wärmest. d. V. d. Eisenh. Nr. 121.

Rummel, K., Die Berechnung der Wärmespeicher auf Grund der Wärmedurchgangszahl. Mitt. d. Wärmest. d. V. d. Eisenh. Nr. 119.

— Die Berechnung der Wärmespeicher. Mitt. d. Wärmest. d. V. d. Eisenh. Nr. 147 — ref. Glastechn. Ber. **9** (1931), 250. Archiv f. d. Eisenhüttenwes. 4. Jg., Heft 8.

Sauvageon, V. H., Ein elektrischer Strahlungsofen zum Glasschmelzen. Chim. et Ind. **7** (1922), 452—455 — ref. Keram. Rdsch. **30** (1922), 441.

Schack, A., Die zeitliche Temperaturänderung im Regenerator. Mitt. der Wärmest. des V. d. Eisenh. Nr. 122.

— Der industrielle Wärmeübergang. Düsseldorf: Verlag Stahleisen 1929.

Scharaschkin, Über die Wärmebilanz von Glasschmelzöfen. Trans. State exp. Inst. of Silikates, Moscow 1925, Nr. 17. — ref. Glastechn. Ber. **6** (1928), 272.

Schatt, R., Glasschmelzofen „System Morávek". Sprechsaal **60** (1927), 558—559.

Schild, A., Über die Entwicklung und den gegenwärtigen Stand der Spiegelrohglasfabrikation. Glas-Ind. 1928, S. 166.

Schnurpfeil, H., Der Glasmacher. Chur: Verlag von Schnurpfeils Review for Glassworks 1923.

Schleicher, S., Die Zersetzung von Kohlenwasserstoffen, Teer und Kohlenoxyd im Siemens-Martinbetrieb. Ber. d. Stahlwerksausschusses d. V. d. Eisenh. 1925, Nr. 94.

Scholl's Führer d. Maschinisten. 12. Aufl., neu bearb. v. Rich. Graßmann, S. 169. Braunschweig: Vieweg u. Sohn 1911.

Scholes, S. R., A Fallacy in Furnace Port Construction. Glass Ind. **6** (1925), 219.

— Das Generatorverfahren in Glaswannenöfen. Glass Ind. **8** (1927), 239—240 — ref. Sprechsaal Keramik usw. **61** (1928), 245.

Scholes, S. R., Kürzliche Verbesserungen an Glasschmelzöfen und Kühlöfen. (Recent developments in glass furnaces and lehrs.) Fuels & Furn. **7** (1929), 197—218 — ref. Glastechn. Ber. **7** (1930), H. 10), S. 477.
Schröder, M., Einige Gesichtspunkte für den Bau und die Einrichtung einer neuzeitlichen Glashütte. Keram. Rdsch. **32** (1924), 500—503.
Schuen, W., Elektrischer Ofen zum Schmelzen von Quarzgut. Tonind.-Ztg. **46** (1922), 1121.
Schulz, H., Die Geschichte der Glaserzeugung. Leipzig: Akad. Verlagsgesellschaft 1928. Bd. 1 der Sammlung: Das Glas in Einzeldarstellungen, herausgegeben von G. Gehlhoff und K. Quasebart.
Schumacher, K., Großversuche an einer zu Studienzwecken erbauten Regenerativkammer. III. Teil: Steinausnutzungsgrad und Verlauf der Steinoberflächentemperatur. Mitt. d. Wärmest. d. V. d. Eisenh. 1930, Nr. 141. Vgl. auch Arch. Eisenhüttenwes. **4** (1930/31), 63.
Schur, J., Ein Wannenofen mit direkter Rohölheizung. Glashütte **56** (1926), 284—285 — ref. Glastechn. Ber. **4** (1927), 391—392.
Schwalbe, F. G., Brennstoffverbrauch von Glasöfen. Amer. Glass Rev. **48**, Nr. 37, S. 15—16.
Schwarz, C., Berechnungsart des Speichervermögens einseitig beheizter Ofenwände. Ber. d. Stahlw.aussch. d. V. d. Eisenh. 1926, Nr. 112.
Schwezoff u. *Smirnoff*, Über Stalaktite der Glaswannenöfen. Arbeiten des Russischen Staatlichen Experimental-Institut für Silikate. H. 16.
Sosman, R. B., Kieselerde als feuerfester Stoff. Iron Age **123** (1929), 1554 — ref. Glastechn. Ber. **7**, 300.
Stumm, O., Glasströmungen in der Ziehwannenanlage. Glastechn. Ber. **5** (1927/28), 252.
Sunnen, Th., Consommation d'air et de gaz des chambres de récupération affectées aux fours à flammes. Chaleur et Ind. 1925, S. 55 — s. auch Glastechn. Ber. **3** (1926), 426.
Mc Swiney, D. J., Some Observations on heat transfer in furnaces. (Einige Beobachtungen über den Wärmeübergang in Öfen.) Glass **4** (1927), 55 — J. Amer. ceram. Soc. **10** (1927), 1 — ref. Glastechn. Ber. **5** (1927/28), 382.
— Die Wirkung der Verbrennungszustände auf den Glasschmelzofenbetrieb. Fuels & Furn. **6** (1928), 171—174 — ref. Glastechn. Ber. **6** (1928), 140.
— Verbrennungsvorgänge im Glasofen bei veränderter Ofenführung. (Effect of combustion conditions on glass furnaec operation.) Glass **5** (1928), Nr. 4, S. 155—156 — ref. Glastechn. Ber. **7** (1930), Nr. 10, S. 467.
Teisen, T., Neue Gedanken zum Wannenofenbau. J. Soc. Glass Technol. **9** (1925), 61—71 — ref. Glastechn. Ber. **3** (1925), 102—104.
— Weiterentwicklung rekuperativer Glasschmelzöfen. Some further developments in recuperative glass furnaces. J. Soc. Glass Technol. **11** (1927), 265—279 — ref. Glastechn. Ber. **6** (1928), 214—215.
Thompson, F. S., Einige Ansichten aus der Praxis des amerikanischen Glaswannenofen-Betriebes. (Some aspects of American glass tank furnace practice.) J. Amer. ceram. Soc. **10** (1927), 956—969 — ref. Sprechsaal Keramik usw. **61** (1928), Nr. 43, S. 853 — Feuerfest 1928, S. 129 — ref. Glastechn. Ber. **6** (1928/29) 655.
— Substituting Oil for producer gas in a continous glass tank. J. Amer. ceram. Soc. 1923 — ref. J. Soc. Glass Technol. **7** (1923), 258.
Toldt, Fr., Regenerativöfen. 3. Aufl.
Trinks, W., Industrieöfen. Bd. 1, Berlin 1928 (VDI-Verlag). Ref. Glastechn. Ber. **7** (1929/30), 81. Berlin. Bd. 2, 1932.
Turner, W. E. S., The Glasindustry in North America in 1924. (Die Glasindustrie in Nordamerika in 1924.) J. Soc. Glass Technol. **8** (1924), 286.
— Die Glasindustrie Nordamerikas im Jahre 1929. Brennstoffe und Öfen. (The glass industry of North America in 1929. Part: Fuels & Furn.) J. Soc. Glass Technol. **13** (1929), Nr. 52, S. 360—399 — ref. Glastechn. Ber. **8** (1930), S. 374—375.
— Die Entwicklung der Glasschmelzöfen in neuerer Zeit. J. Soc. Glass Technol. **11** (1927), 303—331 — ref. Sprechsaal Keramik usw. **61** (1928), 420.

Turner, W. E. S., The progress of glassmaking in the States. (Der Fortschritt in der Glasherstellung in den Vereinigten Staaten.) Glass Ind. **10** (1929), 131 — ref. Glastechn. Ber. **10**.

Voorhies, J. A., Wannenofenbauweise. Fuels & Furn. 1925, S. 167—168, 171 — ref. Glastechn. Ber. **3** (1925), 26.

Wachter, P., Die wärmewirtschaftliche und wärmetechnische Literatur. München: Verlag J. A. Mohr 1922.

WBG (Wärmetechnische Beratungsstelle d. D. Glasind.). Glasschmelzhafenöfen mit Regenerativfeuerung. Frankfurt a. M.: Selbstverlag 1926.

— Glasschmelz-Wannenöfen. Frankfurt a. M.: Selbstverlag 1927.

— Abhitzkessel in Glashütten, 2. Aufl. Frankfurt a. M.: Selbstverlag 1931.

Warren, W. W., Organising for Production from Pot Furnaces. J. Soc. Glass Technol. **7** (1923), 92.

— Bau und Betrieb von Glasschmelzöfen. J. Soc. Glass Technol. **12** (1928), 128—131 — ref. Glastechn. Ber. **6** (1928), 479 — Sprechsaal Keramik usw. **61** (1928), 853 bis 854.

Watschinger, D., Die neue Weißglashütte der Glashüttenwerke AG., Vitrometan in Medias, Rumänien. Sprechsaal Keramik usw. 1931. Nr. 38.

Wendler, A., Maschinelle Glasverarbeitung. Sammlung: Das Glas in Einzeldarstell. Herausgegeben von G. Gehlhoff und K. Quasebart. Leipzig: Akad. Verlagsgesellsch. 1929.

Wesemann, Mitt. Wärmest. d. V. d. Eisenh. Nr. 95.

Williams, Warren S., Ersatz eines Tageswannenofens durch einen neuen Typ eines Tunnelwannenofens. J. Amer. ceram. Soc. **10** (1927), 205—209 — ref. Tonind.-Ztg. **51** (1927), 1337 — Glastechn. Ber. **6** (1928), 167—168.

Wolff, O., *B. Engels* u. *F. Gross*, Anwendung des Koksofengases in der Glasindustrie. Ber. dtsch. glastechn. Ges. Nr. 13.

Wuromus, A. F. u. *S. Guss*, Beitrag zur Strömungslehre in Wannen. Glastechn. Ber. **8** (1929/30), 99.

Xhignesse, H., Über den Betrieb von Boetius-Öfen in den Glashütten. Chaleur et Ind. 1925, Nr. 67 — ref. Glastechn. Ber. **3** (1926), 391—392.

— Gasbeheizung der Hafenöfen in Glashütten. Chaleur et Ind. 8 (1927), 42—47 — ref. Glastechn. Ber. **5** (1927), 235.

Ziegler, A., Der Einfluß der Karburierung und des Wasserdampfgehaltes von Heizgasen auf den Wärmeübergang in Siemens-Martinöfen. Ber. Stahlw.aussch. V. d. Eisenh. Nr. 96.

Zschacke, F. H., Selbsttätige Beschickung von Ofenanlagen. Werksleiter **4** (1930), H. 23, S. 491—494.

Zschimmer, E., Hüttenstudien im siebenbürgischen Erdgasgebiet. Sprechsaal Keramik usw. **59** (1926), 543.

— Das System Kieselerde, Quarzgut, Quarzglas, Silikasteine. Koburg 1932 (Müller u. Schmidt).

Namenregister.

Sachregister.

Druckfehlerberichtigung.

In Fig. 9 auf S. 19 ändert sich die zweite Figur von links wie folgt:

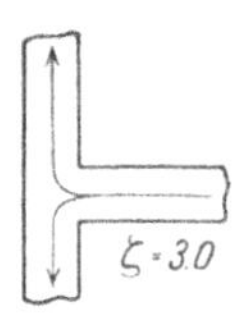

In Formel 4 auf S. 47 muß es statt $\operatorname{tg} \alpha$ heißen: $\operatorname{tg} \frac{\alpha}{2}$.

In der Zahlentafel 14 auf S. 78 ist unter Abgase von Steinkohlengeneratorgas statt 6 Proz. CO_2 einzusetzen: **16** Proz. CO_2.

GPSR Compliance

The European Union's (EU) General Product Safety Regulation (GPSR) is a set of rules that requires consumer products to be safe and our obligations to ensure this.

If you have any concerns about our products, you can contact us on ProductSafety@springernature.com

In case Publisher is established outside the EU, the EU authorized representative is:

Springer Nature Customer Service Center GmbH
Europaplatz 3
69115 Heidelberg, Germany

Batch number: 10682323

Printed by Printforce, the Netherlands